国家卫生和计划生育委员会"十三五"规划教材

全国中等卫生职业教育教材

供中等卫生职业教育各专业用　　　　　　第3版

计算机应用基础

主　编　施宏伟　韦　红

副主编　杨　丽　安海军

编　者（以姓氏笔画为序）

韦　红（玉林市卫生学校）

邓小珍（江西省赣州卫生学校）

代令军（山东省莱阳卫生学校）

安海军（开封大学医学部）

李富宏（云南省临沧卫生学校）

杨　丽（四川省内江医科学校）

张　莉（新疆伊宁卫生学校）

张庆凯（通化市卫生学校）

茹娟妮（山西省长治卫生学校）

施宏伟（通化市卫生学校）

郭松勤（郑州市卫生学校）

雷周胜（山东省青岛卫生学校）

人民卫生出版社

图书在版编目（CIP）数据

计算机应用基础 / 施宏伟，韦红主编. —3 版. —北京：人民卫生出版社，2016

ISBN 978-7-117-23839-7

Ⅰ.①计… Ⅱ.①施… ②韦… Ⅲ.①电子计算机－医学院校－教材 Ⅳ.①TP3

中国版本图书馆 CIP 数据核字（2017）第 011075 号

| 人卫智网 | www.ipmph.com | 医学教育、学术、考试、健康，购书智慧智能综合服务平台 |
| 人卫官网 | www.pmph.com | 人卫官方资讯发布平台 |

计算机应用基础
第 3 版

主　　编：施宏伟　韦　红
出版发行：人民卫生出版社（中继线 010-59780011）
地　　址：北京市朝阳区潘家园南里 19 号
邮　　编：100021
E - mail：pmph @ pmph.com
购书热线：010-59787592　010-59787584　010-65264830
印　　刷：人卫印务（北京）有限公司
经　　销：新华书店
开　　本：787×1092　1/16　印张：21
字　　数：524 千字
版　　次：2001 年 9 月第 1 版　　2017 年 2 月第 3 版
　　　　　2021 年 4 月第 3 版第 8 次印刷（总第 32 次印刷）
标准书号：ISBN 978-7-117-23839-7/R·23840
定　　价：54.00 元
打击盗版举报电话：010-59787491　E-mail：WQ @ pmph.com
（凡属印装质量问题请与本社市场营销中心联系退换）

出版说明

为全面贯彻党的十八大和十八届三中、四中、五中全会精神,依据《国务院关于加快发展现代职业教育的决定》要求,更好地服务于现代卫生职业教育快速发展的需要,适应卫生事业改革发展对医药卫生职业人才的需求,贯彻《医药卫生中长期人才发展规划(2011—2020年)》《现代职业教育体系建设规划(2014—2020年)》文件精神,人民卫生出版社在教育部、国家卫生和计划生育委员会的领导和支持下,按照教育部颁布的《中等职业学校专业教学标准(试行)》医药卫生类(第二辑)(简称《标准》),由全国卫生职业教育教学指导委员会(简称卫生行指委)直接指导,经过广泛的调研论证,成立了中等卫生职业教育各专业教育教材建设评审委员会,启动了全国中等卫生职业教育第三轮规划教材修订工作。

本轮规划教材修订的原则:①明确人才培养目标。按照《标准》要求,本轮规划教材坚持立德树人,培养职业素养与专业知识、专业技能并重,德智体美全面发展的技能型卫生专门人才。②强化教材体系建设。紧扣《标准》,各专业设置公共基础课(含公共选修课)、专业技能课(含专业核心课、专业方向课、专业选修课);同时,结合专业岗位与执业资格考试需要,充实完善课程与教材体系,使之更加符合现代职业教育体系发展的需要。在此基础上,组织制订了各专业课程教学大纲并附于教材中,方便教学参考。③贯彻现代职教理念。体现"以就业为导向,以能力为本位,以发展技能为核心"的职教理念。理论知识强调"必需、够用";突出技能培养,提倡"做中学、学中做"的理实一体化思想,在教材中编入实训(实验)指导。④重视传统融合创新。人民卫生出版社医药卫生规划教材经过长时间的实践与积累,其中的优良传统在本轮修订中得到了很好的传承。在广泛调研的基础上,再版教材与新编教材在整体上实现了高度融合与衔接。在教材编写中,产教融合、校企合作理念得到了充分贯彻。⑤突出行业规划特性。本轮修订紧紧依靠卫生行指委和各专业教育教材建设评审委员会,充分发挥行业机构与专家对教材的宏观规划与评审把关作用,体现了国家卫生计生委规划教材一贯的标准性、权威性、规范性。⑥提升服务教学能力。本轮教材修订,在主教材中设置了一系列服务教学的拓展模块;此外,教材立体化建设水平进一步提高,根据专业需要开发了配套教材、网络增值服务等,大量与课程相关的内容围绕教材形成便捷的在线数字化教学资源包,通过扫描每章标题后的二维码,可在手机等移动终端上查看和共享对应的在线教学资源,为教师提供教学素材支撑,为学生提供学习资源服务,教材的教学服务能力明显增强。

　　人民卫生出版社作为国家规划教材出版基地,有护理、助产、农村医学、药剂、制药技术、营养与保健、康复技术、眼视光与配镜、医学检验技术、医学影像技术、口腔修复工艺等 24 个专业的教材获选教育部中等职业教育专业技能课立项教材,相关专业教材根据《标准》颁布情况陆续修订出版。

全国中等卫生职业教育
国家卫生和计划生育委员会"十三五"规划教材目录

总序号	适用专业	分序号	教材名称	版次	主编	
1	中等卫生	1	职业生涯规划	2	郭宏宇	
2	职业教育	2	职业道德与法律	2	范永丽	
3	各专业	3	经济政治与社会	1	刘丽华	
4		4	哲学与人生	1	张艳红	
5		5	语文应用基础	3	王 斌	刘冬梅
6		6	数学应用基础	3	张守芬	
7		7	英语应用基础	3	余丽霞	
8		8	医用化学基础	3	陈林丽	
9		9	物理应用基础	3	万东海	
10		10	计算机应用基础	3	施宏伟	韦 红
11		11	体育与健康	2	姜晓飞	
12		12	美育	3	汪宝德	
13		13	病理学基础	3	林 玲	
14		14	病原生物与免疫学基础	3	张金来	王传生
15		15	解剖学基础	3	王之一	
16		16	生理学基础	3	涂开峰	
17		17	生物化学基础	3	钟衍汇	
18		18	中医学基础	3	刘全生	
19		19	心理学基础	3	田仁礼	
20		20	医学伦理学	3	刘万梅	
21		21	营养与膳食指导	3	戚 林	
22		22	康复护理技术	2	刘道中	
23		23	卫生法律法规	3	罗卫群	
24		24	就业与创业指导	3	温树田	
25	护理专业	1	解剖学基础**	3	任 晖	袁耀华
26		2	生理学基础**	3	朱艳平	卢爱青
27		3	药物学基础**	3	姚 宏	黄 刚
28		4	护理学基础**	3	李 玲	蒙雅萍

续表

总序号	适用专业	分序号	教材名称	版次	主编	
29		5	健康评估 **	2	张淑爱	李学松
30		6	内科护理 **	3	林梅英	朱启华
31		7	外科护理 **	3	李 勇	俞宝明
32		8	妇产科护理 **	3	刘文娜	闫瑞霞
33		9	儿科护理 **	3	高 凤	张宝琴
34		10	老年护理 **	3	张小燕	王春先
35		11	老年保健	1	刘 伟	
36		12	急救护理技术	3	王为民	来和平
37		13	重症监护技术	2	刘旭平	
38		14	社区护理	3	姜瑞涛	徐国辉
39		15	健康教育	1	靳 平	
40	助产专业	1	解剖学基础 **	3	代加平	安月勇
41		2	生理学基础 **	3	张正红	杨汎雯
42		3	药物学基础 **	3	张 庆	田卫东
43		4	基础护理 **	3	贾丽萍	宫春梓
44		5	健康评估 **	2	张 展	迟玉香
45		6	母婴护理 **	1	郭玉兰	谭奕华
46		7	儿童护理 **	1	董春兰	刘 俐
47		8	成人护理（上册）- 内外科护理 **	1	李俊华	曹文元
48		9	成人护理（下册）- 妇科护理 **	1	林 珊	郭艳春
49		10	产科学基础 **	3	翟向红	吴晓琴
50		11	助产技术 **	1	闫金凤	韦秀宜
51		12	母婴保健	3	颜丽青	
52		13	遗传与优生	3	邓鼎森	于全勇
53	护理、助产	1	病理学基础	3	张军荣	杨怀宝
54	专业共用	2	病原生物与免疫学基础	3	吕瑞芳	张晓红
55		3	生物化学基础	3	艾旭光	王春梅
56		4	心理与精神护理	3	沈丽华	
57		5	护理技术综合实训	2	黄惠清	高晓梅
58		6	护理礼仪	3	耿 洁	吴 彬
59		7	人际沟通	3	张志钢	刘冬梅
60		8	中医护理	3	封银曼	马秋平
61		9	五官科护理	3	张秀梅	王增源
62		10	营养与膳食	3	王忠福	
63		11	护士人文修养	1	王 燕	
64		12	护理伦理	1	钟会亮	
65		13	卫生法律法规	3	许练光	

续表

总序号	适用专业	分序号	教材名称	版次	主编	
66		14	护理管理基础	1	朱爱军	
67	农村医学	1	解剖学基础 **	1	王怀生	李一忠
68	专业	2	生理学基础 **	1	黄莉军	郭明广
69		3	药理学基础 **	1	符秀华	覃隶莲
70		4	诊断学基础 **	1	夏惠丽	朱建宁
71		5	内科疾病防治 **	1	傅一明	闫立安
72		6	外科疾病防治 **	1	刘庆国	周雅清
73		7	妇产科疾病防治 **	1	黎 梅	周惠珍
74		8	儿科疾病防治 **	1	黄力毅	李 卓
75		9	公共卫生学基础 **	1	戚 林	王永军
76		10	急救医学基础 **	1	魏 蕊	魏 瑛
77		11	康复医学基础 **	1	盛幼珍	张 瑾
78		12	病原生物与免疫学基础	1	钟禹霖	胡国平
79		13	病理学基础	1	贺平则	黄光明
80		14	中医药学基础	1	孙治安	李 兵
81		15	针灸推拿技术	1	伍利民	
82		16	常用护理技术	1	马树平	陈清波
83		17	农村常用医疗实践技能实训	1	王景舟	
84		18	精神病学基础	1	汪永君	
85		19	实用卫生法规	1	菅辉勇	李利斯
86		20	五官科疾病防治	1	王增源	高 翔
87		21	医学心理学基础	1	白 杨	田仁礼
88		22	生物化学基础	1	张文利	
89		23	医学伦理学基础	1	刘伟玲	斯钦巴图
90		24	传染病防治	1	杨 霖	曹文元
91	营养与保	1	正常人体结构与功能 *	1	赵文忠	
92	健专业	2	基础营养与食品安全 *	1	陆 森	袁 媛
93		3	特殊人群营养 *	1	冯 峰	
94		4	临床营养 *	1	吴 苇	
95		5	公共营养 *	1	林 杰	
96		6	营养软件实用技术 *	1	顾 鹏	
97		7	中医食疗药膳 *	1	顾绍年	
98		8	健康管理 *	1	韩新荣	
99		9	营养配餐与设计 *	1	孙雪萍	
100	康复技术	1	解剖生理学基础 *	1	黄嫦斌	
101	专业	2	疾病学基础 *	1	刘忠立	白春玲
102		3	临床医学概要 *	1	马建强	

续表

总序号	适用专业	分序号	教材名称	版次	主编	
103		4	药物学基础	2	孙艳平	
104		5	康复评定技术 *	2	刘立席	
105		6	物理因子治疗技术 *	1	张维杰	刘海霞
106		7	运动疗法 *	1	田 莉	
107		8	作业疗法 *	1	孙晓莉	
108		9	言语疗法 *	1	朱红华	王晓东
109		10	中国传统康复疗法 *	1	封银曼	
110		11	常见疾病康复 *	2	郭 华	
111	眼视光与	1	验光技术 *	1	刘 念	李丽华
112	配镜专业	2	定配技术 *	1	黎莞萍	闫 伟
113		3	眼镜门店营销实务 *	1	刘科佑	连 捷
114		4	眼视光基础 *	1	肖古月	丰新胜
115		5	眼镜质检与调校技术 *	1	付春霞	
116		6	接触镜验配技术 *	1	郭金兰	
117		7	眼病概要	1	王增源	
118		8	人际沟通技巧	1	钱瑞群	黄力毅
119	医学检验	1	无机化学基础 *	3	赵 红	
120	技术专业	2	有机化学基础 *	3	孙彦坪	
121		3	生物化学基础	3	莫小卫	方国强
122		4	分析化学基础 *	3	朱爱军	
123		5	临床疾病概要 *	3	迟玉香	
124		6	生物化学及检验技术	3	艾旭光	姚德欣
125		7	寄生虫检验技术 *	3	叶 薇	
126		8	免疫学检验技术 *	3	钟禹霖	
127		9	微生物检验技术 *	3	崔艳丽	
128		10	临床检验	3	杨 拓	
129		11	病理检验技术	1	黄晓红	谢新民
130		12	输血技术	1	徐群芳	严家来
131		13	卫生学与卫生理化检验技术	1	马永林	
132		14	医学遗传学	1	王 懿	
133		15	医学统计学	1	赵 红	
134		16	检验仪器使用与维修 *	1	王 迅	
135		17	医学检验技术综合实训	1	林筱玲	
136	医学影像	1	解剖学基础 *	1	任 晖	
137	技术专业	2	生理学基础 *	1	石少婷	
138		3	病理学基础 *	1	杨怀宝	
139		4	影像断层解剖	1	吴宣忠	

续表

总序号	适用专业	分序号	教材名称	版次	主编	
140		5	医用电子技术 *	3	李君霖	
141		6	医学影像设备 *	3	冯开梅	卢振明
142		7	医学影像技术 *	3	黄 霞	
143		8	医学影像诊断基础 *	3	陆云升	
144		9	超声技术与诊断基础 *	3	姜玉波	
145		10	X 线物理与防护 *	3	张承刚	
146		11	X 线摄影化学与暗室技术	3	王 帅	
147	口腔修复	1	口腔解剖与牙雕刻技术 *	2	马惠萍	翟远东
148	工艺专业	2	口腔生理学基础 *	3	乔瑞科	
149		3	口腔组织及病理学基础 *	2	刘 钢	
150		4	口腔疾病概要 *	3	葛秋云	杨利伟
151		5	口腔工艺材料应用 *	3	马冬梅	
152		6	口腔工艺设备使用与养护 *	2	李新春	
153		7	口腔医学美学基础 *	3	王 丽	
154		8	口腔固定修复工艺技术 *	3	王 菲	米新峰
155		9	可摘义齿修复工艺技术 *	3	杜士民	战文吉
156		10	口腔正畸工艺技术 *	3	马玉革	
157	药剂、制药	1	基础化学 **	1	石宝珏	宋守正
158	技术专业	2	微生物基础 **	1	熊群英	张晓红
159		3	实用医学基础 **	1	曲永松	
160		4	药事法规 **	1	王 蕾	
161		5	药物分析技术 **	1	戴君武	王 军
162		6	药物制剂技术 **	1	解玉岭	
163		7	药物化学 **	1	谢癸亮	
164		8	会计基础	1	赖玉玲	
165		9	临床医学概要	1	孟月丽	曹文元
166		10	人体解剖生理学基础	1	黄莉军	张 楚
167		11	天然药物学基础	1	郑小吉	
168		12	天然药物化学基础	1	刘诗洣	欧绍淑
169		13	药品储存与养护技术	1	宫淑秋	
170		14	中医药基础	1	谭 红	李培富
171		15	药店零售与服务技术	1	石少婷	
172		16	医药市场营销技术	1	王顺庆	
173		17	药品调剂技术	1	区门秀	
174		18	医院药学概要	1	刘素兰	
175		19	医药商品基础	1	詹晓如	
176		20	药理学	1	张 庆	陈达林

** 为"十二五"职业教育国家规划教材
* 为"十二五"职业教育国家规划立项教材

前　言

　　《计算机应用基础》是中等卫生职业教育重要的公共基础课程，教育部也把《计算机应用基础》列为各专业学生必修的基础课程。随着以信息技术和生命科学为核心的科技进步与创新，计算机技术发挥着越来越重要的作用，计算机应用水平已经成为中高职毕业生的业务素质和能力的标志之一。掌握计算机的基本知识，提高计算机应用能力，是21世纪实用型卫生人才必须具备的基本素质。

　　本书内容的组织与编写围绕中等卫生职业教育的培养目标，按照课程标准及学生的接受能力，坚持"三基、五性、三特定"的原则，以"必需、够用"为度，融传授知识、培养能力、提高素质为一体。本书采用案例引领方式，从案例分析入手，将计算机应用基础的知识点融入到案例的分析和操作中，使学生在学习过程中既掌握独立的知识点，又培养综合分析问题和解决问题的能力。注重职业能力和素养的培养，强调理实一体的职业教育特点。

　　本书作为全国中等卫生职业教育教材，依据教育部颁布的"非计算机专业教学的基本要求"和现行的教学大纲编写。为了适应计算机应用技术的发展，本书注重强化技能培养，突出实用性，采用 Windows 7 操作系统平台，Office 套件采用文字处理软件 Word 2010、电子表格软件 Excel 2010 和演示文稿制作软件 PowerPoint 2010。本书还介绍了物联网和云计算，介绍常用音频处理软件、视频处理软件、图片处理软件及学生感兴趣的电子相册软件的使用，根据当前计算机技术在医疗卫生部门的应用和普及，介绍了医学信息系统等内容。教材配套有网络增值服务，富媒体素材包括教学大纲、教学 PPT、视频操作、目标测试参考答案等，方便学生进行课堂外的自主学习。

　　本书实用性强，可作为中等卫生职业教育各专业计算机应用基础教材，也可以作为计算机技术培训及计算机操作学习用书。在编写本书过程中，我们得到了通化市卫生学校、玉林市卫生学校、内江医科学校、开封大学医学部、莱阳卫生学校、赣州卫生学校、郑州市卫生学校、临沧卫生学校、青岛卫生学校、长治卫生学校、伊宁卫生学校的大力支持，在此致以诚挚的感谢。

　　本书是全体编者合作的成果，编写过程中虽经多次讨论和修改，难免有疏漏与不当之处，恳请各位老师、读者提出宝贵意见及建议，以便我们在今后的修订中逐步完善。

施宏伟　韦　红

2017 年 1 月

目 录

15

第一章　计算机基础知识

学习目标

1. 掌握：计算机系统组成、数据表示和信息编码，开、关机的正确操作步骤。
2. 熟悉：微型计算机常见的硬件配置、主要技术指标，鼠标和键盘基本操作，汉字拼音输入法。
3. 了解：计算机的定义、发展、分类、特点、用途，计算机安全基本知识。

　　计算机是人类 20 世纪最伟大的发明之一，经过几十年的迅猛发展，计算机已经成为现代生产、工作、生活不可缺少的工具。如今，"互联网 +""虚拟现实""物联网""大数据"等现代计算机技术的应用，让我们充分认识到计算机无所不在、无时不在的广阔的应用前景。因此，掌握计算机的基础知识及应用，特别是微型计算机的操作技能，是当今社会人们必备的基本技能之一。

第一节　计算机概述

案例

　　计算机已经深入到社会生活的各个领域，在医疗卫生部门人们利用计算机强大的数据处理能力来协助工作。例如，医护人员利用医疗信息管理系统等辅助工作，患者利用计算机网上预约挂号等。没有计算机，现代化的医院就无法运行。你知道计算机还能为医疗行业提供哪些具体的服务吗？那么，我们就从认识什么是计算机入手吧。

　　请问：1. 什么是计算机？
　　　　　2. 计算机有什么用途？
　　　　　3. 计算机的特点是什么？
　　　　　4. 计算机是如何分类的？

一、计算机的历史与发展

　　随着计算机技术的飞速发展，计算机应用日益普及。下面让我们来认识什么是计算机以及计算机的发展历程。

1

（一）计算机的概念

计算机（computer）俗称电脑，是一种能够按照程序运行，自动、高速处理海量数据的现代化智能电子设备，是20世纪最先进的科学技术发明之一。

1946年2月14日，世界上公认的第一台电子计算机（ENIAC，图1-1）在美国宾夕法尼亚大学问世了。

图1-1　世界上第一台计算机（ENIAC）

ENIAC（中文名：埃尼阿克）全称为电子数字积分计算机，是美国奥伯丁武器试验场为了满足计算弹道的需要而研制成的。这台计算机占地面积约170平方米，使用了约18 000支电子管，重约30吨，每小时耗电170千瓦，每秒执行5000次加法或400次乘法。虽然它的功能远不如今天的计算机，但ENIAC的问世具有划时代的意义，它标志着人类计算机时代的开始。在以后70多年里，计算机技术以惊人的速度发展，对人类的生产活动和社会活动产生了极其重要的影响。

 知识拓展

2016年3月，人工智能围棋程序"阿尔法围棋"（Alpha Go）与韩国围棋九段棋手李世石进行比赛，最终结果是人工智能Alpha Go以总比分4比1战胜人类代表李世石。Alpha Go采用神经网络技术，通过深度学习的方式再次让人类在视觉识别、棋类竞技等项目上败给机器，随着这些算法应用到计算机视觉、自动驾驶、自然语言理解等领域，人工智能革命必将改善我们所有人的生活。

（二）计算机的发展

一般认为，从计算机的发展趋势来看，以计算机元器件的变革为主要标志，可把计算机的发展划分为四个阶段（表1-1）。

计算机技术是现代科技中发展最快的领域，现在使用的计算机，其基本工作原理采用了冯·诺依曼思想，即存储程序和程序控制原理。目前计算机的发展正朝着巨型化、微型化、网络化和智能化的方向发展。量子、光子、分子和纳米计算机将具有感知、思考、判断、学习及一定的自然语言能力，使计算机进入人工智能时代。

表1-1 计算机发展阶段

时代	年份	电子器件	软件	应用
第一代	1946—1958	电子管	机器语言 汇编语言	科学计算
第二代	1959—1964	晶体管	高级语言、批处理系统	数据处理 工业控制
第三代	1965—1970	中、小规模集成电路	操作系统、会话式语言	文字处理 图形处理
第四代	1971年至今	(超)大规模集成电路	数据库管理系统、网络操作系统等	社会的各个领域

 前沿知识

21世纪人工智能技术在医学方面的研究成果之一：美国科学家和欧洲科学家已经成功研制出用于人类血管治疗的微型机器人，在将来会制造出可以在毛细血管里运动的机器人。这种机器人，可以通过毛细血管进入人类大脑，可以治疗疾病，使得治疗更加方便和彻底。利用人工智能还可以成立数字化会诊中心，解决医院人手不够或者忙不过来而产生的误诊、漏诊等问题；解决疑难病症会诊；解决转诊消耗医生资源的困难。把医生从繁忙的工作中解放出来，为疾病诊治提供最佳方案。

二、计算机的特点与分类

(一) 计算机的特点

计算机是一种能快速、高效地完成信息采集、存储、处理与传输，以获得人们所需要的输出信息的电子设备。与其他计算工具相比，计算机具有以下特点：

1. 运算速度快　计算机可以高速准确地完成各种运算。当今计算机系统的运算速度已达到每秒万亿次，微型计算机也可达每秒亿次以上，使大量复杂的科学计算问题得以解决。例如，卫星轨道的计算、24小时卫星云图数据的计算过去需要几个月甚至几年，而在现代社会里，用计算机只需几分钟就可完成。

2. 计算精确度高　科学技术的发展特别是尖端科学技术的发展，需要高度精确的计算。计算机控制的导弹之所以能准确地击中预定的目标，是与计算机的精确计算分不开的。例如，对圆周率的计算，使用双核计算机2分钟就可以算到小数点后200万位以上。

3. 逻辑运算能力强　计算机不仅能进行精确计算，还具有逻辑运算功能，能对信息进行比较和判断。计算机能把参加运算的数据、程序以及中间结果和最后结果保存起来，根据程序的控制，实现各种复杂的逻辑运算。

4. 具有存储记忆能力　计算机内部的存储器具有记忆特性，可以存储大量的信息。这些信息，不仅包括各类数据信息，还包括处理这些数据的程序。

5. 自动化程度高　由于计算机具有存储记忆能力和逻辑判断能力，所以人们可以将预先编好的程序存入计算机内存，在程序控制下，计算机可以连续、自动地工作，不需要人的干预。

（二）计算机的分类

在通用计算机中，人们按照计算机的运算速度、存储量大小、功能强弱，可以将计算机分为巨型机（超级计算机）、大型机、小型机、微型机等类型。

最常见微型机是个人计算机（personal computer，简称 PC），俗称电脑，有台式机、笔记本电脑、一体机和平板电脑等（图 1-2）。

台式机　　　　　　　　　　　笔记本

一体机　　　　　　　　　　　平板电脑

图 1-2　个人计算机常见类型

 知识拓展

超级计算机是国家科研的重要基础工具，在地质、气象、石油勘探等广泛领域研究中发挥着关键作用，也是汽车、航空、化工、制药等行业的重要科研工具。

2016 年 6 月 20 日新一期全球超级计算机 500 强榜单公布，使用中国自主芯片制造的"神威太湖之光"取代"天河二号"登上榜首，成为世界上最快的超级计算机。中国超级计算机上榜总数量也有史以来首次超过美国名列第一。"神威太湖之光"的浮点运算速度为每秒 9.3 亿亿次，不仅速度比第二名"天河二号"快出近两倍，其效率也提高 3 倍。更重要的是，与"天河二号"使用英特尔芯片不一样，"神威太湖之光"使用的是中国自主知识产权的芯片。

三、计算机的用途

计算机技术的发展使计算机的应用渗入各行各业，归纳如下 6 大类。

（一）科学计算

科学计算也称为数值计算，是将计算机用于科学研究和工程技术中的数学计算，是计算机应用最早的领域。例如,我国嫦娥一号卫星从地球到月球要经过一个复杂的运行轨迹,为设计运行轨迹要进行大量的计算工作。

(二)数据处理

数据处理也称为信息处理,是利用计算机对各种类型的数据进行处理。计算机信息处理成为计算机应用最活跃,最广泛的领域之一。例如,企业管理,物资管理,医疗信息管理,报表统计等诸多领域。

(三)过程控制

计算机过程控制又称实时控制,指利用计算机实时采集检测数据,按最佳值迅速地对控制对象进行自动控制或自动调节。例如,用火箭将嫦娥一号卫星送向月球的过程,就是一个典型的计算机控制过程。

(四)辅助技术

计算机辅助系统主要有以下几项。

1. CAD 计算机辅助设计,是指利用计算机来帮助设计人员进行工程设计。

2. CAM 计算机辅助制造,是指利用计算机直接控制零件的加工,实现无图纸加工。

3. CAI 计算机辅助教学,是指利用计算机系统使用课件来帮助教学。

4. CAT 计算机辅助测试,是指利用计算机协助进行测试的一种方法。

(五)人工智能

人工智能是指计算机模拟人类的思维、判断、推理等智能活动,如语音识别、语言翻译、逻辑推理、联想决策、行为模拟等。人工智能具有广泛的应用前景,也是以后计算机重点发展的方向。

(六)网络应用

计算机网络已经广泛应用于各行各业,越来越多的人通过网络进行工作、学习、娱乐等,网络应用已经成为计算机的基本应用之一,例如电子商务的应用。计算机网络的发展水平已成为衡量一个国家现代化程度的重要指标。

第二节 计算机系统的组成

 案例

　　小明最近想 DIY 配置一台台式机用于学习,但对计算机的配置不是很熟悉,因而怕被商人忽悠,感觉无从下手。在新技术层出不穷的今天,各种设备也在不断地更新,要配置一台性价比高的电脑,下面跟着老师一起,从学习计算机系统组成入手。

　　请问:1. 计算机系统是由什么组成的?

　　　　　2. 计算机主要有哪些硬件和软件?

　　　　　3. 计算机的主要技术指标有那些?

一、计算机系统概述

一台完整的计算机由硬件系统和软件系统两部分组成(图1-3)。计算机硬件是指那些由电子元器件和机械装置组成的"硬"设备,如中央处理器、存储器和外部设备等。计算机软件是指那些在硬件设备上运行的各种程序、数据和相应的文档,如 Windows 操作系统、数据库管理系统等。没有软件的计算机称为"裸机",裸机无法工作。

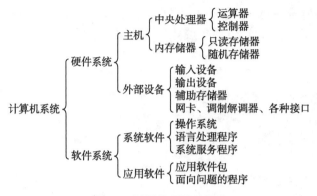

图 1-3　计算机系统的组成

二、计算机的硬件系统

一台完整的计算机,其硬件系统由运算器、控制器、存储器、输入设备和输出设备共五大部件构成。把运算器和控制器集成到一块芯片上就组成了中央处理器(CPU),CPU 与内存储器构成计算机的主机,其他外存储器、输入和输出设备统称为外部设备。

(一)运算器

运算器:是计算机对各种数据进行处理的主要部件,也称算术逻辑部件。它的主要功能是进行算术运算和逻辑运算。

(二)控制器

控制器:是计算机的指挥中心,能够控制和协调计算机各部件一致地工作,保证计算机按照预先规定的目标和步骤有条不紊地进行操作及处理。它是发布命令的"决策机构",即完成协调和指挥整个计算机系统的操作。

把控制器与运算器合称为中央处理器(central processing unit),简称 CPU,它是计算机的核心部件(图 1-4)。

图 1-4　中央处理器 CPU

 知识拓展

CPU 品牌有两大阵营,分别是 Intel(英特尔)和 AMD,这两个行业老大几乎垄断了 CPU 市场,大家拆开电脑看看,无非就是 Intel 和 AMD 的品牌(当然不排除极少的其他 CPU)。而 Intel 的 CPU 又分为 Pentium(奔腾)、Celeron(赛扬)和 Core(酷睿)。其性能由高到低也就是 Core、Pentium、Celeron。AMD 的 CPU 分为 Sempron(闪龙)和 Athlon(速龙),性能 Athlon 优于 Sempron。

（三）存储器

存储器（memory）是计算机系统中的记忆部件，用来接收、保存数据的单元。对于计算机来说，有了存储器，才有记忆功能，才能保证正常工作。存储器按其用途可分为主存储器（又称内存储器，简称内存）和辅助存储器（又称外存储器，简称外存）。

1. 内存　内存是计算机主机的一个重要组成部分，它直接与 CPU 相连接，储存容量较小，但速度快，用来存放当前运行程序的指令和数据，并直接与 CPU 交换信息。内储存器由随机储存器（RAM）和只读储存器（ROM）构成。RAM 用于暂时存放程序和数据，一旦关闭电源或发生断电，其中的程序和数据就会丢失，而 ROM 在此情况下不会丢失数据。

内存一般是将若干个集成电路焊接在一块长方形的小电路板上，称为"内存条"（图 1-5），将几根"内存条"插在主板的内存插槽中就构成了计算机的内存。目前常见的内存条有 4G/条，8G/条等。

2. 外存　是用来存储各种信息的，CPU 要使用这些信息时，必须通过专门设备以输入输出的方式，将信息调入内存中。它具有存储量大，但速度慢的特点。对外存储器的基本要求

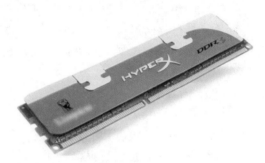

图 1-5　内存条

是，应有足够大的存储容量，能长期可靠地保存其中的程序和数据、存取方便。

外存储器设备种类很多，目前计算机常用的外存储器有 U 盘、硬盘、光盘（DVD-ROM、DVD-RW）等。

（1）U 盘：全称 USB 闪存盘，它是一种使用 USB 接口的无需物理驱动器的微型高容量移动存储产品，通过 USB 接口与电脑连接，实现即插即用。U 盘的读取速度快，目前存储容量最大的已有 1TGB。U 盘不容易损坏，便于长期保存。U 盘中无任何机械装置，抗震性能强。另外，U 盘（图 1-6）还具有防潮防磁、耐高低温等特性，安全可靠性很好。

（2）硬盘：是 PC 机配置的大容量外部存储器，由于采用了温彻斯特（Winchester）技术，因此又称为温盘驱动器或温盘。硬盘的主要特点是将盘片、磁头、电机驱动部件乃至读/写电路等做成一个不可随意拆卸的整体，并密封起来，所以防尘性能好、可靠性高。硬盘盘片是在铝片、玻璃等基材上涂敷一层磁性材料制成的。硬盘（图 1-7）的接口方式主要有：IDE接口、SCSI 接口和 SATA 接口。

图 1-6　U 盘

图 1-7　硬盘

家用电脑以及笔记本电脑的硬盘的转速一般有 5400rpm、7200rpm 两种，理论上，转速越快读写速度越快；服务器用户对硬盘性能要求更高，所以使用的 SCSI 硬盘转速基本都采用 10 000rpm，甚至 15 000rpm 的，中高等服务器的硬盘一般都是 15K 的，也有用 7.2K 的，但都是服务器专用硬盘，它无法直接用到家用台式机上，同等转速下其性能也超出家用产品很多。

（3）光盘存储器：是利用光学原理存取信息的存储器。光盘存储器（图 1-8）可分为：CD-ROM、CD-R、CD-RW 和 DVD-ROM、DVD-R、DVD-RW 等。

图 1-8　光盘及光盘驱动器

（四）输入设备

输入是指利用某种设备将数据转换成计算机可以接受的编码的过程，所使用的设备称为输入设备。现在输入设备已有很多种类，这里仅介绍目前最常用的几种输入设备。

1. 键盘　键盘是最基本的输入设备，通过键盘可以输入字母、符号和数字符，使用汉字输入编码可以输入汉字，通过控制功能键还可以控制计算机的运行。目前使用最多的是 101 和 104 键的通用键盘（图 1-9）。

2. 鼠标　是计算机显示系统纵横坐标定位的指示器，形似老鼠而得名"鼠标"。通过移动鼠标和控制鼠标上的按键来实现光标定位和选择菜单、命令等功能。鼠标通常有二键或三键，有的在中间还有一个滚动轮。同键盘相比，使用鼠标可以简化操作过程，在 Windows 操作系统中，鼠标（图 1-10）更是一种必不可少的输入设备。

图 1-9　常用的 104 键盘

图 1-10　鼠标

（五）输出设备

输出设备的任务是输出信息，显示器和打印机是两种最常用的输出设备。

1. 显示器　显示器是计算机的基本输出设备，也被称为监视器。它是一种将一定的电子文件通过特定的传输设备显示到屏幕上再反射到人眼的显示工具。用户主要通过键盘和显示器（图 1-11）与计算机进行人机对话来实现计算机操作的。

2. 打印机　打印机是电脑的主要输出设备之一，用于将计算机处理结果打印在相关介质上。目前市场上的打印机主要有三类：针式打印机（图 1-12）、激光打印机（图 1-13）和喷墨打印机（图 1-14）。

图 1-11　显示器

图 1-12　针式打印机

图 1-13　激光打印机

图 1-14　喷墨打印机

知识拓展

　　在计算机硬件系统中，总线（bus）是十分重要的概念。它是计算机各种功能部件之间传送信息的公共通信干线，它是由导线组成的传输线束，按照计算机所传输的信息种类，计算机的总线可以分为数据总线、地址总线和控制总线，分别用来传输数据、数据地址和控制信号。总线是一种内部结构，它是 CPU、内存、输入、输出设备传递信息的公用通道，主机的各个部件通过总线相连接，外部设备通过相应的接口电路再与总线相连接，从而形成了计算机硬件系统。

三、计算机软件系统

　　软件是指在硬件设备上运行的各种程序及相关数据。软件和硬件同等重要，二者缺一不可。没有软件的计算机是不能运行的。软件系统是指各种软件的集合，软件系统可分为系统软件和应用软件。

（一）系统软件

系统软件是指控制和协调计算机及外部设备，支持应用软件开发和运行的系统，是无需用户干预的各种程序的集合。它的主要功能是调度、监控和维护计算机系统；负责管理计算机系统中各种独立的硬件，使得它们可以协调工作。系统软件一般包括操作系统、语言处理程序、系统服务程序等。

1. 操作系统　是管理和控制计算机硬件与软件资源的计算机程序。它是直接运行在"裸机"上的最基本的系统软件，任何其他软件都必须在操作系统的支持下才能运行。它是用户和计算机的接口，同时也是计算机硬件和其他软件的接口。它具有进程管理、存储管理、设备管理、作业管理和文件管理五方面的功能。例如 Windows、Unix、Linux 等都属于操作系统。

2. 语言处理软件　是指各种编程语言及汇编程序、编译系统和解释系统等语言转换程序。

3. 数据库管理系统　数据库指的是以一定方式储存在一起、能为多个用户共享、具有尽可能小的冗余度的特点、是与应用程序彼此独立的数据集合。为数据库的建立、操纵和维护而配置的软件称为数据库管理系统，简称 DBMS。如 MS SQL Server、MS Access 等。

4. 系统服务程序　是一类辅助性的工具软件，主要是指一些用于计算机的调试、故障检测和诊断及专门用于程序纠错的程序等。如工具软件、软件测试和诊断程序等。

（二）应用软件

应用软件是专业软件公司针对各种具体业务的需要，为解决某些实际问题而研制开发的各种程序，或是用户根据具体需要而编制的实用程序。应用软件需要在系统软件的支持下，才能在计算机中运行。如办公软件、游戏软件、医院管理系统和财务管理软件等。

四、计算机的主要技术指标

计算机的技术指标有很多，但主要指标有如下几种。

1. 字长　字是 CPU 处理数据的基本单位，字中所包含的二进制数的位数称为字长，它反映了计算机一次可以处理的二进制代码的位数。中央处理器按其处理信息的字长可分为：8 位、16 位、32 位和 64 位处理器。位数越多的处理器，一次能处理的数据越多，信息处理的效率也越高。

2. 运算速度　运算速度是指计算机每秒中所能执行的指令条数，一般用 MIPS 为单位。

3. 主频　CPU 的主频即 CPU 工作的时钟频率，很多人认为 CPU 的主频就是其运行速度，其实不然。CPU 的主频表示在 CPU 内数字脉冲信号震荡的速度，与 CPU 实际的运算能力并没有直接关系。由于主频并不直接代表运算速度，所以在一定情况下，很可能会出现主频较高的 CPU 实际运算速度较低的现象。例如，第六代酷睿 i7-6700k，其 CPU 的默认主频是 4.0GHz。

4. 存储容量　存储容量包括内存容量和外存容量，主要指内存储器的容量。显然内存容量越大，机器所能运行的程序就越大，处理能力就越强。尤其是当前微机应用多涉及图像信息处理，要求的存储容量会越来越大，甚至没有足够大的内存容量就无法运行某些软件。

5. 计算机系统的主要配置　配置主要包括主机、键盘、磁盘驱动器、硬盘、显示器和软件配置等。

第三节　计算机内信息表示和编码

　　我们人类通过学习可以识别很多数字、字符和符号,那计算机又是如何识别和表示这些信息呢?假如我们用 0 和 1 分别表示电平的低和高,那么对应一段高低电平的变化,可以写出相应的数字,这串数字连起来是不是类似 10010100 或 00101001 呢?计算机其实就是类似这样识别并传输数据的,这种表示是一个二进制数值。

　　请问:1. 计算机数据有哪些形式?
　　　　　2. 计算机内部为何采用二进制?
　　　　　3. 数制的概念,如何进行数制换算?

一、计算机中的数制与转换

　　在日常生活中,常遇到不同进制的数,如十进制数,逢十进一;一天有二十四小时,逢二十四进一等,这些都是数制。

　　"数制"是指进位计数制,它是一种科学的计数方法,它以累计和进位的方式进行计数,实现了以很少的符号表示大范围数字的目的。计算机应用中常用的数制有二进制、八进制和十六进制。

(一)数制

　　1. 十进制　十进制数用 0,1,2,…,9 十个数码表示,并按"逢十进一"的规则计数。十进制的基数是 10,不同位置具有不同的位权。例如:

$$528.67=5×10^2+2×10^1+8×10^0+6×10^{-1}+7×10^{-2}$$

　　十进制是人们最常用使用的数制,为了把不同进制的数区分开,将十进制数表示 $(N)_{10}$。

　　2. 二进制　二进制数用 0 和 1 两个数码表示,并按"逢二进一"的规则计数。二进制的基数是 2,不同位置具有不用位权。例如:

$$(1101.101)_2=1×2^3+1×2^2+0×2^1+1×2^0+1×2^{-1}+0×2^{-2}+1×2^{-3}$$

　　二进制的加减运算法则如下:

$$0+0=0,\ 1+0=1,\ 1+1=10(进\ 1),\ 0-0=0,\ 1-0=1,\ 0-1=1(借\ 1),\ 1-1=0$$

　　3. 八进制　八进制数用 0,1,2,…,7 八个数码表示,并按"逢八进一"的规则计数。八进制的基数是 8,不同位置具有不用位权。例如:

$$(520.37)_8=5×8^2+2×8^1+0×8^0+3×8^{-1}+7×8^{-2}$$

　　4. 十六进制　十六进制数用 0,1,2,…,9,A,B,C,D,E,F 十六个数码表示(其中 A 表示 10,B 表示 11,…,F 代表 15)。并按"逢十六进一"的规则计数,其基数是 16,不同位置具有不用位权。例如:

$$(6AB.0E)_{16}=6×16^2+A×16^1+B×16^0+0×16^{-1}+E×16^{-2}$$

(二)数制的转换

　　1. N 进制转换成十进制　用上述位权展开式可以将二进制、八进制和十六进制展开计算后得出的数就是十进制。例如:

$$(1101.101)_2=1\times2^3+1\times2^2+0\times2^1+1\times2^0+1\times2^{-1}+0\times2^{-2}+1\times2^{-3}=(13.625)_{10}$$

2. 十进制转换成二进制　将十进制数转换成二进制数，要将十进制的整数部分和小数部分分开进行。将十进制的整数转换成二进制数，遵循"除 2 取余、逆序排列"的规则；将十进制小数转换成二进制小数，遵循"乘 2 取整、顺序排列"的规则；然后再将二进制整数和小数拼接起来，形成最终转换结果。例如：

$$(45.375)_{10}=(101101.011)_2$$

（1）十进制整数转换成二进制

```
2 |  4 5   余数    ↑ 低位
  2 | 2 2 ……1
    2 | 1 1 ……0
      2 | 5 ……1
        2 | 2 ……1
          2 | 1 ……0
     计算终止 0 ……1   | 高位
```

转换结果：$(45)_{10}=(101101)_2$

（2）十进制小数转换成二进制小数

```
        0.375  整数部位
    ×      2
      (0).750 ……0   | 高位
    ×      2
      (1).500 ……1
    ×      2
      (1).000 ……1   ↓ 低位
       计算终止
```

转换结果：$(0.375)_{10}=(0.011)_2$

因此 $(45.375)_{10}=(101101.011)_2$

3. 十进制转换成 N 进制　十进制数转换成 N 进制与上述转换成二进制数的方法相同，也要将十进制数的整数部分和小数部分分开进行。将十进制的整数转换成 N 进制，遵循"除 N 取余，逆序排列"的规则；将十进制小数转换成 N 进制小数，遵循"乘 N 取整，顺序排列"的规则；然后再将 N 进制整数和小数拼接起来，形成最终转换结果。

二、计算机中字符的编码

在计算机中，由于所有的数据和信息都是以二进制形式表示的，所以人们规定使用二进制数码来表示字母、数字以及专门符号的编码，称为字符编码。

（一）ASCII 码

ASCII 码（American Standard Code for Information Interchange，美国标准信息交换代码）是目前计算机中普遍采用的一种字符编码方式，该编码被国际标准化组织所采纳，作为国际上通用的信息交换代码。

ASCII 码由 7 位二进制数组成，能够表示 $2^7=128$ 个字符数据，如表 1-2 所示。根据表可查 A 的 ASCII 码是 1000001，为了便于处理，我们在 ASCII 码的最高位前增加一位 0，凑成 8位，占 1 字节。

表 1-2 ASCII 码表

$b_3b_2b_1b_0$ \ $b_6b_5b_4$	000	001	010	011	100	101	110	111
0000	NUL	DLE	SP	0	@	P	`	p
0001	SOH	DC1	!	1	A	Q	a	q
0010	STX	DC2	"	2	B	R	b	r
0011	ETX	DC3	#	3	C	S	c	s
0100	EOT	DC4	$	4	D	T	d	t
0101	ENQ	NAK	%	5	E	U	e	u
0110	ACK	SYN	&	6	F	V	f	v
0111	BEL	ETB	'	7	G	W	g	w
1000	BS	CAN	(	8	H	X	h	x
1001	HT	EM	)	9	I	Y	i	y
1010	LF	SUB	*	:	J	Z	j	z
1011	VT	ESC	+	;	K	[	k	{
1100	FF	FS	,	<	L	\	l	|
1101	CR	GS	-	=	M	]	m	}
1110	SO	RS	.	>	N	^	n	~
1111	SI	US	/	?	O		o	DEL

(二)汉字编码

计算机在处理中文信息时,也需要对汉字进行编码。在汉字处理的各个环节中,由于要求不同,采用的编码也不同,(图 1-15)为汉字处理不同环节的编码。汉字编码有输入码、国标码、机内码和字形码四种。

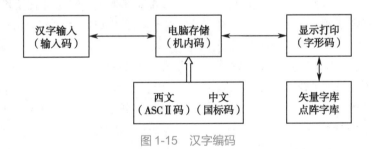

图 1-15 汉字编码

1. 汉字的输入码 汉字的输入码是为用户能够利用英文键盘输入汉字而设计的编码。由于汉字数量众多,字形、结构都很复杂,人们从不同的角度设计出了多种输入码方案,主要有数字编码、字音编码、字形编码和音形编码四种。

2. 国标码 1981 年,我国颁布了《信息交换用汉字编码字符集·基本集》(GB2312-80),它是汉字交换码的国家标准,称为国标码。该标准收入了 6763 个常用汉字(其中一级汉字 3755 个,二级汉字 3008 个),682 个非汉字字符(图形、符号)。

国标码规定,每个字符由一个 2 字节代码组成,每个字节的最高位恒为"0",其余 7 位用于组成各种不同的码值。如"啊"的国标码为 00110000 00100001。

3. 机内码 汉字的机内码是汉字在计算机系统内部存储、处理、传输统一使用的代码,

13

又称汉字内码。机内码用两个字节表示一个汉字,每个字节的最高位都为"1",低7位与国标码相同。如"啊"的机内码为10110000 10100001。

4. 汉字的字形码 字形码提供输出汉字时所需要的汉字字形,在显示器或打印机输出所用字形的汉字或字符。字形码与机内码对应,字形码集合在一起,形成字库。字库分点阵字库和矢量字库两种。

由于汉字是由笔画组成的方块字,无论汉字多复杂,都可以放在相同大小的方框里。如果我们用 m 行 n 列的小圆点组成这个方块(称为汉字的字模点阵),那么每个汉字都可以用点阵中的一些点组成(图 1-16)。

如果将每一个点用一位二进制数表示,有笔形的位为 1,否则为 0,就可以得到该汉字的字形码。由此可见,汉字字形码是一种汉字字模点阵的二进制码,是汉字的输出码。

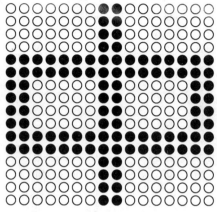

图 1-16 汉字点阵字模示意图

 前沿知识

目前字形码除点阵字形码外,还有矢量函数字形码和轮廓字形码等。

字模点阵容易描述,但确定是信息量和存储空间很大,尤其是字体放大后会严重失真及变形。矢量字形码的构成与点阵字形码不同,它们对汉字的处理方法也不同。它是用数学方法,对汉字进行处理,在每个字的外形取一个个参数点,用数字方法对这些点进行描述,再把各个点用矢量线连接起来,就是该汉字字形的矢量信息。矢量汉字适当放大之后,也不会失真、变形,精度比点阵字要高,但是当矢量汉字大到一定程度时,也会出现连续的折线,出现棱角,对于专业出版人员来说,效果并不是特别令人满意。

曲线轮廓汉字码,是目前水平最高,也最有前途的汉字库。这种字体精度最高,效果最好,多级放大也不会产生毛刺、折线、锯齿,字体最为美观漂亮。Windows 中使用的汉字,就是这种曲线轮廓汉字。曲线轮廓汉字用贝齐尔二次曲线、三次曲线来描述汉字,精密特别高,不管设备如何,分辨率如何,这种字体都能够高质量地进行输出,缺点是输出之前必须经过复杂的数学运算处理。

三、计算机中数据的单位

在计算机中所有数据信息都是以二进制形式表示的。

1. 位(二进制位 bit) 表示二进制中的一位(在这个数位上只能是 0 或 1)。比特是表示数据和信息多少的最小单位,用符号 b 表示。

2. 字节(byte) 是计算数据和信息多少的基本单位。同时,它也是计算存储器存储空间大小的基本单位,用符号 B 表示。

"字节"和"位"之间的换算关系是:1 字节等于 8 个二进制位,即 1Byte=8bit。在实际中,常用单位还有 KB、MB、GB、TB 等。这几种单位之间的换算关系如下。

$$1kB（千字节）=2^{10}\,B=1024B \quad 1MB（兆字节）=1024KB$$
$$1GB（吉字节）=1024MB \quad 1TB（太字节）=1024GB$$

第四节　计算机安全

　　随着社会的发展，信息技术的普及，计算机应用已深入到了各行各业中。各种医疗机构也建立了庞大的医疗信息管理系统，因此计算机的安全与维护问题也越来越得到人们的重视，为了用好计算机，更好地服务于医生和患者，必须高度重视计算机使用安全，注意计算机的保养与维护。
　　请问：1. 计算机如何维护？
　　　　　2. 上网时突然弹出的不明窗口能打开它吗？

　　现代社会，计算机的使用已经广泛深入到人们生活、工作的各个领域，给人们提供了极大的便利，现代社会对计算机网络信息系统的依赖也越来越大。安全可靠的网络空间已经成为支撑国民经济、关键性基础设施以及国防建设的支柱。
　　对于计算机安全，国际标准化委员会的定义是"为数据处理系统采取的技术和管理的安全保护，保护计算机硬件、软件、数据不因偶然的或恶意的原因而遭到破坏、更改、显露"，中国公安部计算机管理监察司的定义是"计算机安全是指计算机资产安全，即计算机信息系统资源和信息资源不受自然和人为有害因素的威胁和危害"。我们不仅要学习计算机的相关技术，还要注重培养使用计算机的道德规范及使用计算机的安全防范意识。

一、计算机系统安全

　　随着计算机系统功能的日益完善和速度的不断提高，系统组成越来越复杂，系统规模越来越大，特别是 Internet 的迅速发展，存取控制、逻辑连接数量不断增加，软件规模空前膨胀，任何隐含的缺陷、失误都能造成巨大损失。几乎所有的计算机系统都存在着不同程度的安全隐患，计算机系统的安全是相对不安全而言的，许多危险、隐患和攻击都是隐蔽的、潜在的、难以明确却又广泛存在的。计算机系统的安全、保密问题越来越受到人们的重视。

（一）计算机系统面临的威胁

　　1. 对实体的威胁和攻击　　所谓实体，是指实施信息收集、传输、存储、加工处理、分发和利用的计算机及其外部设备和网络。实体安全是对计算机设备、设施、环境、人员等采取适当的安全措施。是防止对信息威胁和攻击的第一步，也是防止对信息威胁和攻击的天然屏障。
　　2. 对信息的威胁和攻击　　通常对计算机信息的攻击主要是包括信息泄露和信息破坏。信息泄露通常是通过不正当手段故意获得目标信息，达到不正当目的。而信息破坏主要是指通过一些偶然事故或者人为破坏行为使得计算机内所保存的信息的完整性以及正确性受到破坏或者产生大量错误信息。
　　3. 计算机犯罪　　所谓计算机犯罪，就是在信息活动领域中，利用计算机信息系统或计算机信息知识作为手段，或者针对计算机信息系统，对国家、团体或个人造成危害，依据法律规定，应当予以刑罚处罚的行为。

4．计算机病毒　计算机病毒指：编制者在计算机程序中插入的破坏计算机功能或者破坏数据，影响计算机使用并且能够自我复制的一组计算机指令或者程序代码。计算机病毒的破坏行为体现了病毒的杀伤能力。

（二）计算机安全技术

1．计算机安全技术的发展过程　在 20 世纪 50 年代，由于计算机应用的范围很小，所以安全保密体系不突出，计算机系统的安全在绝大多数人的印象中是指实体及硬件的物理安全。20 世纪 70 年代以来，数据的安全逐渐成为计算机安全技术的主题。国际标准组织（ISO）在 1984 年公布了信息处理系统参考模型，并提出了信息处理系统的安全保密体系结构（ISO-7498-2）。进入 20 世纪 90 年代，计算机系统安全研究出现了新的侧重点：一方面，对分布式和面向对象数据库系统的安全保密进行了研究；另一方面，对安全信息系统的设计方法、多域安全和保护模型等进行了探讨。目前，计算机安全技术正经历着前所未有的快速发展，并逐渐完善成熟，形成一门新兴的学科。

2．计算机安全技术的研究内容　计算机安全技术的研究内容主要有实体安全、运行安全、信息安全和网络安全等几个方面。

（1）实体安全：主要包括计算机运行环境的选择，比如防盗、抗电磁干扰、静电保护等几个方面，能够保证计算机硬件系统的正常运行。

（2）运行安全：减少操作人员的失误，降低软件的故障率，防止计算机病毒及"黑客"的攻击，保障软件系统的正常工作。

（3）信息安全：保障信息的可用性、完整性和保密性而不被破坏。

（4）网络安全：主要是为了预防计算机犯罪行为。

3．计算机使用中的道德规范

（1）不破坏别人的计算机系统资源。

（2）不制造传播病毒程序。

（3）不窃取别人的软件资源。

（4）不破译别人的口令或密码。

（5）不使用带病毒的软件，更不向别人提供带病毒的软件。

（6）坚持使用正版软件。

 知识拓展

国家计算机病毒应急处理中心于 2015 年开展了"第十四次全国信息网络安全状况暨计算机和移动终端病毒疫情调查活动"。调查结果显示，2014 年，88.7% 的被调查者发生过网络安全事件，与 2013 年相比增长了 37.5%；感染计算机病毒的比例为 63.7%，比 2013 年增长了 8.8%；移动终端的病毒感染比例为 31.5%，比 2013 年增长了 5.2%。无论是传统 PC 还是移动终端，安全事件和病毒感染率都呈现出了上升的态势。

二、计算机病毒

随着社会的发展，科技不断的进步，计算机带给人类方便的同时，随之而来的是计算机的安全问题。这关系着人们切身利益，首当其冲的就是计算机病毒，计算机病毒严重干扰了人类的正常生活，它对计算机的攻击和破坏所造成的损失也是巨大的。只有深刻认识计算机病毒怎么产生，有什么特征，如何攻击，我们才知道如何有效地将计算机病毒拒之门外。

 知识拓展

近年来，随着互联网延伸到了各行各业，五花八门的计算机病毒也渗入其中，新型的计算机病毒如：新淘宝客病毒、QQ 群蠕虫病毒、网购木马等无不威胁着人们的财产安全。仅我国，在计算机信息安全上，每年的损失就高达千亿元。

（一）计算机病毒的定义

计算机病毒是人为制造的能够侵入计算机系统并破坏计算机系统正常运行的程序。计算机病毒与医学上的"病毒"不同，计算机病毒不是天然存在的，是人利用计算机软件和硬件所固有的脆弱性编制的一组指令集或程序代码。

（二）计算机病毒的特性

1. 传染性　传染性是计算机病毒的一个最基本的特性，也是判断一个计算机程序是否是病毒的一项重要依据。病毒可以附着在正常程序上进行繁殖，当程序运行时，它也进行自身复制，并通过 U 盘、光盘、计算机网络等载体进行传染，被传染的计算机又成为病毒的生存环境及新传染源。

2. 隐蔽性　病毒一般是具有很高编程技巧、短小精悍的程序，具有很强的隐蔽性，处理起来通常很困难。

3. 潜伏性　计算机病毒程序进入系统后，可以在几周或者几个月内甚至几年内隐藏在合法文件中，对其他系统进行传染，在系统中的存在时间愈长，病毒的传染范围就会愈大。

4. 破坏性　计算机系统被计算机病毒感染后，一旦病毒发作条件满足时，就在计算机上表现出一定的症状。病毒会破坏数据、删除文件或加密磁盘、格式化磁盘，对数据造成不可挽回的破坏。

 知识拓展

手机病毒是近年来发展迅速的计算机病毒的一种，能够在手机之间传播扩散，并对手机产生破坏。手机病毒的特点是能够使手机自动拨出电话、大量转发信息、破坏手机内存、收发垃圾短信、窃取用户资料等等。手机病毒也和计算机病毒一样，它可以通过电脑执行从而向手机乱发短信息，也可以通过手机与手机之间传播病毒。手机病毒的传播途径一种是通过数据线或者电信运营商的无线下载通道传播，第二种是 WAP（无线应用协议）手机上网传播。

三、计算机使用安全常识

（一）计算机病毒的防治

从计算机病毒种类及传播途径中可知，搞好计算机病毒的防治是减少其危害的有力措施，做到以防为主，防治结合。

1．计算机病毒的诊断 用户在运行某些外来软件或从网上下载一些内容时，很有可能无意中将计算机感染上了病毒，这些病毒有可能不会被用户马上发现。因此我们要知道出现哪些异常现象就是感染上了病毒。通常计算机感染上病毒会出现下面一些现象：

（1）计算机系统运行速度缓慢。

（2）计算机系统经常无故发生死机。

（3）计算机系统中的文件长度发生变化。

（4）计算机存储的容量异常减少。

（5）系统引导速度减慢。

（6）丢失文件或文件有损坏。

（7）计算机系统出现异常的声响。

（8）计算机屏幕上出现异常显示。

（9）命令执行出现错误。

（10）一些外部设备工作异常。

2．预防计算机病毒

（1）创建紧急引导盘和最新紧急修复盘。

（2）尽量少用来历不明的光盘和U盘，必须使用时，要先杀毒再使用。

（3）尽量减少从因特网下载免费软件和共享软件，删除可疑的电子邮件。

（4）安装杀毒软件及网络防火墙，同时要注意及时升级反病毒产品的病毒库和查毒引擎。

（5）安装防火墙工具，设置相应的访问规则，过滤不安全的站点访问。

（6）关闭多余端口，做到使电脑在合理的使用范围之内。

（7）关闭IE安全中的ACTIVEX运行，好多网站都是使用它来入侵你的电脑。

3．检测清除计算机病毒 为了确保计算机系统能安全地运行，我们应养成定期查毒、杀毒的习惯，并随时升级杀毒软件。目前免费的杀毒软件很多，如金山毒霸、360安全卫士、电脑管家等，它们一般都能全面查杀计算机中的病毒及木马程序，并且能够实时监控系统，支持网上自动升级。

（二）知识产权常识

1．计算机知识产权 是计算机软件人员对自己的研发成果依法享有的权利。由于软件属于高新科技范畴，目前国际上对软件知识产权的保护法律还不是很健全，大多数国家都是通过著作权法来保护软件知识产权的，与硬件密切相关的软件设计原理还可以申请专利保护。

2．计算机知识产权的法律适用

（1）著作品版权：将研发成果中的文档、程序或其他媒质视为作品，适用著作权法进行保护。

（2）设计专利权：应用端的工程技术、技巧性设计方案，可以申请专利保护。

（3）形式表现商标权：产品名称、软件界面等形式表现的智力成果，可以申请商标保护。

3．计算机知识产权的侵权表现 根据1990年通过的《中华人民共和国著作权法》和1991年通过的《计算机软件保护条例》的规定，软件作品享有两类权利，一类是软件著作权的人身权；另一类是软件著作权的财产权利。而生活中侵权行为主要有以下几个方面：

（1）未经软件著作权人的同意而发表其软件作品。软件著作人享有对软件作品的公开发表权,未经允许著作权人以外的任何其他人都无权擅自发表特定的软件作品。

(2)将他人开发的软件当作自己的作品发表。

(3)未经合作者的同意将与他人合作开发的软件当作自己独立完成的作品发表。

(4)在他人开发的软件上署名或者涂改他人开发的软件上的署名。

(5)未经软件著作权人或者其合法受让者的同意,修改、翻译、注释其软件作品。

(6)未经软件著作权人或其合法受让者同意,复制或部分复制其软件作品。

(7)未经软件著作权人及其合法受让者同意,向公众发行、展示其软件的复制品。

(8)未经软件著作权人或其合法受让者同意,向任何第三方办理软件权利许可或转让事宜。

第五节 计算机操作入门

一、开机和关机操作流程

我们在使用计算机过程中,要按照正确的开、关机流程操作。如果不按照正确的操作方法,有可能对计算机造成损坏。正确的开、关机方法非常简单,一般来讲开机时要先开外设(即主机以外的其他部分)后开主机,关机时要先关主机后关外设。

1. 正常开机 方法为先打开显示器和其他附属设备的电源开关,然后再开主机电源开关(图 1-17)。

图 1-17 计算机主机箱电源开关

2. 重新启动计算机 指计算机在运行中由于某种原因出现了"死机"或在运行过程中无法在操作系统下完成重新启动的情况下,需重新启动计算机。有以下两种方法:

(1)在主机箱上按下复位按钮"RESET",计算机重新启动;

(2)长按主机箱的电源按钮"POWER",强制关闭计算机,然后再按下 POWER 按钮正常开机。

知识拓展

　　计算机"死机"，无法启动系统的原因有很多，但永远也脱离不了硬件与软件两方面。在 Windows XP 系统出现之前，由于操作系统的原因出现死机的情况频频出现，因此，所有的计算机机箱上都安装有"RESET"按钮，以便于在出现意外情况下重启计算机。现在的计算机从硬件技术到操作系统版本，很越来越趋于稳定，因此，很多高端品牌的计算机机箱已经没有了"RESET"按钮，如果偶尔出现了"死机"的情况，可以直接长按"POWER"按钮，强制关闭计算机。

　　3. 关机　计算机关机的步骤非常简单，在 Windows 7 操作系统下，先关闭计算机运行的所有程序，然后用鼠标左键点击屏幕左下角"开始"菜单当中的关机选项，计算机将自动关闭。还可以直接按机箱电源按钮，同样可以启动关机程序以关闭计算机（短按电源按钮是启动关机程序，长按电源按钮是强制关闭计算机）。接下来要做的就是要关闭外部设备的电源开关。

二、键盘的基本操作

　　计算机键盘是一种指令和数据的输入设备，是把文字信息通过字符的方式输入到计算机当中，从而向计算机发出指令、输入数据的通道。按照不同的分类，键盘可以分为很多种。从按键上，键盘有 83 键、94 键、101 键、104 键等。国内微型计算机普遍配置的都是 101 键或 104 键（Windows 键盘）（图 1-18）。

图 1-18　标准的 104 键盘

（一）键位分布

　　键盘可以分为四个区：主键盘区、数字键盘（也称小键盘）区、光标控制键区、功能键区。

　　1. 主键盘　主键盘包括字符键（包括字母键、数字键和特殊符号键）及一些用于控制功能的键。

　　字符键：每按一次字符键，就在屏幕上显示一个对应的字符。如果按住一个字符键不放，屏幕上将连续显示该字符。

　　Space 键（空格键）：位于主键盘下方的最长键，用于输入一个空格字符，且将光标右移一个字符的位置。空格键也属于字符键。

　　Enter 键（回车键）：当用户输入完一条命令时，必须按一下回车键，表示该条命令输入结束，计算机方可接受所输入的命令。在有些编辑软件中，它又表示换行。

20

Backspace 键(退格键):位于主键盘的右上角,有些键盘该键标有"←"符号。用于删除光标左边的字符,且光标左移一个字符的位置。

Caps Lock 键(大小写锁定键):用于将字母键锁定在大写或小写状态。键盘右上角的 Caps Lock 显示灯标明了该键的状态。若灯亮,表示直接按字母键,输入的是大写字母;若灯灭,表示直接按字母键输入的是小写字母。

Shift 键(上档键):该键单独使用不起任何作用,必须与其他键配合使用。主键盘有些键上标有两个字符,当直接按这类键时,输入的是该键所标下面的字符,如果需要输入这类键所标上面的字符时,要按住上档键的同时按该键。另外,上档键还可以临时转换字母的大小写输入,即键盘锁定在大写方式时,如果按住 Shift 键的同时按字母键即可输入小写字母;反之,键盘锁定在小写方式时,如果按住 Shift 键的同时按字母键即可输入大写字母。

Ctrl 键(控制键):该键单独使用不起任何作用,必须与其他键配合使用才具有一些特定的功能,且在不同的系统中,功能不同。

Alt 键(转换键):该键单独使用同样不起任何作用,必须与其他键配合使用才具有一些特定的功能,且在不同的系统中,功能不同。

2. 光标控制键　在该区一共有十个键,这里只介绍它们的常用功能,在一些系统中它们可能有其他作用。

↑、↓、←、→键(光标移动键):用来上、下、左、右移动光标位置。

Page Up(PgUp)、Page Down(PgDn)键:用于光标前后移动一"页"。

Home、End 键:用于将光标移到一行的行首或行尾。

Insert(Ins)键(插入键):该键实际上是一个"插入"和"改写"的开关键。当开关设置为"插入"状态时,输入的字符都插入在当前光标处;如果开关设置为"改写"状态,且当前光标处有字符,则此时输入的字符将当前光标处的字符覆盖上。

Delete(Del)键(删除键):用来删除当前光标后的字符。

3. 数字键盘　该键盘区的多数键有双重功能,光标控制键功能和数字键盘功能。数字键区的左上角有一个 NumLock 键,该键就是在这两个功能之间做切换,当小键盘上面的 NumLock 灯亮时,数字键起作用;如果 NumLock 灯灭时,则光标控制键有效。

4. 功能键　"F1"到"F12",其功能由操作系统和应用程序的设置而定。

5. 其他键　Esc 键(退出键):在很多系统中该键都有强行中断,结束当前的状态或操作的作用,但在有些系统中也有其他的作用。

Print Screen 键:用于将屏幕上的信息输出到打印机或剪贴板。

Pause/Break 键(暂停/中断键):单按该键,用于暂停命令或程序的执行,再按其他键后可以继续;如果按住 Ctrl 键的同时按该键,就是终止软件的运行,不能再继续。

(二)键盘的基本操作

计算机的键盘是按英文打字机的键位分布设计的,各字母键并没有按照由 A 到 Z 的顺序排列,因此,要想熟练地使用计算机,必须从键盘指法训练开始。

1. 键盘操作姿势　使用键盘首先必须注意的是击键的姿势。若姿势不当,就不能准确、快速地输入,而且容易疲劳。正确的姿势(图 1-19)如下:

(1)人体正对键盘,坐姿端正,腰挺直,双脚自然落地。

(2)肩放松,两手自然弯曲,轻放在规定的键位上,上臂和肘不要远离身体,手臂及腕部均不可压在键盘或桌上,应自然悬垂。

图 1-19 键盘操作的姿势

（3）座位高度要适中，人体与键盘的距离以两手刚好放在基本键位上为准。

2. 键盘操作指法 基本键位于主键盘区的中间一行，共 8 个键，它们是 a、s、d、f、j、k、l、;，各个键与手指有对应的关系（图 1-20）。

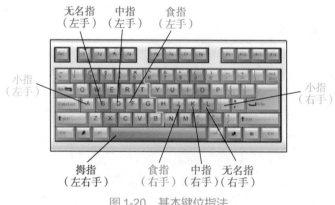

图 1-20 基本键位指法

击键方法：

（1）击键时两眼看屏幕或原稿，不准看键盘；

（2）八个手指自然弯曲，轻轻放在基本键位上，两个拇指轻放在空格键上；

（3）手腕要平直，手臂不动，全部动作只限于手指部分；

（4）以指尖击键，瞬间发力，触键后立即反弹，并返回基本键位；

（5）击键要轻，节奏均匀；

（6）使用上档键及空格键时左右手要配合使用。

三、鼠标的基本操作

鼠标是计算机的一种重要输入设备，分有线和无线两种（图 1-21）。

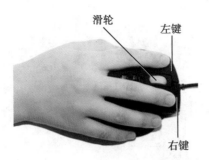

图 1-21　鼠标的操作姿势

（一）鼠标光标的各种状态

计算机运行过程中，显示器上会出现一个箭头光标 ⊷。当移动鼠标时，⊷ 也会随之移动，这就是鼠标在显示器上体现的光标。光标会根据系统的不同运行状态而呈现不同的形状。表 1-3 所示为光标的常用状态以及定义。

表 1-3　光标的常用状态以及含义

光标形状	含义
⊷	光标的基本形状，表示准备接受命令
⊷°	表示系统正在进行后台处理某项操作，请等待
○	表示系统忙，请稍等
I	常出现在文档编辑程序当中，表示可在此处输入文本内容
↕、↔、↖、↗	通常出现在窗口边框上，按住鼠标左键不放并拖动鼠标可以改变窗口的大小
☝	表示当前光标指向超链接，单击可以跳转至链接的目标位置
✥	光标变成该形状时，可以移动对象
⊘	表示光标所指的按钮或某些功能不能使用

（二）鼠标的基本操作

鼠标的基本操作都是通过移动和单击操作来实现的，其中包括单击鼠标左键、单击鼠标右键、双击鼠标、按住鼠标左键拖动、滚动鼠标滚轮等。通过不同的鼠标操作可以执行不同的命令，其操作方法分别如下：

1. 指向　通过移动鼠标使其指向某一程序或图标。

2. 单击　常用于选择对象，其操作方法是将鼠标光标移动到某个对象上，用食指按下鼠标左键并快速释放。

3. 双击　该操作需要快速连续两次单击鼠标左键，常用于启动应用程序、打开某个窗口、文件或文件夹等。

4. 右击　在选择对象图标上单击鼠标右键，将弹出一个菜单，在其中可进行与选择对象相关的操作。其操作方法是用中指按下鼠标右键并快速释放即可。

5. 拖动　常用于移动对象，其操作方法是在对象上按住鼠标左键不放并移动鼠标，移动到目标位置后再松开左键。

6. 滚动　常用于滚动页面，以查看屏幕中显示不完全的内容，其操作方法是用食指前后滚动鼠标的滚轮。

本章小结

本章主要介绍了计算机的基础知识，包括发展历史、硬件组成、进位计数制及信息安全和入门操作。通过对本章的学习，同学们要熟练地掌握计算机的基本常识，掌握计算机的组成及功能，了解计算机安全的重要性，通过入门操作的练习，运用计算机实现文字的录入。对计算机学科有一个清晰、直观的了解。

（张庆凯　邓小珍）

目标测试

一、选择题

1. 世界上第一台电子计算机研制成功的时间是
   A. 1936 年
   B. 1946 年
   C. 1956 年
   D. 1975 年

2. 从第一台计算机诞生至今，按照计算机采用的电子器件划分，计算机的发展经历了___个阶段
   A. 6 个
   B. 3 个
   C. 4 个
   D. 5 个

3. 计算机硬件一般包括_____和外部设备
   A. 运算器和控制器
   B. 存储器
   C. 主机
   D. 中央处理器

4. 一台完整的计算机由运算器、_____、存储器、输入设备、输出设备等部件构成
   A. 显示器
   B. 键盘
   C. 控制器
   D. 磁盘

5. 下列描述中，正确的是
   A. 外存储器中的程序，只有调入内存后才能运行
   B. RAM 是外部设备
   C. CPU 可直接执行外存储器中的程序
   D. 软盘驱动器和硬盘驱动器都是内部存储器

6. 计算机内部识别的代码是
   A. 二进制数
   B. 八进制数
   C. 十进制数
   D. 十六进制数

7. 十进制数 36.875 转换成二进制数是
   A. 110100.011
   B. 100100.111
   C. 100110.111
   D. 100101.101

8. 二进制数 111010.11 转换成十六进制数是
   A. 3AC
   B. 3A. C
   C. 3A3
   D. 3A. 3

9. 以下二进制数的运算，不正确的是

A. 1+1=10   B. 1+1=2

C. 1−1=0   D. 10−1=1

10. 通常我们所说的32位机，指的是这种计算机的CPU

    A. 是由32个运算器组成的   B. 能够同时处理32位二进制数据

    C. 包含有32个寄存器   D. 一共有32个运算器和控制器

11. 计算机软件一般分为_____两大类

    A. Windows 和 Office   B. 系统软件和应用软件

    C. 系统软件和管理软件   D. 操作系统和数据库管理系统

12. 计算机最基本、最重要的系统软件是

    A. 语言处理程序   B. 数据库管理程序

    C. 操作系统   D. 文字处理程序

13. 常见计算机病毒的特点有

    A. 良性、恶性、明显性和周期性

    B. 周期性、隐蔽性、复发性和良性

    C. 隐蔽性、潜伏性、传染性和破坏性

    D. 只读性、趣味性、隐蔽性和传染性

14. 计算机病毒对操作计算机的人

    A. 可能会传染   B. 可能不会传染

    C. 肯定会传染   D. 肯定不会传染

15. 在计算机内采用二进制的原因是

    A. 符合人的习惯   B. 与电路要求相匹配

    C. 方便人们书写   D. 方便进行字符编码

二、填空题

1. _____年在美国宾夕法尼亚大学研制了世界上第一台电子计算机。

2. 一个完整的计算机系统包括硬件系统和_____。

3. 微型计算机的开机顺序是：先开_____电源，再开_____电源；关机与之相反。

4. 1B=_____bits, 1KB=_____B, 1MB=_____KB, 1GB=_____MB。

5. 组成CPU的两大部件是_____和_____。

6. 二进制数 1101 用十进制数表示为_____。

7. 中央处理器被称为_____。

8. 二进制码是由_____和_____两个基本符号组成的。

三、判断题

1. 计算机存储数据的最小单位是二进制位。（　　　）

2. 计算机断电后内存中的信息将会丢失。（　　　）

3. Linux 不属于系统软件。（　　　）

4. 1103是一个二进制数。（　　　）

5. SHIFT 又叫空格键。（　　　）

6. JAVA 是高级语言。（　　　）

7. 鼠标是一种输出设备。（　　　）

8. 操作系统是最重要的软件。（　　　）

9. 存储一个汉字所占的空间可以存储2个英文字符。(   )

10. 计算机病毒不是生物病毒,从根本上说也是一种程序。(   )

四、简答题

1. 计算机的特点包括哪些?

2. 简述微型计算机系统的组成。

3. 计算机病毒有哪些特点?

4. 列举常用的输出设备和输入设备。

5. 简述开关机的正确顺序。

第二章　Windows 7 操作系统

1. 掌握：Windows 7 的综合操作；熟练掌握文件及文件夹的操作。
2. 熟悉：常用附件应用程序。
3. 了解：控制面板的功能及其常用设置。

　　Windows 操作系统是一个图形化界面的操作系统。自 1985 年 Microsoft 公司推出 Windows 1.0 以来，Windows 操作系统经历了 Windows 2.0、Windows 3.X、Windows 95、Windows 98、Windows 2000、Windows ME、Windows NT、Windows XP、Windows Vista、Windows 7 等系列产品。

　　Windows 7 操作系统因其在个性化外观和文件管理等方面提供了良好的支持，得到广大用户的青睐，市场占有率越来越高，几乎完全代替了 Windows XP 操作系统。在本章节中，将系统介绍 Windows 7 的个性化设置系统的方法，同时，也将重点介绍 Windows 7 的基本操作和文件管理系统的设置和使用方法。

第一节　操作系统简介

　　众所周知，计算机由硬件系统和软件系统两大系统组成，二者缺一不可。没有任何软件的计算机我们称之为裸机，而操作系统是软件系统中最重要的组成部分，没有操作系统，其余任何软件都将无法安装。

　　请问：1. 什么是操作系统？
　　　　　2. 操作系统有什么作用？
　　　　　3. 常见的操作系统有哪些？

　　操作系统是计算机系统组成中必不可少的系统软件之一，它由一组程序组成，对计算机软、硬件资源进行统一的组织和管理，使其高效地运行，并为用户提供各种服务功能，方便用户使用，是用户与计算机的接口。

一、几种常用的操作系统

(一)操作系统概述

操作系统 OS（operating system 的简写）是指有效地组织、管理和控制计算机硬件与软件资源的程序。它是用户与计算机的接口，同时也是计算机硬件与软件的接口，所以我们称之为整个计算机资源的组织者和管理者。

操作系统的功能是对计算机的硬件资源和软件资源进行管理和控制，合理组织和协调计算机各个部件有效地进行工作，主要包括五大功能：存储器管理、处理器管理、设备管理、文件管理和作业管理。

(二)常用操作系统介绍

操作系统的种类很多，为了对操作系统有一个全面的认识，下面简要介绍几种常用操作系统：MS-DOS、Windows、UNIX、Linux 和 Mac OS 操作系统。

1. MS-DOS 操作系统　MS-DOS 是最早期的单用户、单任务的个人计算机操作系统，在 Windows 95 以前，DOS 是 IBM PC 及兼容机中的最基本配备，而 MS-DOS 则是个人电脑中最普遍使用的 DOS 操作系统之一。

2. Windows 操作系统　Windows 是一个采用图形窗口界面的操作系统，也称为视窗操作系统。用户对计算机的各种复杂操作只需要通过点击鼠标即可轻松地实现。

Windows 操作系统系列产品主要包括 Windows 1.0、Windows 2.0、Windows 3.X、Windows 95、Windows 98、Windows 2000、Windows ME、Windows NT、Windows XP、Windows Vista、Windows 7、Windows 8、Windows 10 等。

3. UNIX 操作系统　UNIX 是一个通用、交互式、多用户、多任务的分时操作系统，由于它强大的功能和良好的可移植性，使之成为业界公认的工业化标准的操作系统。

UNIX 操作系统由系统内核和系统外壳两个部分组成。系统外壳非常贴近用户，为用户提供了一个分时的系统以控制计算机的活动和资源，并且提供一个交互，灵活的操作界面。UNIX 操作系统无论在微型计算机、工作站还是巨型计算机各种类型的各种硬件平台上都能稳定运行。

4. Linux 操作系统　Linux 操作系统是 20 世纪 90 年代推出的一个多用户、多任务的操作系统，它与 UNIX 兼容，具有 UNIX 全部的功能和特性。

Linux 是一套免费使用和自由传播的类 Unix 操作系统，它具有高度的稳定性、可靠性和可扩展性，友好的用户界面，丰富的网络功能等特点。

5. Mac OS 操作系统　Mac OS 操作系统是美国苹果计算机公司为它的 Macintosh 系列计算机设计的操作系统，是基于 UNIX 内核的图形化操作系统，一般情况下在普通 PC 机上无法安装。

现在最新的系统版本是 Mac OS 10.6.x，Mac OS 是首个在商用领域成功的图形用户界面，其操作系统界面非常独特，突出了形象的图标和人机对话功能。因为现在的电脑病毒主要是针对 Windows 的，由于 Mac 的架构与 Windows 不同，所以很少受到病毒的袭击。

知识拓展

　　手机操作系统主要应用于高端智能化手机。目前，智能化手机市场上使用的手机操作系统有很多种，常见的主要有 Android（安卓）、iOS（苹果）、Symbian（塞班）等。Android

是现在国内最为普遍的操作系统,在国内应该是人们用得最多的智能机操作系统。iOS 是由苹果公司开发的移动操作系统,主要用于苹果手机。Symbian 是诺基亚手机专用的操作系统。

二、文件管理系统

文件管理是操作系统最基本的功能之一,Windows 7 操作系统的文件管理方式与其他绝大多数操作系统一样,继续沿用了树形结构。

(一) 文件

文件是 Windows 中信息存储最基本的单位,计算机里所有的信息都是以文件形式存放的,可以存储数值、图像、文本、声音、动画等不同的类型的数据。

存储在计算机中的所有文件都是按名存取的,每一个文件都必须有一个文件名,系统通过文件名对文件进行管理。文件名由主名和扩展名两个部分组成,中间用"."分隔,主名代表文件的名称,是文件的主要标识;扩展名代表文件的类型,不同的文件类型其扩展名不同(表 2-1),图标也会不同(图 2-1)。

图 2-1　文件图例

表 2-1　常见的文件类型

文件类型	扩展名
Word 文档	DOCX
WPS 文档	WPS
Excel 工作簿	XLSX
PowerPoint 演示文稿	PPTX
文本文档	TXT
可执行文件	EXE
帮助文件	HLP
视频文件	AVI
备份文件	BAK
批处理文件	BAT
位图文件	BMP
数据文件	DAT
JPEG 图像	JPG

文件名可以由字母、数字、空格、汉字等多种元素构成,但一般不超过 255 个字符。文件名不区分大小写,但不能包括 / \ : * ? <> | " 9 个字符。

(二) 文件夹

计算机为了更好地组织和管理文件,将其文件进行分门别类组织在不同的目录中,我们称之为文件夹。

文件夹是用来组织和管理磁盘文件的一种数据结构,简单地说,文件夹就是文件的集合。文件夹里可以存放文件,也可以存放文件夹(图 2-2)。

成人教育　　工会　　计算机

图 2-2　文件夹图例

知识拓展

文件夹的命名规则和文件的命名规则一致,可以由字母、数字、空格、汉字等多种元素构成,但一般不超过 255 个字符;文件夹名不区分大小写,但不能包括"/""\"" :" "*"" ?"" <"" >"" |"和英文双引号 9 个字符。

文件夹的命名没有扩展名。

(三)文件管理模式

文件和文件夹管理是 Windows 7 中非常重要的操作。Windows 7 操作系统的文件管理方式与其他绝大多数操作系统一样,继续沿用了树形结构。Windows 7 操作系统以"计算机"为根目录,把计算机的硬盘分为若干个驱动器,每一个驱动器下面又存放着不同的文件和文件夹,每一个文件夹里可以存放多个子文件夹或文件。这样逐级存储所形成的目录结构看起来就像是一棵倒挂着的树,所以我们称之为树形目录结构。

第二节 Windows 7 的基本操作

案例

操作系统的发展非常迅速,Windows 7 操作系统因其个性化外观和在文件管理方面提供了良好的支持,越来越受到用户的喜爱和追求,市场占有率越来越高。

请问:1. 为什么 Windows 7 操作系统会有这么高的受欢迎度?

2. Windows 7 操作系统有什么样的操作界面?

3. Windows 7 的基本操作有哪些?

一、Windows 7 的启动和退出

(一) Windows 7 的启动

打开计算机电源后,通常情况下计算机将进行自检,当所有设备运转正常时,计算机会自动启动 Windows 7 操作系统。

(二) Windows 7 的退出

用户退出 Windows7 操作系统时必须要遵照正确的步骤,切不可在 Windows 7 仍在运行时直接切断计算机电源,否则可能造成程序数据和信息丢失,甚至损坏系统。

正常退出 Windows 7 操作系统时,应保存好所有信息,关闭所有程序,然后单击"开始"按钮,在弹出的"开始"菜单中选择"关机"命令,计算机将关闭,即退出 Windows 7。

单击"关机"命令右边的三角符号按钮,将弹出关机子菜单,可选"切换用户(W)""注销(L)""锁定(O)""重新启动(R)""睡眠(S)"等命令(图 2-3)。

二、Windows 7 的桌面及操作

成功安装并启动 Windows 7 后,展现在用户面前的屏幕区域称之为桌面(图 2-4)。

图 2-3　关闭 Windows 7 对话框

图 2-4　Windows 7 桌面

Windows 7 的桌面主题由桌面背景、桌面图标、开始按钮和任务栏等部分组成。

（一）桌面背景

桌面背景是桌面的图像和颜色，主要用于装饰桌面，使桌面更加美观和漂亮，用户可以根据自己的喜好更换桌面背景。

（二）图标

图标是 Windows 7 桌面的重要组成要素，桌面图标由图像和标识两个部分组成，包括系统图标和快捷方式图标。系统图标如"计算机""网络""回收站"等，第一次启动 Windows 7 时，桌面一般只有"回收站"一个系统图标，用户需要通过手动添加。快捷图标是指程序的快速启动方法，可以是安装程序时自动产生，也可以由用户创建，快捷图标右下角有一个小箭头标识。删除快捷图标并不能删除应用程序本身。

用户可以根据需要调整图标的排列方式。系统提供了四种图标排列方式：按名称、大小、项目类型和修改日期。操作步骤如下：桌面空白处单击鼠标右键，弹出的快捷菜单中选择其中一种排列方式即可。

（三）开始按钮

Windows 7 的开始按钮位于屏幕左下角，用![]表示。Windows 7 中大部分的操作都是通过开始按钮来操作的，单击开始按钮将会弹出开始菜单，通过开始菜单可以对计算机执行操作任务（图 2-5）。

打开开始菜单的方法还可以是按键盘上的"Windows"键，或是按下快捷组合键 Ctrl+Esc。

图 2-5 Windows 的开始菜单

（四）任务栏

位于屏幕底部的水平长条称为任务栏（图 2-6）所示。

图 2-6 Windows 7 任务栏

任务栏主要功能是显示当前正在运行的所有任务以及程序的快速启动、系统提示，它由快速启动区、用户程序图标区、语言栏和通知区域组成。

三、Windows 7 的窗口和对话框

（一）窗口

在 Windows 7 中，窗口是最基本的操作对象，是用户与各种程序之间沟通的界面，其作用是显示计算机中的文件和程序的内容。启动任何一个程序和软件都会自动打开一个独立

的窗口。Windows 7 的窗口有两种类型：一种是文件夹窗口，如"计算机"窗口（图 2-7）；另一种是应用程序窗口，如"写字板"窗口（图 2-8）。

图 2-7 "计算机"窗口

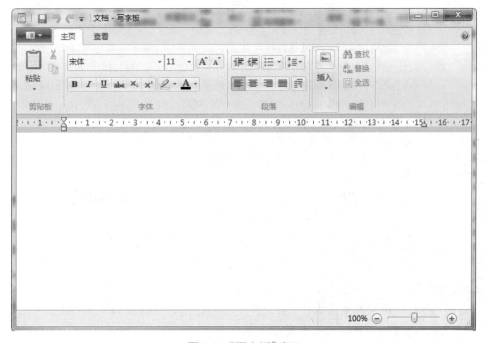

图 2-8 "写字板"窗口

1. 窗口的组成 在 Windows 7 操作系统中，虽然每个窗口的内容不尽相同，但绝大部分窗口一般都由以下几个部分组成：标题栏、菜单栏、最小化按钮、最大化／还原按钮、关闭按钮、工具栏、滚动条、状态栏等（图 2-9）。

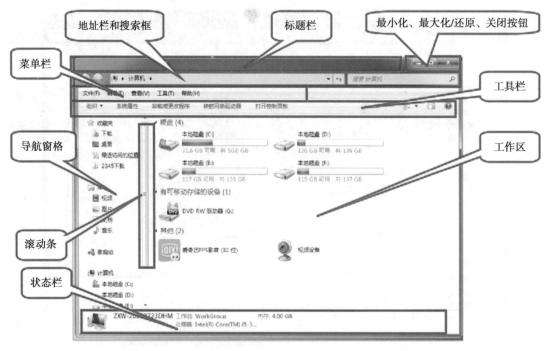

图 2-9　Windows 7 窗口组成

表 2-2　窗口各部分的功能

名称	功能说明
标题栏	显示窗口的名称，如果同时打开多个窗口，其中一个窗口的标题栏处于高亮度状态，该窗口为当前活动窗口。拖动标题栏可以调整窗口的位置，双击标题栏可以改变窗口的大小
菜单栏	用于显示当前应用程序操作的各种命令，用户可以通过菜单栏的命令执行相应的功能，单击某个菜单即可弹出该菜单的下拉菜单，选择下拉菜单中的某个命令，即可执行相应操作
最小化按钮	单击该按钮可以使窗口最小，屏幕上看不到该窗口，但并不是关闭该窗口，该窗口程序仍然在运行，只是隐藏在任务栏中
最大化／还原按钮	当窗口处于非最大化的时候，该按钮为最大化按钮，单击该按钮可以使窗口占满整个屏幕；当窗口最大化时，该按钮为还原按钮，单击该按钮可以使窗口还原到原来的大小
关闭按钮	单击该按钮可以关闭相应的文档或程序
工具栏	将常用的命令以图标按钮的形式存在工具栏中，方便用户对命令的操作
滚动条	当窗口的内容太多而无法全部显示时，窗口中就会出现滚动条，用户可以通过拖动滚动条来查看当前窗口的全部内容
状态栏	用来显示当前窗口的详细信息

2. 调整窗口的大小 用户可以通过如下方法调整窗口的大小：第一种是利用最小化按钮、最大化／还原按钮来改变其大小；第二种是双击标题栏来改变其大小；第三种是将鼠标放到窗口边框，通过拖动鼠标来改变窗口大小。

3. 窗口的排列 Windows 7 操作系统为用户提供了 3 种排列方法：层叠窗口、堆叠显示窗口和并排显示窗口。用户可以在任务栏中右击,弹出的快捷菜单中选择其中一种排列方法。

4.窗口的切换 当同时打开多个窗口时,同一时刻有且只可能有一个窗口是可以操作的,该窗口我们称之为活动窗口。如果用户想在各个窗口中进行切换,可以通过三种方法来完成:第一种方法是用鼠标单击任务栏中的窗口图标;第二种方法是组合键 Alt+Tab;第三种方法是组合键 Windows+Tab。

5.窗口的移动 要移动窗口,用户可以将鼠标指向该窗口的标题栏,按住鼠标左键将其拖动到适当位置即可。

（二）对话框

对话框是 Windows 7 中用于用户与计算机交互的基本工具。通过对话框,系统可以提示或询问用户进行的下一步操作。用户也可以在对话框中设置某些选项,使程序按用户指定的方式执行。

对话框与窗口的最大区别是窗口既可以改变大小,也可以调整位置,而对话框只能在屏幕上移动位置,不可以改变大小。

Windows 7 系统中的对话框有很多,各种应用程序所提供的对话框的样式或组成元素差别很大,但一般情况下,对话框都会有以下几种基本的元素(图2-10)。

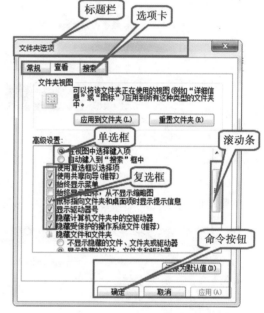

图 2-10　文件夹选项对话框

1.标题栏 显示当前对话框的名称。

2.命令按钮 单击该按钮可以执行某些命令。在对话中,一般都会有"确定""取消"和"应用"按钮。

3.单选框 对话框中,部分选项前存在一个圆形的图标,该图标我们称之为单选框,单击该按钮表示被选中该选项。同一组单选项中用户只能选择其中一个选项。

4.复选框 对话框中,部分选项前存在一个小方格图标,该图标我们称之为复选框。单击该按钮会在小方格内出现"√",表示该选项被选中,再次单击该按钮取消对该选项的选择。同一组选项中用户可以选择多个选项。

5.选项卡 不同的选项卡具有不同的功能设置,单击不同的选项卡用户可以进行不同的操作。

四、菜单的组成及操作

Windows 7 的菜单有 4 种:"开始"菜单、窗口菜单、快捷菜单和控制菜单。

1."开始"菜单 Windows 7 的"开始"菜单位于屏幕左下角,用 表示。Windows 的很多操作都是通过"开始"菜单来完成的,可以通过单击或按键盘上的"Windows"键来启动"开始"菜单,也可以按组合键 Ctrl+Esc 来启动"开始"菜单,弹出"开始"菜单后就可以在其中执行任务。

"开始"菜单由"固定程序列表""常用程序列表""所有程序列表""搜索程序文件文本框""右空格区""关机按钮组"组成(图2-11)。

图 2-11 "开始"菜单

2. 窗口菜单 窗口菜单也叫下拉菜单,是 Windows 菜单中最常用的菜单,也是窗口的重要组成部分。用户只要单击窗口菜单栏中的某一个菜单后,即可弹出一个下拉菜单,在下拉菜单中包含有多个命令或功能,用户只需选择其中的菜单项即可操作(图 2-12)。

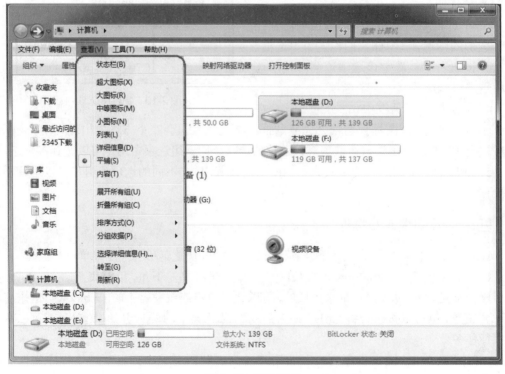

图 2-12 窗口菜单

菜单的分组：根据菜单中的功能不同，一个下拉菜单中可能被分成几个组，组与组之间用横线分隔。

菜单的约定：菜单项灰色显示的，表示该命令当前不可用；菜单项前有"●"符号的，表示该命令已经被使用或正在起作用；菜单项后面有三角符号的，表示其下还有下一级子菜单；菜单项后带有"…"的，表示执行该命令后将会弹出一个对话框。

3. 快捷菜单　快捷菜单也叫作右键菜单，是用户单击鼠标右键后弹出的一个菜单，该菜单里包括与特定项目相关的一组或几组命令（图2-13）。

打开快捷菜单除用鼠标右键单击的方法以外，还可以按下组合键 Shift+F10，若要关闭快捷菜单，单击快捷菜单以外的任何位置或按下 Esc 键。值得注意的是，在不同的操作环境中，所弹出的快捷菜单内容不尽相同。

4. 控制菜单　单击"控制"菜单图标或 Alt+ 空格键可打开控制菜单，控制菜单一般包括"还原""移动""大小""最小化""最大化"和"关闭"6 个选项。

图 2-13　快捷菜单

第三节　文件和文件夹管理

案例

文件和文件夹操作是 Windows 7 中最重要的操作，比如用户想要在 D 盘创建一个自己的文件夹，用来存放自己的文件，并对自己的文件和文件夹进行管理，以方便自己的日常工作。

请问：1. 该用户如何创建文件夹？
　　　2. 如何对文件和文件夹进行重命名、删除、复制和移动等操作？

文件和文件夹管理是 Windows 7 中非常重要的操作，管理好计算机中的文件和文件夹，不仅可以方便用户对文件的查找、管理，还可以提高计算机的运行速度。文件和文件夹管理主要包括创建、重命名、复制、移动、删除、设置属性等。

一、创建文件夹

用户根据需要，可以在不同的磁盘区域内创建自己的文件夹，要创建文件夹，首先要打开欲在其下建立文件夹的驱动器或文件夹。比如要在 D 盘中创建一个名为"我的文件"的文件夹，首先双击桌面上的"计算机"图标，再双击"本地磁盘 D"进入 D 盘，选择如下任何一种方法均可完成新建操作。

1. 右击窗口工作区空白区域，启动快捷菜单，单击快捷菜单中的"新建"选项，在下一级子菜单中选择"文件夹"，此时会出现一个默认名为"新建文件夹"的新文件夹，此时的文件夹名称带有蓝色背景，表示可编辑状态，直接输入新的文件夹名称"我的文件"，按 Enter 即可。

2. 按组合键 Shift+Ctrl+N，此时会出现一个新文件夹，将文件夹名称改为"我的文件"即可。

3. 菜单操作，执行"文件"→"新建"→"文件夹"。此时在空白区域会出现一个新文件夹，将文件夹名称改为"我的文件"即可。

二、文件或文件夹的选定

用户若想对文件或文件夹进行操作，则首先必须对其进行选定操作。

1. 选定一个文件或文件夹　单击某个文件或文件夹，使其反相显示。若要取消选定，单击已选定文件或文件夹图标以外的任何位置即可。

2. 选定全部文件或文件夹　单击资源管理器窗口工具栏中的"组织"按钮，或者单击菜单栏中的"编辑"菜单，在弹出的下拉菜单中选择"全选"命令；或者按组合键 Ctrl+A，也可选定全部文件或文件夹。

3. 选定多个相连续的文件或文件夹　先单击第一个文件或文件夹，然后按住 Shift 键不放，再单击最后一个文件或文件夹，则介于第一个和最后一个之间的所有文件或文件夹将被选定；亦可用鼠标拖动法选定相连续的文件或文件夹，将鼠标移动到适当位置，按住鼠标左键不放进行拖动操作，直到选定需要选择的全部文件或文件夹。

4. 选定多个不连续的文件或文件夹　单击其中的一个文件或文件夹，然后按住 Ctrl 键不放，依次单击其余需要选定的文件或文件夹。

三、文件或文件夹的复制和移动

（一）使用菜单进行文件或文件夹的复制或移动

选定需要进行复制或移动的文件或文件夹，执行"编辑"菜单下的"复制"命令或"剪切"命令（"剪切"命令为移动操作），然后打开目标目录，再执行"编辑"菜单下的"粘贴"命令。亦可使用右键快捷菜单中的"复制""剪切"和"粘贴"命令来完成文件或文件夹的复制或移动。或者在资源管理器窗口的工具栏中单击"组织"按钮，弹出的下拉菜单中选择"复制""剪切""粘贴"命令来完成文件或文件夹的复制、移动。

（二）使用组合键进行文件或文件夹的复制或移动

选择需要进行复制或移动的文件或文件夹，按下组合键 Ctrl+C 进行复制；或是按下组合键 Ctrl+X 进行剪切，打开目标目录，按下组合键 Ctrl+V 进行粘贴。

（三）使用鼠标拖动操作进行文件或文件夹的复制或移动

1. 同一驱动器内进行文件或文件夹的复制或移动　若是进行文件或文件夹的移动操作，直接按住鼠标左键将其拖动到目标位置即可。若是进行文件或文件夹的复制操作，则在拖动的同时需要按住 Ctrl 键。

2. 不同驱动器内进行文件或文件夹的复制或移动　若是进行文件或文件夹的复制操作，直接按住鼠标左键将其拖动到目标位置即可。若是进行文件或文件夹的移动操作，则在拖动的同时需要按住 Shift 键。

四、删除文件或文件夹

用户在计算机使用过程中，会产生很多不再需要的文件或文件夹，对于这部分文件或文件夹，用户应及时进行清理，将其删除，以便释放更多的磁盘空间，提高计算机的性能。

若要删除文件或文件夹，首先选定需要删除的文件或文件夹，执行"文件"菜单下的"删除"命令即可。或者在资源管理器窗口的工具栏中单击"组织"按钮,弹出的下拉菜单中选择"删除"命令。或者右键单击需要删除的文件或文件夹,弹出的快捷菜单中选择"删除"命令。也可以直接单击键盘上的 Delete 键或用鼠标将该对象直接拖动到回收站。

 知识拓展

　　回收站是硬盘中的一块区域。从硬盘删除的文件或文件夹并不是物理删除,而是临时存放在了回收站,若要彻底删除文件或文件夹,还需要再到回收站进行再次删除。若想删除文件或文件夹时不存放在回收而一次性彻底删除,则需要在进行删除操作的同时按住 Shift 键。

五、撤消复制、移动和删除操作

　　用户在操作过程中,因误操作而导致文件或文件夹被删除或进行了不必要的复制、移动,我们可以将错误的操作撤消。执行"编辑"菜单,在弹出的下拉菜单中选择"撤消"命令,或者使用组合键 Ctrl+Z 进行撤消操作。或者在资源管理器窗口的单击"组织"按钮,弹出的下拉菜单中选择"撤消"命令,可进行多次的撤消操作。

　　"撤消"和"恢复"是一组相反的命令。可以撤消错误的操作,也可以将已撤消的操作重新恢复到撤消前的状态。"恢复"命令的组合键为 Ctrl+Y。

六、恢复被删除的对象

　　用户从硬盘删除的文件或文件夹并非是物理删除,而是临时存放在回收站里。若要恢复被删除的文件或文件夹,需要进入回收站。双击桌面上的回收站图标,打开回收站窗口,找到需要恢复的文件或文件夹,右键单击该对象,弹出的快捷菜单中选择"还原"命令,即可将选中的文件或文件夹恢复到原始位置。

七、文件或文件夹的重命名

　　若要对已有的文件或文件夹进行重命名操作,首先要选定需要重命名的文件或文件夹,执行"文件"菜单,或者单击"组织"按钮,弹出的下拉菜单中选择"重命名"命令,此时的文件或文件夹名称处于编写修改状态,用户只需要把新名称输入后按下 Enter 键确认即可。

　　用户还可以右键单击需要重命名的文件或文件夹,弹出的快捷菜单中选择"重命名"命令。或者是在选定需要重命名的对象后,按 F2 键,进行重命名操作。

　　需要用户注意的是,重命名操作中,文件或文件夹的命名一定要遵守如下命名规则:文件或文件夹名称不允许超过 255 个字符,且不得出现 / \ : * ？ " <> | 9 个特殊字符;同一目录同一类型的文件或文件夹不得同名。

八、查看和设置文件或文件夹的属性

　　Windows 7 操作系统中的文件和文件夹主要有"只读"和"隐藏"两种属性。用户可以根据自己的需要设置文件或文件夹的属性。

　　查看文件和文件夹属性的方法为:选中需要查看属性的文件或文件夹,执行"文件"菜单或单击"组织"按钮,弹出的下拉菜单中选择"属性"命令,即可看到文件或文件夹的属性(图2-14)。

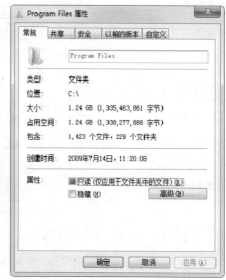

图 2-14 属性对话框

设置文件和文件夹属性的方法为：选择需要设置属性的文件或文件夹，执行"文件"菜单或单击"组织"按钮，弹出的下拉菜单中选择"属性"命令，打开"属性"对话框，选中"只读"或"隐藏"选项前面的复选框，单击"应用"按钮，确定即可。值得注意的是，如果设置的是文件夹的属性，用户可以根据该对话框的内容选择仅设置该文件夹的属性，也可以选择设置属性应用于该文件夹及其所有子文件夹和文件。

九、搜索文件和文件夹

如果用户想要在计算机内部众多的文件或文件夹中快速地找到自己需要的文件或文件夹，我们可以通过 Windows 7 提供的强大的搜索功能来完成。

用户想要搜索某个文件或文件夹，可以通过以下两种方式完成：一种是在"开始"菜单中的"搜索程序和文件"文本框中输入需要搜索的文件或文件夹的名称；另一种是在"计算机"窗口或"资源管理器"窗口右上角的"搜索"文本框中输入需要搜索的文件或文件夹名。

搜索文件或文件夹时，我们通常使用通配符"*"和"?"来代替部分文件或文件夹的名称。其中，"*"表示可以替代任意个字符；"?"则表示可以替代 1 个字符。如若需要查找 D盘中所有的文本文档，则用户可以在 D 盘窗口右上角的"搜索"文本框中输入"*.txt"，则 D盘中所有的文本文件将会显示在 D 盘用户工作区中。

十、创建快捷方式

快捷方式是 Windows 7 操作系统为用户提供的一种快速启动程序、快速打开文件或文件夹的方法。有些文件或程序用户经常使用，但是路径繁杂，每次启动都要费时耗劲，此时用户可把该文件或程序的快捷启动图标放在桌面，方便用户快速启动。启动桌面上的快捷图标和点击该程序或文件其效果是一样的，但程序或文件的快捷图标不等同于程序或文件，删除桌面上的快捷图标并没有删除该程序或文件。

桌面是一个系统文件夹，上面存放着常用文件和程序，使用快捷图标方式既节省了桌面空间，还能加快程序或文件启动速度，提高计算机使用效率，当然，快捷方式不仅仅在桌面上使用,还可以在系统的任何磁盘及文件夹内使用。

创建快捷方式最简便的方法是选定该文件或程序,右键单击,弹出的快捷菜单中选择"发送到"选项,再在弹出的子菜单中选择"桌面快捷方式"命令即可,此时桌面上就会出现一个快捷方式图标,快捷方式图标在其右下角有一个小箭头。

第四节 个性化设置与设备管理

案例

我们使用 Windows 7 的过程中可以按照自己的喜好和习惯进行个性化的设置,如设置自己喜欢的桌面主题,窗口外观,桌面分辨率等。

请问:1. 怎样更改桌面的背景图片?

2. 怎样更改桌面的分辨率?

3. 怎样连接网络?

一、个性化桌面

Windows 7 是一个崇尚个性的操作系统,桌面能体现用户的个性,还能给人以美的感觉和享受。Windows 7 提供了各种精美的壁纸,给用户提供更多的外观选择,让用户随心所欲地设计自己的美丽桌面。Windows 7 通过 Windows Aero 和 DWM 等技术的应用,使桌面呈现出一种半透明的 3D 效果。

(一)桌面的外观设置

(1)右击桌面的空白处,在弹出的菜单中选择"个性化",打开"个性化"面板(图 2-15)。

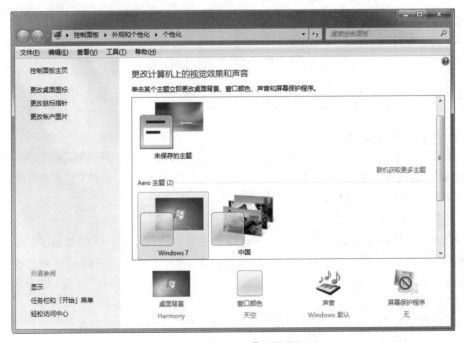

图 2-15 "个性化"设置面板

（2）在"Aero"主题下预设了多个主题，单击需要的主题即可改变桌面外观。

（二）桌面的背景设置

（1）在"个性化"设置面板下方单击"桌面背景"图标，打开"桌面背景"面板（图 2-16），选择单张或多张内置图片。

（2）当选择多张图片作为桌面背景时，图片会自动切换。在"更改图片时间间隔"下拉菜单中设置切换的间隔时间，也可以选择"无序播放"选项实现图片随机播放，还可以通过"图片位置"设置图片的显示效果。

（3）修改完成，单击"保存修改"按钮完成操作。

图 2-16　自定义桌面背景

二、屏幕显示管理

1. 打开显示设置窗口

打开控制面板的"显示"窗口（图 2-17）。"显示"命令组包括：调整屏幕分辨率、校准颜色、更改显示器设置、调整 Clear Type 文本、设置文本自定义大小（DPI）五类显示设置。单击其中的任何一组命令，即可打开相应的显示设置窗口。

2. 调整屏幕分辨率

屏幕分辨率是指屏幕的水平和垂直方向最多能显示的像素点，以水平显示的像素乘以垂直扫描线数表示。显示器可显示的像素点数越多，画面就越清晰，屏幕区域内能够显示的信息也就越多。直接单击"调整分辨率"命令，会弹出"屏幕分辨率"设置，进行屏幕分辨率的调整（图 2-18）。

如果想简单设置的话，可以点击窗口中"分辨率"后面的黑色小三角，在下拉菜单中拉动小滑块来设置分辨率。这是显示器推荐使用的分辨率，一般只有几个很少的选择。

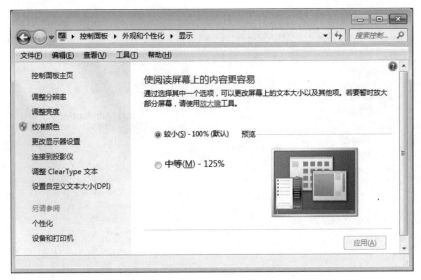

图 2-17　控制面板"显示"窗口

图 2-18　"屏幕分辨率"设置窗口

也可以点击"高级设置"，打开一个新的对话框，点击"列出所有模式"命令按钮。在新打开的对话框中选择一种合适的分辨率，点击"确定"。

知识拓展

　　如果设置分辨率失败后，请不要进行任何操作，10 秒钟后会自动返回设置前状态，但是如果设置失败，而你依然保留了设置，那你可能要借一个显示器来重新设置了。

三、用户管理

1. 打开"控制面板"，单击"用户帐户"图标，打开用户帐户面板（图 2-19）。

43

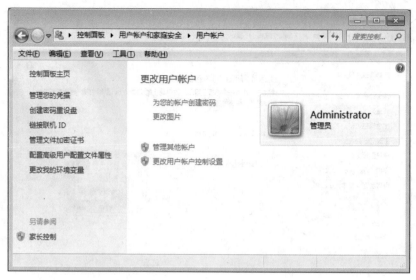

图 2-19　用户帐户面板

2. 选择"管理其他帐户"，创建新帐户"hospital"。

3. 设置"hospital"帐户为标准用户（图 2-20）。

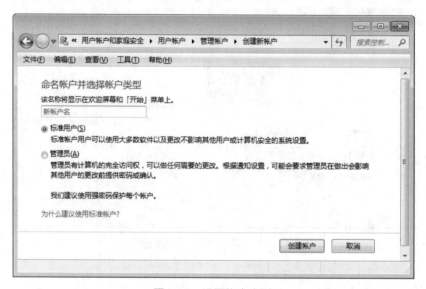

图 2-20　设置帐户类型

4. 选择"hospital"帐户，为帐户设置参数。

5. 设置帐户密码（图 2-21），完成帐户创建。

6. 单击"开始"菜单，选择"注销"按钮，可以"切换用户"或"注销"当前用户，选择"hospital"帐户登录系统。

知识拓展

　　Administrator 是系统的内置的超级用户，具有最高权限。

图 2-21　创建密码

四、网络和 Internet

在 Windows 7 中，几乎所有与网络相关的操作和控制程序都在"网络和共享中心"窗口，通过可视化的视图和单站式命令，用户可以轻松连接到网络。

（一）接到宽带网络

（1）打开控制面板中的"网络和共享中心"命令（图 2-22），在可视化的界面中，用户可以通过形象化的网络映射图了解网络的状况，并进行各种网络设置。

图 2-22　网络和共享中心

45

（2）在"更改网络设置"下，单击"设置新的链接或网络"命令，在打开的对话框中选择"连接到 Internet"命令。

（3）在"连接到 Internet"对话框中选择"宽带（PPPOE）（R）"命令，并在随后弹出的对话框中输入 ISP 提供的"用户名""密码"以及自定义的"连接名称"等信息，单击"连接"。

（二）接到无线网络

单击任务栏通知区域的网络图标，在弹出的"无线网络连接"面板中双击需要连接的网络（图 2-23）。如果无线网络设置有安全加密，则需要输入安全关键字即密码。

图 2-23　连接到无线网络

五、管理软件

（一）安装应用程序

（1）从硬盘、U 盘、CD、局域网安装应用程序

利用资源管理器找到应用程序的安装文件（安装文件名通常是 Setup.exe 或 Install.exe），双击安装文件，按照安装向导的提示安装。

（2）从 Internet 安装应用程序

在 Web 浏览器中，单击应用程序的链接，选择"打开"或"运行"命令，按照安装向导提示完成安装。

（二）更改和卸载应用程序

在 Windows 7 系统中安装的应用程序，如果不继续使用而要删除，不要直接删除其中的文件或文件夹，应该使用卸载功能进行删除操作。

普通软件在安装时通常在"开始"菜单的程序组中建立软件运行命令和软件卸载命令，通过执行卸载命令可以比较彻底地删除软件。也有一些软件在安装结束后，仅在程序组中建立了运行软件的命令，并没有包含卸载命令。此时要想卸载该软件，应进入控制面板，从当前安装的程序列表中选择该软件，再单击"卸载／更改"按钮，即可进入卸载程序向导，按提示逐步进行，可以实现程序的卸载（图 2-24）。

图 2-24　卸载或更改程序

六、管理硬件

硬件设备要在计算机中正常地运行，必须安装设备的驱动程序。设备驱动程序是可以实现计算机与设备通信的特殊程序，是操作系统和硬件之间的桥梁。

设备管理器是一个图形化的硬件管理工具（图 2-25）。设备管理器显示计算机上安装的硬件以及与硬件关联的设备驱动程序和资源。在设备管理器上，可以集中更改配置硬件的方式以及更改硬件与计算机微处理器交互的方式。

设备管理器具有以下功能：

1．确定计算机上的硬件是否工作正常。

2．更改硬件配置设置。

3．标识为每个设备加载的设备驱动程序，并获得每个驱动程序的有关信息。

4．安装新的设备驱动程序。

5．更改设备的高级设置和属性。

6．禁用、启用和卸载设备。

7．重新安装驱动程序的前一版本。

8．找出设备冲突并手动配置资源设置。

9．打印计算机上所安装设备的概要信息。

通常情况下，设备管理器用于检查计算机

图 2-25　设备管理器

47

硬件的状态以及更新计算机上的设备驱动程序。对于高级用户,可以使用设备管理器的诊断功能来消除设备冲突和更改资源设置。

第五节 附件应用程序

案例

在 Windows 7 操作系统中,微软公司免费提供了一些基本的工具软件,如:画图、截图、记事本、媒体播放等,这些工具软件为用户操作计算机带来了方便。

请问:1. 画图、截图、记事本怎样使用?

2. 日常维护中,怎样正确地使用磁盘工具?怎样整理计算机的磁盘?

一、记事本工具

记事本是 Windows 操作系统中的一个简单的文本编辑器,没有多余的编辑格式,一般以纯文本的形式表现,最常用于查看或编辑文本文件。由于它使用方便、快捷,应用还是比较多的。

(一)记事本的启动和退出

启动:单击"开始"菜单→"所有程序"→"附件"→"记事本"即可打开"记事本"窗口(图 2-26)。

图 2-26 记事本

退出:在记事本的程序窗口中单击"文件"→"退出"命令,可以退出记事本程序。

另外,双击某个文本文档,计算机会自动启动记事本程序,也可以打开该文件。单击窗口标题栏右侧的"关闭"按钮或按"Alt+F4"快捷键可以退出记事本程序窗口。

(二)记事本的编辑和保存

编辑:启动记事本后,在窗口的空白处有光标的位置可以输入文字信息,并进行排版编辑。

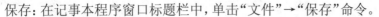

保存：在记事本程序窗口标题栏中，单击"文件"→"保存"命令。

（三）调整文字格式

虽然记事本中没有太多的文档格式，但是字体和大小的选择还是必不可少的。单击"格式"菜单中的"字体"命令，在弹出的"字体"对话框中可以选择"字体""字形"和"大小"等，设置好后点击"确定"按钮。

二、画图程序

Windows 7 自带的画图工具，提供了很多实用功能帮助解决常见的图片处理问题，简单易用。"画图"程序是一个位图编辑器，可以对各种位图格式的图片进行编辑。用户可以自己绘制图画，也可以对扫描的图片进行编辑修改，在编辑完成后，可以用 PNG、BMP、JPEG、GIF 等格式存档，还可以打印和设置桌面背景。

Windows 7 中全新的"画图"也引入了 Ribbon 风格界面，默认设置下并不显示菜单栏，所有的功能按钮都分类集中到相应的功能组中。从而使得这个小工具的使用更加方便。

此外，新的画图工具加入了不少新功能，如刷子功能可以让我们更好地进行"涂鸦"，而通过图形工具，我们可以为任意图片加入设定好的图形框，如五角星图案、箭头图案以及用于表示说话内容的气泡框图案。这些新的功能，使得画图功能更加实用，不仅仅只是用于涂鸦，而还有更加实际的应用。

（一）画图程序的启动和退出

启动：选择"开始"→"所有程序"→"附件"→"画图"命令，就可以打开"画图"程序窗口（图 2-27）。

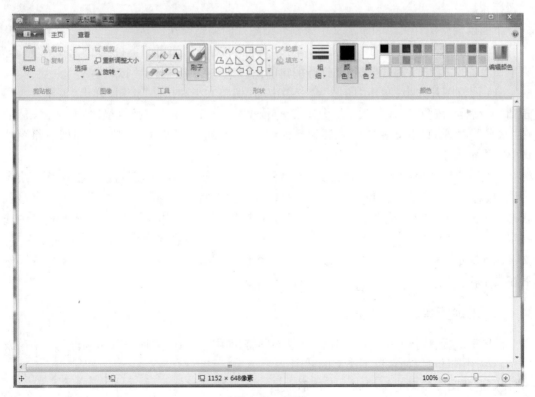

图 2-27　画图

退出：快捷键"Alt+F4"或窗口的"关闭"按钮。

（二）程序界面的组成

（1）快速访问工具栏：快速访问工具栏中的命令按钮是用来快速执行相应命令的。主要包括保存按钮，撤消按钮，重做按钮以及自定义快速访问工具栏按钮。

（2）功能区：包括主页和查看两个选项，主页选项卡中包括剪贴板、图像、工具、形状、颜色等命令组，提供了用户在操作时要用到的各种命令按钮和许多画图工具。查看选项卡中可以执行图片的缩放以及全屏查看，并可以在绘图区域中显示标尺和网格线等。

（3）绘图区：处于整个窗口的中间，里面有一个空白的画布，用户可以在上面画画。

（4）详细信息栏：显示当前的详细提示信息。例如显示当前光标的位置，画布的大小，显示比例等。

（5）画图按钮：在主页选项卡的左边，单击打开画图按钮，可以从弹出的菜单中完成对画图文件的新建、打开、保存等操作。

（三）用绘图工具绘制图画

下面以直线的绘制为例介绍绘图工具按钮的使用。单击"形状"按钮，在展开的组中单击"直线"按钮，然后单击"形状轮廓"按钮，从弹出的下拉列表中设置直线的轮廓。接下来设置直线的粗细，单击"粗细"按钮，从弹出的下拉列表中选择直线的粗细。然后设置直线的颜色，在"颜色"组中选择直线的颜色。最后将鼠标指针移到画布的合适位置，按住鼠标左键拖拽即可绘制直线。

（四）用画图工具对图片进行编辑

使用画图工具可以对图片进行复制、移动、裁剪、翻转、扭曲、调整大小以及添加文字等编辑操作。

下面以调整图片大小和添加文字为例介绍图片的编辑操作。

首先打开要调整大小的图片文件，单击"画图"按钮，从弹出的下拉菜单中选择"打开"菜单命令，在"打开"对话框找到要打开编辑的图片文件，单击"打开"按钮。

（1）调整图片大小：单击"图像"命令组中的"调整大小和扭曲"按钮，弹出"调整大小和扭曲"对话框，在"重新调整大小"组中，选择依据"像素"，取消"保持纵横比"复选框，然后在"水平"和"垂直"文本框中输入要调整的图片像素数，然后单击"确定"按钮即可将图片调整为指定大小。

（2）为图片添加文字：单击"工具"命令组中的"文本"按钮，然后将鼠标指针移至绘图区域，接着在要输入文字的位置单击，此时将自动切换到"文本"选项卡中，并进入文字输入状态。最好在输入文字之前设置一下文字输入格式，单击"字体"按钮，在展开的列表中选择字体，然后在"字号"下拉列表中选择字号，在"颜色"组中设置字体颜色，然后输入文字。文字输入完成后，将鼠标移至文字输入框的边缘位置，拖动鼠标移动文字到合适的位置，然后在文字输入框之外的任意位置单击鼠标，完成文字的输入。

三、截图工具

截图工具是用于捕获屏幕上任何对象的屏幕快照或截图，然后对其添加注释、保存或共享。截图工具可以捕获以下类型的截图：

"矩形截图"：拖动光标构成一个矩形。

"窗口截图"：选择一个需要的窗口或对话框。

"任意格式截图"：围绕对象绘制任意格式的形状。

"全屏截图"：捕获整个屏幕。

捕获截图后，程序会自动将其复制到剪贴板和标记窗口。

截图程序的启动方法："开始"→"所有程序"→"附件"→"截图工具"，打开截图工具程序（图 2-28）。

图 2-28　截图工具

　知识拓展

　　Windows7 操作系统提供了很多有用的工具软件，但是很多公司开发的工具软件在某些方面的功能要比系统内置的好用，所以很多计算机用户会选择使用一些自己喜欢的工具软件，如：美图秀秀、Photoshop 等。

四、磁盘管理

Windows 7 系统中自带了一个管理磁盘的工具，使用它我们可以对磁盘进行常规的操作。

（一）启动磁盘管理工具

在"开始"菜单中右键打开计算机，然后点击右键菜单中的"管理"选项，打开计算机管理程序，在左边栏中存储的类别下，有一个磁盘管理的选项，用鼠标点击一下进入磁盘管理。这便是磁盘管理的界面（图 2-29），在这里面列出了电脑上所有的磁盘，并且有非常全面的磁盘信息。使用它我们可以对磁盘进行常规的操作。

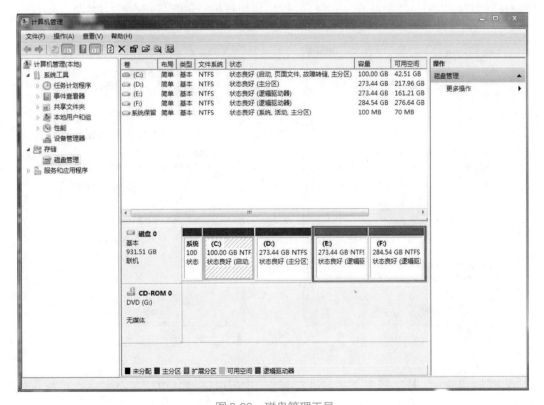

图 2-29　磁盘管理工具

（二）磁盘格式化

在 Windows 7 资源管理器窗口中右击盘符图标，在弹出的快捷菜单中选择"格式化"命令，打开格式化对话框（图2-30）。

在对话框中可以做以下选择：

（1）指定格式化分区采用的文件系统格式，系统默认是NTFS。

（2）为驱动器设置卷标名。

（3）如果选中"快速格式化"复选框，能够快速完成格式化工作，但这种格式化不检查磁盘的损坏情况，其实际功能相当于删除文件。

注意：格式化操作将删除磁盘上的全部数据，操作时一定小心，确认磁盘上无有用数据后，才能进行格式化操作。

（三）查看磁盘容量

在 Windows 7 资源管理器窗口中右击需要查看的磁盘驱动器图标，在弹出的快捷菜单中选择"属性"命令，打开该磁盘的属性对话框（图2-31），在其中就可以了解磁盘空间的占用情况等信息。

图 2-30　磁盘格式化

（四）磁盘备份

在 Windows 7 资源管理器窗口中右击某个磁盘，在弹出的快捷菜单中选择"属性"命令，打开磁盘属性对话框，在"工具"选项卡中单击"开始备份"按钮，系统会提示备份或还原操作，用户可以根据需要选择一种操作，然后再根据提示进行操作（图2-32）。

图 2-31　查看磁盘容量

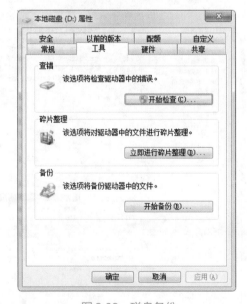

图 2-32　磁盘备份

在备份操作时，可选择整个磁盘进行备份，也可以选择其中的某个文件夹进行备份。在进行还原时，必须是对已经存在的备份文件进行还原，否则无法进行还原操作。

本章小结

　　Windows7 系统是计算机的最基本的系统软件之一，是用户使用计算机的管家。通过学习，我们需了解操作系统的概念，熟练掌握文件、文件夹的基本操作，了解控制面板的功能，会使用操作系统中的应用程序。

（雷周胜　李富宏）

 目标测试

一、选择题

1. 操作系统是一种
　　A. 系统软件　　　　　　　　　　B. 应用软件
　　C. 工具软件　　　　　　　　　　D. 调试软件

2. 操作系统是现代计算机系统不可缺少的组成部分。Windows 7 操作系统能够实现的功能不包括
　　A. 硬盘管理　　　　　　　　　　B. 处理器管理
　　C. 路由管理　　　　　　　　　　D. 进程管理

3. 操作系统是计算机系统中不可或缺的组成部分，是_____之间的桥梁。
　　A. 用户与用户　　　　　　　　　B. 用户与计算机
　　C. 计算机与计算机　　　　　　　D. 以上所有

4. 操作系统的主体是
　　A. 数据　　　　　　　　　　　　B. 程序
　　C. 内存　　　　　　　　　　　　D. CPU

5. 下列关于 Windows 7 说法正确的是
　　A. "开始"菜单中的"程序"菜单可由用户自己定制
　　B. Windows 的"开始"菜单包括了系统的全部功能
　　C. 硬件配置相同的计算机，桌面外观也完全一样
　　D. 所有的窗口中都有水平或垂直滚动条

6. Windows 7 系统中，打开一个文件夹后按下 <Ctrl>+A 键，执行的操作是
　　A. 选中文件夹中第一个文件
　　B. 选中文件夹中除了隐藏文件外的所有内容
　　C. 选中文件夹中除了子文件夹外的所有内容
　　D. 选中文件夹中的所有内容

7. 窗口标题栏右端的三个图标按钮的功能分别为
　　A. 窗口最小化、窗口最大化、改变窗口显示方式
　　B. 调整窗口颜色、调整窗口大小、调整窗口背景
　　C. 窗口最小化、窗口最大化、关闭窗口
　　D. 调整窗口大小、调整窗口形状、调整窗口颜色

8. 移动鼠标至窗口的四角，当鼠标变成_____时可以调整窗口大小。

A. 箭头形   B. 双箭头形

C. 沙漏形   D. 手形

9. 在对话框中可能会出现选择按钮,其中复选框的形状为

A. 圆形,若被选择,则中间显示圆点

B. 方形,若被选中,则中间显示对勾

C. 圆形,若被选中,则中间显示数字

D. 方形,若被选择,则中间显示圆点

10. Windows 7 系统的文件管理是通过_____进行的

     A. 文件夹   B. 文件

     C. 资源管理器   D. 任务管理器

11. 启动 Windows 资源管理器的方法有很多种,下列_____项是无效的

     A. 双击桌面上"计算机"图标

     B. 选择附件中"Windows 资源管理器"

     C. 单击任务栏上"Windows 资源管理器"图标

     D. 右击桌面空白处

12. 选定连续的多个对象时,可以先选定第一个对象,然后按住_____键,再选定最后一个对象即可

     A. Shift   B. Ctrl

     C. Alt   D. Tab

13. Windows 7 是一种

     A. 数据库软件   B. 应用软件

     C. 系统软件   D. 中文字处理软件

14. 在 Windows 7 操作系统中,将打开窗口拖动到屏幕顶端,窗口会

     A. 关闭   B. 消失

     C. 最大化   D. 最小化

15. 在 Windows 7 中,_____桌面上的程序图标即可启动一个程序

     A. 选定   B. 右击

     C. 双击   D. 拖动

二、填空题

1. 在 Windows 的回收站,若要恢复被选定的文件,可单击"文件"菜单中的_____命令,将其恢复到原来的位置。

2. 在 Windows 文件窗口中,如要取消全部已经全部选定的对象,只需在_____处单击鼠标左键即可。

3. 在 Windows 的"我的电脑"窗口中,选定要打开的文件夹,单击文件菜单中的_____命令,可由资源管理器打开该文件夹。

4. 在 Windows 的回收站窗口中选定要彻底清除的文件,单击"文件"菜单中的_____命令,可从计算机中完全清除该文件。

5. 在系统的窗口中,窗口最低部的部分称为_____。

6. 用鼠标左键按住窗口的_____进行拖动,可以移动窗口的位置。

7. 在使用"删除"命令的同时,若按住_____键,则被删除对象将会被直接从硬盘删

除而不被送入回收站。

8. 完整的文件名包括_____和_____两部分。

9. 文件管理模式一般采用_____结构。

10. 选定不连续的多个对象时,需要_____键与鼠标配合来完成。

11. 剪切、复制和粘贴对应的快捷键分别为_____、_____和_____。

12. 剪贴板是计算机_____中划分出的一块区域,用于临时存放交换信息。

三、判断题

1. 资源管理器不可以管理计算机中的所有的文件与文件夹。(　　)

2. 文件的扩展名最多只能有三个字符。(　　)

3. 操作系统的安装有五种方式,分别是全新安装、修补式安装、升级安装、覆盖式安装和完全重新安装。(　　)

4. 使用"磁盘查错"程序,用户可以对硬盘进行扫描和检测,但不能对磁盘进行修复。(　　)

5. 目前全球用户使用量最多的计算机操作系统为 Mac OS X 操作系统。(　　)

6. 对话框与标准窗口的区别是不能调整其大小,且无最小化按钮。(　　)

7. 选定单个文件或文件夹时,只需用鼠标双击该文件或文件夹的图标即可。(　　)

8. 当计算机关机或重启后,剪贴板上的内容不会丢失。(　　)

四、操作题

1. 在桌面上添加常用应用程序的快捷方式图标,设置"我的电脑""网上邻居"等系统桌面图标,设置桌面图标的排列方式。

2. 在 D 盘根目录下新建一个名为"医院 .bmp"的位图文件,并使用附件中的"画图"程序绘制一个卡通人物。

3. 在 D 盘根目录下新建一个名为"练习"的文件夹。

第三章　计算机网络与Internet应用

学习目标

1. 掌握：接入Internet的基本方法；Internet基本应用；IP地址设置。
2. 熟悉：计算机网络功能和组成；TCP/IP协议；域名系统及互联网名体系。
3. 了解：计算机网络的产生、发展、分类；常用的网络应用软件。

　　本章主要介绍计算机网络的基础知识和基本使用常识。计算机与通信技术相结合的产物就是计算机网络。计算机网络就是将若干台功能独立的计算机通过通信设备和物理传输介质相互连接起来，并通过网络软件实现信息交换、资源共享、协同工作和在线处理等功能的计算机系统。计算机网络不仅可以传输数据，还可以传输图像、声音、视频等多种媒体形式的信息，给人们的生活带来了极大的方便，在人们的日常生活和各个行业中发挥着越来越重要的作用。

第一节　计算机网络的基本知识

案例

　　目前计算机网络已广泛应用于政治、经济、军事、科学以及社会生活的方方面面。计算机网络给人们的生活和工作带来了极大的方便。

　　请问：1. 毕业的时候，你是否想借助计算机网络突破地域的限制，及时获得各地的就业信息？

　　　　　2. 怎样借助计算机网络将你的信息以最快速度发布出去，获得就业的先机？

　　　　　3. 怎样及时地和用人单位在线联系，让其在第一时间对你有很直观的了解？

一、计算机网络的概念和功能

　　计算机网络是由地理位置上分散的、具有独立功能的多个计算机及外部设备，经通信设备和线路互相联系，并配以相应的网络软件，实现资源共享、信息交换、协同工作的计算机大系统。

　　计算机网络的功能主要包括数据交换、资源共享、分布式协同工作三个方面。在计算机网络中可以利用彼此成为备用计算机，当计算机出现故障时其任务可以由备用计算机处

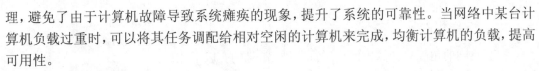

理，避免了由于计算机故障导致系统瘫痪的现象，提升了系统的可靠性。当网络中某台计算机负载过重时，可以将其任务调配给相对空闲的计算机来完成，均衡计算机的负载，提高可用性。

（一）数据交换

数据交换是计算机网络的基本功能之一，用以实现计算机与终端或计算机间信息的传递。

（二）资源共享

充分利用资源共享是计算机网络的主要目的之一。可分为硬件资源共享、软件资源共享和数据与信息共享。

1. 硬件资源共享　　将高性能处理器、存储设备、输出设备等硬件设备进行网络共享。网络中的计算机可以共享大型机的一些昂贵的硬件资源，如大容量的磁盘、打印机、绘图仪等，从而节约网络用户的硬件投入经费。

2. 软件资源共享　　指共享计算机的程序和数据，其实质是文件和目录的共享。在网络环境下，一些公用的网络版软件可以在服务器上供用户使用，而不必在每台机器上都要安装。如大型的有限元结构分析程序、专用的绘图程序等。

3. 数据与信息共享　　计算机文件中和数据库中存储的大量的信息资源，可以通过计算机网络共享，被各地的人查询并使用。如经济快讯、股票行情、新闻、图书资料等。

（三）分布式协调工作

计算机网络中用户可以合理配置网络资源，对于大型的综合性业务处理，可通过将任务分配给不同的计算机，均衡使用网络资源，实现分布处理的目的，以达到准确高效的处理。这样的方式比采用高性能的大、中型计算机费用要低很多。

二、计算机网络的产生和发展及趋势

1968 年，美国国防部高级计划研究署（Advanced Research Project Agency，ARPA）建立了 ARPAnet。最初的 ARPAnet 主要用于军事研究目的，实现将不同地域、不同型号的计算机和局域网连接起来，有效地进行信息交流。1983 年，ARPAnet 分裂为两个部分：ARPAnet 和纯军事的 MILNET。ARPR 把 TCP/IP 协议作为 ARPAnet 的标准协议后，人们称呼这个以 ARPAnet 为主干网的网际互联网为 Internet。与此同时，局域网和其他广域网的产生和蓬勃发展对 Internet 的进一步发展起了重要的作用。其中，最引人注目的就是美国国家科学基金会 NSF（National Science Foundation）建立了基于 TCP/IP 协议簇的美国国家科学基金网 NSFnet。在全国建立了按地区划分的计算机广域网，并将这些地区网络和超级计算机中心相联，最后将 13 个国家超级计算机中心互联起来。这样用户除了可以使用任一超级计算机中心的设施，可以同网上任一用户通信，还可以获得网络提供的大量信息和数据。这一成功逐步的取代了 ARPAnet 的骨干地位。

1991 年，Internet 商业用户首次超过了学术界用户，这是 Internet 发展史上的一个里程碑。今天的 Internet 已不再是计算机专业人员和军事部门进行科研的领域，而是一个开发和使用信息资源的覆盖全球的信息海洋。人们通过 Internet 所从事的业务包括商业、医疗、教育、咨询、娱乐、旅游、书店，覆盖了社会的各个方面，构成了一个信息社会。

计算机的网络发展经历主机／终端，文件服务器、客户／服务器、浏览器／服务器模式。

三、计算机网络的分类

按照不同的角度对计算机网络进行分类,常见的有以下几种。

(一)按地理范围划分

按地理范围划分是一种常见的划分方法,按此方法可将网络划分为局域网、城域网和广域网。

1. 局域网(Local Area Network,LAN) 是规模较小的网络。局域网可应用于一栋楼,一个集中的区域,它的覆盖范围通常不超过 10km。其特点是分布距离近、传输速度快、连接费用低、数据传输误码率低。

2. 城域网(Metropolitan Area Network,MAN) 是位于一座城市的一组局域网,一般不会超过 100km。在一个城市,一个城域网通常连接多个局域网。城域网的传输速度比局域网慢,要将不同的局域网连接起来需要专门的网络互联设备,因此连接费用较高。

3. 广域网(Wide Area Network,WAN) 是将地域分布广泛的局域网,城域网连接起来的网络系统,它的分布距离广阔,可以横跨几个国家乃至全世界。它的特点是距离远、速率低、衰减比较严重。Internet 属于广域网的一种。

(二)按拓扑结构划分

网络中各个节点相互联系的方法和形式称为网络拓扑结构,网络拓扑结构是网络的一个重要特性。它影响着整个网络的设计、性能、可靠性以及建设和通信费用等方面因素。主要有星形网、总线网、树形网和环形网。

(三)按网络的用途划分

按网络的用途划分可分为教育网、科研网、商业网、企业网等多种分法。

四、计算机网络的组成

计算机网络系统是一个集计算机硬件设备、通信设施、软件系统及数据处理为一体,能够实现资源共享的现代化综合服务系统。计算机网络系统的组成可分为三个部分:硬件系统、软件系统和网络信息系统。

(一)硬件系统

硬件系统是计算机网络的基础,由计算机、通信设备、连接共享设备及辅助设备组成。硬件系统中设备的组合形式决定了计算机网络的类型。下面介绍几种网络中常用的硬件设备。

1. 服务器 是一台管理资源并为用户提供服务的计算机,它是网络系统的核心设备,负责网络资源管理和用户服务。服务器可分为文件服务器、远程访问服务器、数据库服务器、打印服务器等。

2. 适配器 网络适配器,也称网卡。它是计算机和计算机之间直接或间接互相通信的接口,网卡的作用是将计算机与通信设备连接,将计算机的数字信号转换成电子信号经过通信线路进行传送。网卡是网络通信的瓶颈,它直接影响用户网络系统功能的发挥。目前网卡的传输速率有 100Mbps 和 1000Mbps。按网卡的接口类型可分为 PCI、PCMCIA 和 USB 接口。

3. 调制解调器(modern) 是一种信号转换装置,它可以把计算机的数字信号"调制"成通信线路的模拟信号;将通信线路的模拟信号"解调"回计算机的数字信号。调制解调的作用是将计算机与公用电话线相连接，使得现有网络系统以外的计算机用户，能够通过拨号的方式利用公用电话网访问计算机网络系统。

4. 集线器（hub） 是计算机网络中使用的连接设备，它具有多个端口，可连接多台计算机。集线器分为普通型和交换型（switch）。其中，交换型集线器具有交换功能，传输效率较高，因此使用广泛。当前集线器的传输速率有 100Mbps，1000Mbps，万兆级交换型集线器也已上市。

（二）软件系统

计算机网络中的软件按其功能可以分为数据通信软件、网络操作系统和网络应用软件。

1. 数据通信软件 是指按照网络协议的要求，完成通信功能的软件。

2. 网络操作系统 是指能够控制和管理网络资源的软件。网络操作系统可完成目录管理、文件管理、安全审核、网络打印、存储管理等服务。

3. 网络应用软件 是利用网络为用户提供各种服务的软件。如查询软件、传输软件、远程登录软件、电子邮件等。

（三）网络信息系统

网络信息系统是以计算机网络为基础开发的信息系统。如各类网站、基于网络环境的管理信息系统等。

 知识拓展

> 在无线网络迅猛发展的今天、无线局域网（Wireless Local-Area Network，WLAN）已经成为许多 SOHO 家庭网络生活的首选。无线局域网就是以无线路由器为核心组建成的网络。
>
> 无线路由器（Wireless Router）是将单纯性无线 AP（Access Point，无线访问结点）和宽带路由器合二为一的扩展型产品。它不仅具备单纯性无线 AP 的功能，如支持 DHCP 客户端、VPN、防火墙、WEP 加密等，而且还包括了网络地址转换（NAT）功能，可支持局域网用户的网络连接共享。无线路由器可以与以太网连接的 ADSL Modem 或 Cable Modem 直接相连，也可以通过交换机／集线器、宽带路由器等局域网方式再接入。其内置的虚拟拨号软件，可以存储用户名和密码，实现自动拨号接入 Internet，而且无需占用一台计算机为服务器。此外，大多数无线路由器还包括一个 4 个端口交换机的功能，可以连接多台使用网卡的计算机，从而实现有线网络和无线网络的顺利过渡。

第二节　Internet 基础

 案例

> Internet，有人说是一个无尽的宝藏；也有人说，是一个深渊。无论如何，它的发展是快速的，它的出现彻底改变了人们的生活方式，正确认识它，充分利用它，是现代人们应该具备的能力。

请问：1. 什么是 Internet？

2. Internet 实现信息共享和互相通信时，接入 Internet 的计算机需要操作系统吗？使用的是什么操作系统？

3. Internet 实现信息共享和互相通信时，接入 Internet 的计算机需要遵守的共同协议是什么？

4. 你一般会通过 Internet 进行哪些操作？

互联网（Internet）是一个建立在网络互联基础上的、开放的全球性网络。以一组通用的协议相联，实现信息共享和相互通信。与传统的书籍、报刊、广播、电视等传播媒体相比，Internet 使用方便、查阅更快捷、内容更丰富。今天，Internet 已在世界范围内得到广泛的应用，并正在影响和改变着我们每个人的工作、学习和生活。

一、Internet 概述

（一）Internet 的定义

1. Internet 是一个基于 TCP/IP 协议簇的国际互联网络，连入 Internet 的计算机都必须使用 TCP/IP 协议。

2. Internet 是一个网络用户的团体，用户使用网络资源，同时也为该网络的发展壮大贡献力量。

3. Internet 是所有可被访问和利用的信息资源的集合。

（二）Internet 的结构特点

Internet 目前主要采用了客户机 / 服务器工作模式，凡是使用 TCP/IP 协议，并能与 Internet 的任意主机进行通信的计算机，无论何种类型、采用何种操作系统，均可看成是 Internet 的一部分。严格地说，用户并不是将自己的计算机直接连接到 Internet 上，而是连接到其中某个网络上，再由该网络通过网络干线与其他网络相连。网络干线之间通过路由器互连，使得各个网络上的计算机都能互相进行数据和信息传输。

（三）Internet 的基本服务

Internet 能提供各种信息的服务。通过 Internet 的服务，可以获得分布在 Internet 上的庞大信息资源，这些资源包括经济、科技、军事、卫生、教育等各个领域，同时也可以将自己的信息发布出去，这些信息也成为 Internet 的资源。随着计算机和网络通信技术的发展，Internet 上的服务也更加丰富多样，并不断创新，与时俱进。

1. 万维网（World WideWeb，WWW） WWW 又称 3W 或 Web，中文译名为万维网或环球信息网。万维网向我们展示了 Internet 最绚丽的一面，它承载了各种互动性极强、精美丰富的多媒体信息。Web 服务，采用超文本和超媒体技术，将不同文件通过关键字建立链接，提供一种交叉查询访问。在一个超文本的文件（即网页）中，被链接的对象可以在同一台主机上，也可以在 Internet 的另一个主机上。万维网是 Internet 上使用最广泛的信息浏览方式，在万维网中可以进行几乎所有的 Internet 活动，包括目前流行的微博、博客等。

2. 文件传输服务（File Transfer Protocol，FTP） FTP 即文件传输协议。通过 FTP 程序（服务器程序和客户端程序）在 Internet 上实现远程传输，具有传输速度快、信息量大、传递的数据类型多样等特点。允许用户从一台计算机向另一台计算机传输文本。用户使用 FTP

从远程服务器向自己的计算机传输文件，称为下载（Download）；用户使用 FTP 从自己计算机向远程服务器传输文件，称为上传（Upload）。

FTP 是一种实时的联机服务，在进行工作前必须首先登录到对方的计算机上，登录后才能进行文件的搜索和文件传送的有关操作。普通的 FTP 服务需要在登录时提供相应的用户名和密码，当用户不知道对方计算机的用户名和密码时就无法使用 FTP 服务。为此，一些信息服务机构为了方便 Internet 的用户通过网络使用其公开发布的信息，提供了一种"匿名 FTP 服务"。

3. 电子邮件服务（Electronic Mail，E-mail） 电子邮件是通过 Internet 与其他用户进行联系的快速、简洁、高效和廉价的现代通信手段。用户除了可以方便、快捷地交换信息和查询信息，还可加入有关的公告、讨论组。

4. 即时通讯服务（Instant Messaging，IM） 即时通讯，也称为实时通讯。这是一种可以让使用者在网络上实时建立某种私人聊天的通讯服务。目前 Internet 上使用较为广泛的即时通讯软件有：QQ、飞信、旺旺、MSN、Skype 等。

5. 远程登录（Telnet） Telnet 是一种基于 TCP/IP 的终端仿真协议。当通过 Telnet 连接登录到网络上的一台主机时，就可以像使用自己的计算机一样来使用该主机的所有资源了。远程登录时通常需要身份验证，即只有确认了用户和密码之后才能进入。

6. 电子公告板（Bulletin Board System，BBS） BBS 全称电子公告板系统，它是 Internet 最早的信息服务系统之一。BBS 提供的信息涉及的主题相当广泛、包括财经、旅游、计算机应用等各个方面，世界各地的人们可以通过 BBS 展开讨论，交流思想，寻求帮助。它就如实际生活中的公告板一样，用户在这里可以把自己参加讨论的文字"张贴"在公告板上，或者从中读取他人"张贴"的信息，每条信息也能像电子邮件一样被复制和转发。

二、TCP/IP 协议

（一）TCP/IP 技术
Internet 使用的网络协议是传输控制协议 / 网际协议（TCP/IP）协议组，它是一组工业标准协议，它有许多协议组成，TCP 和 IP 是其中最主要的两个协议。利用 TCP/IP 协议可以方便地实现多个网络的无缝连接。

（二）TCP/IP 的层次模型
TCP/IP 分为四层，其最高层相当于 OSI 的 5～7 层，该层中包括了所有的高层协议，如常见的文件传输协议 FTP、电子邮件 SMTP、域名系统 DNS、网络管理协议 SNMP、访问 WWW 的超文本传输协议 HTTP 等。

TCP/IP 的次高层相当于 OSI 的传输层，该层负责在源主机和目的主机之间提供端对端的数据传输服务。这一层主要定义了两个协议：面向连接的传输控制协议 TCP 和无连接的用户数据报协议 UDP。

TCP/IP 的第二层相当于 OSI 的网络层，该层负责将分组独立地从信源传送到信宿，主要解决路由选择、阻塞控制级网际互联问题。在这一层上定义了互联网协议 IP、地址转换协议 ARP、反向地址转换协议 RARP 和互联网控制报文协议 ICMP 等协议。

TCP/IP 的最底层为网络接口层，该层负责将 IP 分组封装成适合在物理网络上传输的帧格式并发送出去，或将从物理网络接收到的帧卸装并取下 IP 递交给高层。这一层与物理网络的具体实现有关，自身并无专用的协议。事实上，任何能传输 IP 分组的协议多可以运行。

虽然该层一般不需要专门的 TCP/IP 协议,各物理网络可使用自己的数据链路层协议和物理层协议,但使用串行线路进行连接时仍需要运行 SLIP 或 PPP 协议。

三、IP 地址和域名

Internet 中每一台上网的计算机是靠分配的标识来定位的,Internet 为每一个用户单位分配一个识别标识,这样的标识可以表示为 IP 地址和域名地址。

(一) IP 地址

为了识别网络中的计算机,确保网络通信顺利进行,必须使每台计算机有一个独一无二的识别标记,这个标记就是 IP 地址。IP 协议就是通过 IP 地址来实现信息传递。自 1983 年 TCP/IP 协议被 ARPAnet 所采用,IP 协议采用 IPv4,当时只有数百台计算机互联网。随着 Internet 的迅猛发展,IP 地址空间不足的问题已成为 Internet 发展的瓶颈,从 20 世纪 90 年代开始了 IPv6 的开发和应用。

1. 主机 IP 地址　在 Internet 上,为了确保通信时能相互识别,网络中的每台主机都必须有一个唯一的标识,即主机 IP 地址。

2. IP 地址的表示　IPv4 规定每台主机分配一个 32 位二进制数作为该主机的 IP 地址,为书写方便,将 32 位二进制数中的每 8 位定位一组,各组用十进制数表示,之间用“.”进行分隔,如:12.8.9.210,每组的十进制数必须为 0～255 之间的整数。

3. IP 地址组成形式及分类

(1) IP 地址组成形式:IP 地址由网络号和主机号两部分组成。

1) 网络号:用于标识一个网络,如果用户的网络要加入 Internet,则必须向互联信息中心申请一个网络号,以避免与其他网络冲突。

2) 主机号:每一网络区段中每一台计算机都被赋予一个主机号。

(2) IP 地址分类:常用的 IP 地址有 A、B、C 三类(表 3-1),每类均规定了网络号和主机号在 32 位地址中所占的位数。A 类地址的主机号为 24 位,B 类地址的主机号为 16 位,C 类地址的主机号为 8 位,因此 A 类地址一般分配具有大量主机的网络使用,B 类地址通常分配给规模中等的网络使用,C 类地址通常分配给小型网络使用。为了确保 IP 地址的唯一性,IP 地址由世界各大地区的互联网信息中心管理和分配,在我国由中国互联网信息中心进行管理和分配。

表 3-1　A、B、C 3 类 IP 地址

网络类型	最大网络数	可用网络起～止号	最大主机数	子掩码
A	126	1～126	16 777 214	255.0.0.0
B	16 382	128.1～191.254	65 534	255.255.0.0
C	2 097 150	192.0.1～223.225.254	254	255.255.255.0

对于主机数量较大的网络,为了解决网络寻址和管理的问题,我们在网络中引入“子网”的概念,将网络中 IP 地址进一步划分为子网网络号和子网主机号,通过灵活定义子网网络号的位数,可控制每个子网的规模,各个子网间通过路由器连接,这样既提高了网络的效率,也提升了网络安全性。

Windows 7 操作系统支持 IPv4 和 IPv6。我们以 Windows 7 中设置 IPv4 为例,设置计算机 IP 地址(图 3-1),IP 地址为 192.168.8.202,子网掩码为:255.255.255.0。

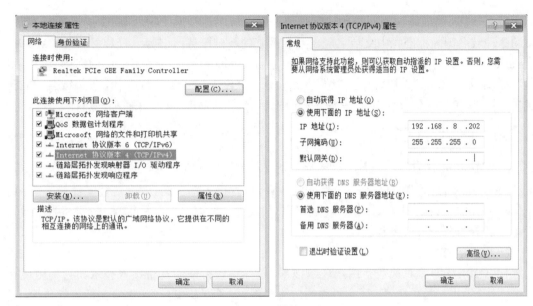

图 3-1　IP 地址设置

（二）域名系统

32 位的二进制数的 IP 地址对于计算机来说十分有效，但用户使用和记忆都很不方便。为此，Internet 引进了字符形式的 IP 地址，即域名，这种表述方式克服了数字的单调和难以记忆的缺点。域名采用层次结构基于"域"的命名方案，每一层在一个域名间用"."分隔，其格式为：机器名.网络名.机构名.最高域名。

1．域名系统　域名系统是一个分布式数据库系统，由域名空间、域名服务器和地址转换请求程序三部分组成。有了域名系统，就可以将域名空间中的域名转换为对应的 IP 地址，同样 IP 地址也可以通过域名系统转换成域名。域名地址就是我们通常所说的"网址"。域名服务器用于把域名翻译成电脑能识别的 IP 地址，这样计算机就能连接到域名所有者的网站服务器。

2．互联网域名体系

（1）顶级域名：分为两类：一是国家顶级域名（national top-level domainnames，简称 nTLDs），有 200 多个国家都按照 ISO3166 国家代码分配了顶级域名，例如中国是 cn，美国是 us，日本是 jp 等；二是国际顶级域名（international top-level domain names，简称 iTDs），例如表示工商企业的 .com，表示网络提供商的 .net，表示非营利组织的 .org 等。为加强域名管理，解决域名资源的紧张，Internet 协会等国际组织经过广泛协商，在原来三个国际通用顶级域名的基础上，新增加了 7 个国际通用顶级域名：firm（公司企业）、store（销售公司或企业）、Web（突出 WWW 活动的单位）、arts（突出文化、娱乐活动的单位）、rec（突出消遣、娱乐活动的单位）、info（提供信息服务的单位）、nom（个人），并在世界范围内选择新的注册机构来受理域名注册申请。

（2）二级域名：是指顶级域名之下的域名，在国际顶级域名下，它是指域名注册人的网上名称，例如 Lenovo（联想），Baidu（百度），Sohu（搜狐），Microsoft（微软）等；在国家顶级域名下，它是表示注册企业类别的符号，例如 com，edu，gov，net 等。

3．中文域名　中文域名是用中文表示的域名。中文域名是含有中文的新一代域名，和英文域名一样,同样是互联网上的门牌号码。中文域名在技术上符合 2003 年 3 月 IETF 发布的多种域名国际标准。中文域名属于互联网上的基础服务,注册后可以对外提供 WWW、E-mail、FTP 等应用服务。中国互联网信息中心负责运行和管理以".cn"".中国"".公司"".网络"结尾的四种中文域名。".中国"域名,是全球互联网上代表中国的纯中文顶级域名,与 .cn 域名一样,同为我国域名体系和全球互联网域名体系的组成部分,全球通用,具有唯一性。

四、连接 Internet

联入 Internet 的用户可以分为两大部分:一部分是占绝大多数的最终用户,他们使用 Internet 上提供的各类信息服务,如浏览 WWW、进行电子邮件的收发、进行文件传输等;另一部分是 Internet 服务提供商(ISP),他们通过租用高速通信线路并购置服务器和路由器等设备,向用户提供 Internet 连接服务。

(一)常用的 Internet 接入方式

1. ADSL 即非对称数字用户环路技术,是一种较方便的宽带接入技术。它利用现有的电话线,为用户提供上、下行非对称的传输速率。上行(从用户到网络)为低速的传输,速率最高达 1Mbps/s;下行(从网络到用户)为高速传输,可达速率 8Mbps/s,因此 ADSL 上、下行非对称传输的缺陷也会给用户的使用带来一定的影响。

2. 光纤接入 分为有源光接入和无源光接入。光纤网的主要技术是光波传输技术,光纤通信利用透明的光纤传输光波。光纤是宽带网络多种传输介质中最理想的一种,具有传输容量大、抗干扰强、中继距离长、保密性好、传输速率稳定、对称等特点。目前光纤接入的方式已广泛应用于企业和个人用户。

3. 局域网共享方式上网 局域网接入 Internet,可分为共享 IP 地址和独享 IP 地址两种接入方式。共享 IP 地址是局域网上的所有计算机通过服务器申请的 IP 地址,由服务器授权共享 IP 地址访问 Internet,局域网中的其他工作站没有注册的 IP 地址,这种连接方式适用小型局域网的对外连接。独享 IP 地址的方式是通过路由器把局域网接入 Internet,路由器与 Internet 主机间的连接可以用 X.25 分组交换网或 DDN 实现,每台工作站都有自己注册的 IP 地址,可直接访问 Internet。

(二)接入 Internet

目前接入 Internet 的方式主要是宽带接入,较常用的宽带上网方式有 ADSL 接入、小区宽带、无线连接等。

1. ADSL

(1)准备工作:当用户需要 Internet 服务时,就要将计算机与相应网络通讯线路连接,并在计算机中进行相关设置,这样才能与 Internet 连通。采用 ADSL 方式接入网络,首先要在网络运营商(如电信、网通等)处开通 ADSL 服务,获取用户名和密码,安装好 ADSL 调制解调器,并用双绞线将调制解调器和计算机网卡连接。

(2)建立 ADSL 连接

1)单击"开始"菜单→"控制面板"→"网络和共享中心",在更改网络设置中选择"设置新的链接或网络"→单击"连接到 Internet"→"下一步"→"宽带连接"→"下一步"。

2)单击"宽带(PPPoE)(R)",在弹出的对话框(图 3-2)中输入网络营运商提供的用户名和密码,并输入"连接名称"。单击"连接",将进行 PPPoE 协议会话,以确认连接是否可用。如果可用,则会在页面显示"连接已经可以"。

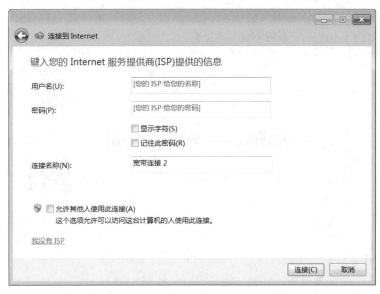

图 3-2　Internet 连接设置

3）建立好 ADSL 后，在网络和共享中心对话框中单击"连接到网络"，在弹出的"打开网络和共享中心"对话框中可以看到刚才创建的"宽带连接"图标（图 3-3）。

（3）接入 Internet：单击"连接"，在弹出的"连接宽带连接"（图 3-4）中输入用户名的密码，单击"连接"可以接入 Internet。

图 3-3　宽带连接

图 3-4　连接宽带连接

2．小区宽带接入　小区宽带接入也是目前普遍使用的一种宽带连接方式，网络服务提供商从机房铺设通讯线缆至用户住宅楼或写字楼，楼内采用双绞线至用户使用区域，再与用户计算机相连，以实现上网。由于 Internet 是一个基于 TCP/IP 协议的网络，因此要访问网络资源，必须正确配置网络服务商提供的 IP 地址，IP 地址的设置我们在前面已经做了相应的介绍。

3．无线接入　随着计算机网络通信技术的不断发展，使用无线网络设备共享 Internet

访问已越来越普遍，我们在餐厅、机场、商场、酒店、住宅等场所都可以使用无线网络接入 Internet，真正实现了 Internet 无所不在（图 3-5）。

图 3-5 无线网络示意图

构建无线网络的主要步骤：

（1）选择适合的无线设备：无线设备主要有无线路由器和无线网络适配器等。

（2）连接无线路由器：依据无线路由器相关连接说明，将无线路由器与 ADSL 调制解调器或与光猫连接。

（3）配置无线路由器：无线路由器可以通过浏览器键入路由器的管理地址进行配置，可能会提示输入用户名和密码。路由器的管理地址、用户名、密码取决于选用的路由器类型，可根据无线路由器说明进行设置。

（4）建立无线连接：

1）右击桌面上的"网络"图标，在弹出的快捷菜单中选择"属性"命令，选择"设置新的连接或网络"，在弹出的对话框中选择"连接到 Internet"→"无线（W）"。

2）桌面右下角系统托盘处出现搜索到的无线网络，选择要连接的无线网络，点击"连接"；如果无线网络有密码，则输入密码后单击"确定"即可。操作界面如图 3-6 所示。

图 3-6 连接无线网络

3）建立无线网络连接后，如图 3-7 显示为"已连接"，说明计算机与无线路由器已经连接成功，同时显示"Internet 访问"状态，说明已将计算机连入 Internet。

图 3-7　无线网络连接成功状态

 知识拓展

1．现在已经进入被称为 Web2.0 的网络时代。这个阶段网络的特征包括搜索、社区网络、网络媒体（音乐、视频等）、内容聚合和聚集、Mashup（一种交互式 Web 应用程序）等。目前，大部分人都通过计算机接入网络，但是未来人们将从移动设备和电视上感受更多登录网络的愉悦。

2．ADSL 有虚拟拨号接入与专线接入两种。ADSL 的拨号采用专门的协议 PPP over Ethernet，拨号后直接由验证服务器进行检验，用户需要输入用户名与密码，检验通过后就建立起一条高速的用户数字网络通道，并分配相应的动态 IP。虚拟拨号用户帐号和 163 帐号一样，都是用户申请时自己进行选择的，并且这个帐号是有限制的，只能用于 ADSL 虚拟拨号，不能用于普通的 Modem 拨号。

3．WiFi 技术

WiFi（Wireless Fiddler）称为无线保真技术，它与蓝牙技术一样，同属于在办公室和家庭中使用的短距离无线技术。目前还出现了全面兼容现有 WiFi 的 WiMAX 技术，与 WiFi 相比，WiMAX 具有更远的传输距离、更宽的频段选择以及更高的接入速度。

第三节　Internet 的简单应用

 案例

和新同学相处有段时间了，你们班上同学决定建立一个班级 QQ 群用以加强同学间的交流以及资料信息的传递。你作为群主，打算及时地通过网络搜索有关学习软件课件，下载后分享在群中以利于大家更好地学习；你还打算在新浪上建立个人博客，撰写展开班队活动的日志。

请问：

1. 如何将常用的网站收藏在"收藏夹"中？
2. 如何利用下载工具下载你需要的资源？
3. 如何使用即时通讯软件？
4. 如何进行邮箱的申请以及收发邮件？
5. 如何建立博客？

Internet 是一个网络上的网络，或者说是一个全球范围内的网间网，它是一个信息的海洋，这些信息分布在全球各地无以计数的不同类型的服务器上，用户连接到 Internet 以后，要访问 Internet 上的信息，就必须借助网页浏览工具。

一、网上漫游

网页是网站的基本信息单元，通常一个网站是由众多不同内容的网页组成。网页一般由文字、图片、声音、动画等多媒体内容构成。网页实际上也是一个文件，它存放在某一台网站服务器上，当这台服务器与 Internet 相连时，网页就能通过网址来识别与存取，当我们在浏览器中输入网址后，经过一段复杂而又快速的数据处理，网页文件会被传送到我们的计算机，经浏览器解释网页的内容，最后呈现在我们的眼前。

（一）浏览器

浏览器是计算机操作系统平台上的网页浏览软件，主要作用是接受用户的请求，到相应的网站获取网页并显示出来。浏览器主要有：IE（Internet Explorer）、360、腾讯 QQ、Google Chrome 等，各种浏览器虽然具有各自的特点，但最基本的功能都是浏览网页。

浏览网页是 Internet 提供的主要服务之一，网页浏览不仅支持文本，还支持图像、动画和声音传输等多媒体功能。目前使用最广泛的网页浏览工具是 IE 浏览器，IE 浏览器是微软公司推出的运行于 Windows 操作系统上的网页浏览软件。

（二）IE 浏览器使用

1. 启动浏览器　双击桌面上的"Internet Explorer"图标，启动浏览器（图 3-8）。

（1）菜单栏：包含对 IE 进行操作的所有命令。

（2）地址栏：输入和显示网页的地址。

（3）选项卡：通过新建和关闭选项卡，可在一个浏览器窗口中查看不同的网页。

（4）状态栏：显示网页地址及调制网页显示比例等信息。

如果知道某个网址，则在地址栏中输入该地址，例如 www.sina.com.cn，然后按 Enter 键，IE 会自动通过超文本传输协议"http"将站点的代码翻译成网页。

2. 保存网页　当浏览到喜欢的网页时，可以将其保存下来，保存网页的操作步骤如图 3-9 所示。

3. 收藏网页　对于需要经常访问的网页，可以将其收藏在收藏夹中，这样就不必每次访问时输入地址，只需直接在收藏夹中选择收藏的网页名称就可以访问该网页了。收藏网页的方法有两种：

图 3-8　IE 浏览器界面

图 3-9　保存网页

　　1）右键收藏：网页鼠标右键选择"添加到收藏夹"，弹出窗口中可以更改"名称"和"创建位置"，创建位置可以根据自己的需要通过"新建文件夹"进行创建，最后单击"添加"即完成网页收藏。操作步骤如图 3-10 所示。

　　2）使用收藏夹菜单：在需要收藏的网页上，单击菜单栏"收藏夹"，选择菜单下的"添加到收藏夹"，其余操作步骤同右键收藏。

　　收藏网页以后，在需要访问时，只需在"收藏夹"菜单中直接选择相应的网页名称即可。

图 3-10　收藏网页

4．浏览器设置　IE 浏览器可以根据用户的使用需要进行设置。例如：可以将经常访问的网页设置为主页，还能通过设置保存历史记录，再次浏览访问过的网页。

（1）设置主页：主页是启动 IE 浏览器时显示的网页，可以根据用户需要进行设置。启动 IE 浏览器后，选择菜单栏"工具"里的"Internet 选项"。在弹出的"Internet 选项"对话框中选择"常规"，就可以进行主页设置。例如：将新浪博客首页设置为主页的操作步骤如图 3-11 所示。

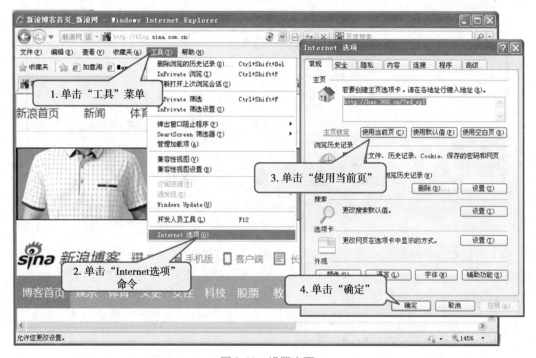

图 3-11　设置主页

（2）选项卡设置：选项卡是 Internet Explorer 中的一项功能，该功能可在一个浏览器窗口中打开多个网站。同时打开多个网页时，每个网页都会在一个单独的选项卡上显示，可以通过单击要查看的选项卡切换这些网页，也可以使用快捷键 Ctrl+Tab 或 Ctrl+Shift+Tab 组合轻松地切换到其他选项卡。通过使用选项卡浏览，可以减少任务栏上显示的项目数量。选项卡设置如图 3-12 所示。

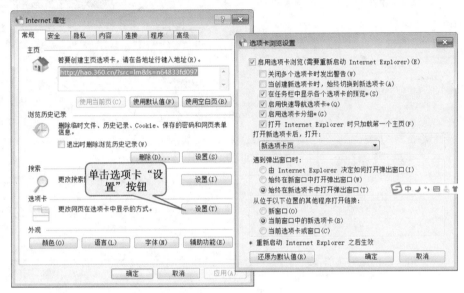

图 3-12　选项卡设置

（3）设置历史记录：浏览器的历史记录中会自动保存访问过的网页地址，保存的时间可通过设置浏览器进行更改（图 3-13），需要再次访问时就可以通过历史记录来查看。如果不想保存，还可以删除全部的历史记录。在"Internet 选项"对话框中单击"设置"，在弹出的"网络数据设置"窗口中可根据需要设置历史记录保存的时间。

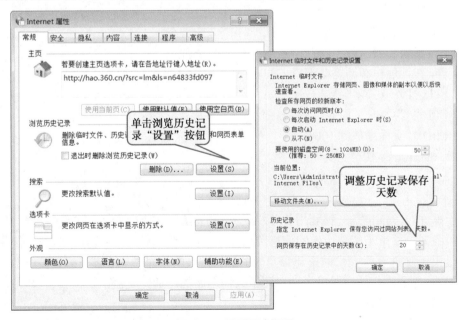

图 3-13　设置历史记录

（4）安全设置：通过浏览器设置还可以改变 IE 的安全设置（图 3-14）。IE 浏览器在安装时设置默认安全级别，但某些设置可能会影响到正常的浏览、下载等操作，因此有时候需要对安全级别进行重新设置，在"Internet 选项"对话框中选择"安全"选项根据需要进行调整。

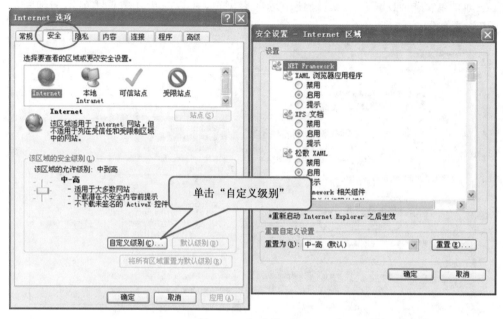

图 3-14　IE 安全设置

5. 常用 IE 快捷键　一般在 IE 中浏览，使用鼠标点击就足够了。但是如果要加快浏览速度，提高上网效率的话，就必须善于使用 IE 的快捷键，下面介绍几种比较常用的快捷键：

（1）Ctrl+N：打开新的浏览器窗口；

（2）Ctrl+O：打开新的网页或活页夹；

（3）Ctrl+F：打开查找对话框；

（4）Ctrl+P：打印页面；

（5）F5：更新当前页；

（6）F6：在地址栏和浏览器窗口之间转换；

（7）F11：打开或关闭全屏模式；

（8）Ctrl+"+"/"-"：页面显示放大 / 缩小；

（9）Ctrl+0：页面缩放到 100%；

（10）Alt+Home：转至主页。

二、电子邮件

电子邮件（E-mail）是一种利用计算机网络进行信息交换的通信方式，是互联网应用最广泛的服务之一。电子邮件传送的信息可以是文字、图像、声音等多种形式。同时，用户还可以通过电子邮件获得大量的资讯信息，并实现轻松的信息搜索，这些都是传统信函邮件无法比拟的，电子邮件的应用极大地方便了人们之间的沟通与交流。

（一）电子邮件的工作原理

电子邮件服务基于客户 / 服务器模式，邮件客户端和邮件服务器通过 POP3 协议或

IMAP 协议收取邮件，通过 SMTP 协议发送邮件内容，实现邮件信息交换。通常 Internet 上的用户不能直接接收电子邮件，而是通过 Internet 服务供应商（ISP）申请一个电子邮箱，由 ISP 主机负责电子邮件的接收和发送。

（二）电子邮件地址的构成

以电子邮箱 greensound8786@sina.com 为例，电子邮件的地址由三个部分组成：第一部分"greensound8786"代表用户邮箱的帐号，也是用户可以自己定义的标识符，通常是有 6～18 个字符，可使用字母、数字、下划线，一般不能用中文，对于同一邮件接收服务器来说，这个帐号必须是唯一的；第二部分"@"是分隔符，读作"at"；第三部分是用户邮箱的邮件服务器域名，用来标志其所在位置，此处域名服务器为"sina.com"。

（三）申请和使用免费电子邮箱

1. 选择免费邮箱网站　目前可以提供免费个人邮箱或收费企业电子邮箱服务的网站很多，常见的邮箱有：新浪邮箱、163 网易邮箱、QQ 邮箱、搜狐邮箱等。

2. 注册邮箱　以注册新浪邮箱为例，可以通过搜索引擎，如在百度中输入"新浪邮箱"，在搜索的结果中选择"新浪邮箱"链接进入新浪邮箱官方网站。

在注册页面，新浪提供了"注册新浪邮箱"和"注册手机邮箱"两种注册方式。新浪邮箱的邮件服务器域名可以选择"sina.com"或"sina.cn"。我们以"注册新浪邮箱"为例，在邮件地址栏创建邮箱用户名，本例为"greensound8786"，邮件服务器会自动判断输入的地址是否可用，邮件地址必须是该网站邮件服务器中唯一的；选择邮件服务器域名为"sina.com"；填写密码和验证码；并勾选"同意服务条款和隐私权相关政策"；单击"立即注册"，通过手机验证后注册成功。操作步骤如图 3-15 所示。

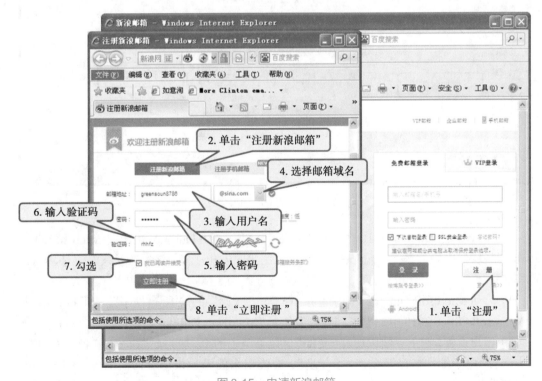

图 3-15　申请新浪邮箱

3. 使用电子邮箱　电子邮箱使用方式有两大类：一是登录邮箱网页收发电子邮件；二是使用邮件工具进行收发。如使用 Outlook 2010、Foxmail 等客户端工具进行收发。

（1）登录邮箱网页收发电子邮件

1）在 IE 浏览器中输入网站地址：http://mail.sina.com.cn/，出现新浪邮箱主页面，输入用户名和密码，单击"登录"按钮，将进入新浪邮箱页面。

2）在邮箱界面，单击"写信"按钮即可给对方写信（图 3-16）。写信时需要填写收件人的邮箱地址、邮件主题、内容等，还可以添加附件，附件主要用于发送邮件内容所涉及的数据、图像等文件，当单击"添加附件"时，可以选择要发送的文件，当邮件内容写好并且附件添加完毕后，单击"发送"按钮，邮件即可发送成功。

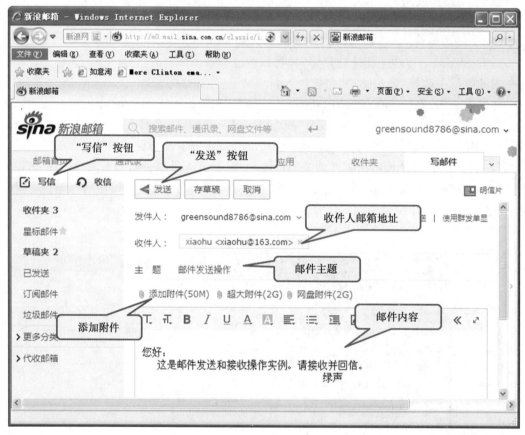

图 3-16　新浪邮箱写信

（2）Microsoft Outlook 2010 客户端邮件工具：Microsoft Outlook 2010 是 Microsoft Office 2010 套装软件中组件之一，Outlook 2010 可以用来收发电子邮件、管理联系人信息、安排日程等。

1）启动 Microsoft Outlook 2010 主界面：单击"开始"菜单"所有程序"，从下拉菜单中选择 Microsoft Office 2010 中的电子邮件收发工具"Microsoft Outlook 2010"，单击运行。

2）帐户设置：在主界面中选择"文件"下拉菜单中的"添加帐户"命令，在弹出来的对话框中选择"电子邮件帐户"，单击"下一步"。在弹出来的添加帐户对话框中（图 3-17），输入电子邮件相关信息。然后单击"下一步"。在弹出来的对话框中，当前计算机将与远程邮件服务器进行连接，并自动完成邮箱发送、接收服务器的设置，单击"完成"，设置邮箱帐户成功。

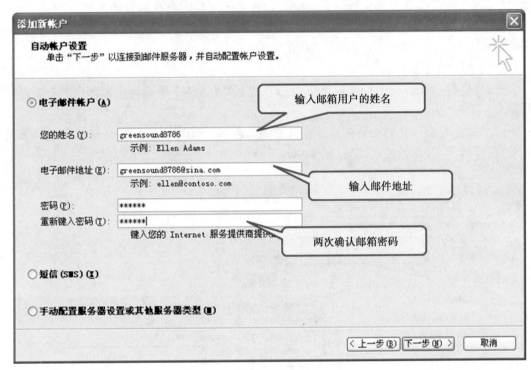

图 3-17　Outlook 2010 帐户信息录入

3）邮件发送：在 Microsoft Outlook 2010 中单击"新建电子邮件"按钮，在弹出的页面中填写邮件相关信息，即可进行邮件发送。

三、信息的搜索

随着信息化社会的高速发展，各种信息在 Internet 上呈现几何级数式的增长，用户在信息的海洋里查找信息，就如大海捞针一样。如何在信息的海洋中迅速而准确地获取自己需要的信息？可以利用搜索引擎来实现。

（一）什么是搜索引擎

搜索引擎实际是一个为用户提供信息"检索"服务的网站，它使用程序把因特网上的所有信息归类，以帮助人们在茫茫网海中搜寻到所需要的信息，如通过搜索引擎可以查找一件商品的信息、一道学习难题的答案。搜索引擎就像电信黄页一样成为网络信息的向导，成为 Internet 电子商务的核心服务。常用的搜索引擎及其网址如表 3-2 所示。

表 3-2　常用的搜索引擎网站

搜索引擎	网址
百度	www.baidu.com
搜狗	www.sogou.com
谷歌	www.google.cn
好搜	www.haosou.com

（二）搜索引擎的工作原理

搜索引擎是 Internet 上的站点，它们有自己的数据库，保存了 Internet 上很多网页的检索信息，而且还在不断实时更新。通过输入和提交一些有关查找信息的关键字，搜索引擎会在自己的数据库中进行检索，并返回相关的搜索结果。搜索结果网页罗列了指向网页地址的超链接，这些网页可能包含用户查找的内容。

（三）搜索方式

搜索引擎在 Internet 上检索网络资源的方式主要有两种：关键词检索和内容分类逐级检索。

1. 关键字检索　　我们准备搜索计算机的相关介绍。分别用关键字"计算机"和"计算机应用"进行搜索，并比较搜索结果（图 3-18）。

图 3-18　关键字搜索对比

（1）打开搜索引擎"百度"，输入关键词"计算机"，单击"百度一下"按钮，从搜索结果页面中可以看到与"计算机"有关的信息，但没有计算机应用的相关信息。

（2）更换搜索关键词，将关键词改为"计算机应用"，在搜索结果页面中可以看到计算机应用的相关内容，其中第二项是百度百科对"计算机应用"的介绍。

两个不同的关键词，搜索的结果是不一样的，因此选择合适的关键词进行搜索是非常重要的。

2. 内容分类逐级检索 如果对浏览的目的没有明确的关键字表示,而只有内容方面的分类概念,一些搜索引擎提供了按照页面内容分类的"Web 指南",用户只要按照分类项目一层层查找也可方便地进行搜索。

四、文件下载

(一)下载工具

对于在网络中检索到的文本和图片信息,可以采用前面介绍过的方法进行保存。但如果是其他文件,则需要下载。

迅雷、网际快车(FlashGet)、网络蚂蚁(NetAnt)、影音传送带、电驴等都是口碑不错的下载工具。下面以迅雷为例来介绍下载软件的基本方法。

(二)迅雷下载

下面我们以迅雷下载"美图秀秀"软件为例介绍迅雷的使用方法:

利用搜索引擎搜索"美图秀秀",右击搜索到的软件,在弹出的快捷菜单中选择"使用迅雷下载"命令,打开"新建任务"对话框。在对话框中,设置存放文件的地址路径以及文件名等基本信息。单击"立即下载"按钮,打开"迅雷"窗口,用户可以在窗口中随时查看下载进度,直到下载完成。操作步骤如图 3-19 所示。

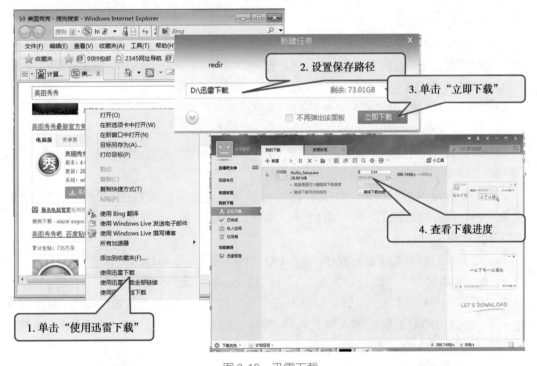

图 3-19 迅雷下载

五、常用网络应用软件简介

(一)即时通讯软件

即时通讯是一种人们能在网络上识别用户状态并与他们实时交换消息的技术。其基本通信过程是：当好友列表中的某人在任何时候登录上线并试图通过计算机与你联系时，即时通讯系统会发送消息提醒你，然后就能与他建立一个聊天会话并通过网络即时地传递文字信息、文件档案、语音与视频等。

即时通讯是通过即时通讯软件来实现的。目前主要有两种通讯模式：一种是 C/S（Client/Server）模式，用户使用过程中需要下载安装客户端软件，主要有：QQ、阿里旺旺、新浪 UC、MSN 等；另一种是采用 B/S（Brower/Server）模式，这种模式直接借助网页为媒介，客户端无需安装任何软件，打开网页即可进对话，通常用于电子商务网站的在线客户系统，如 53KF、live800 等。

（二）QQ 的安装与使用

腾讯 QQ 简称 QQ，以前叫 OICQ，是由腾讯公司开发的一款基于 Internet 的即时通讯软件。腾讯 QQ 目前有简体中文版、繁体中文版、英文版等版本，可在所有的 Windows 操作系统平台下使用。

1. QQ 软件下载与安装 在浏览器地址栏中输入 www.qq.com，进入腾讯 QQ 主页，单击页面"软件"选项，在弹出的页面中选择最新 QQ 版本，单击"下载"。QQ 软件下载完成后，即可安装运行。QQ 软件安装后运行，出现 QQ 登录界面。

2. QQ 帐号注册

（1）如果没有 QQ 帐号，我们需要注册 QQ 帐号。可单击 QQ 登录界面上的"注册帐号"，进行 QQ 帐号注册。

（2）弹出 QQ 注册页面中，提供了三种注册方式：

1）QQ 帐号注册：有数字组成，经典通行帐号；

2）手机帐号注册：便于登录，保护 QQ 帐号；

3）邮箱帐号注册：用邮箱帐号注册，便于记忆。

（3）我们以 QQ 帐号注册为例：

1）按注册要求填写相关信息：昵称、密码、性别、生日、所在地、验证码。然后单击"立即注册"（图 3-20）。

2）按要求输入手机号码，单击右侧发送验证码，将手机接收的验证码输入"验证码"提示框，单击"提交验证码"，系统显示注册的 QQ 帐号，本例成功申请 QQ 帐号为：3492371233（图 3-21）。

3. QQ 登录 打开 QQ 应用程序，输入 QQ 号码和密码，登录 QQ。

4. 查找和添加好友 通过 QQ 界面"查找"功能添加好友到列表。

5. 使用 QQ 即时通讯 我们要与好友进行即时通讯，也就是通常说的聊天，双击好友 QQ 头像，在弹出的对话框中输入聊天内容，单击"发送"，即可进行即时信息传递，同时好友发来的信息也将在窗口中显示。

6. QQ 常用功能介绍

（1）QQ 群是一定数量的 QQ 用户的长期稳定的公共聊天室。QQ 群成员可以通过文字语言进行聊天，在群空间内也可以通过群论坛、群相册、群共享文件等方式进行交流。

（2）QQ 空间（Qzone）是 QQ 用户提供的个性展示空间，具有博客（blog）的交流功能，自问世以来受到众多用户的喜爱。

（3）QQ 邮箱能向 QQ 用户提供安全、稳定、快速、便捷的电子邮件服务。

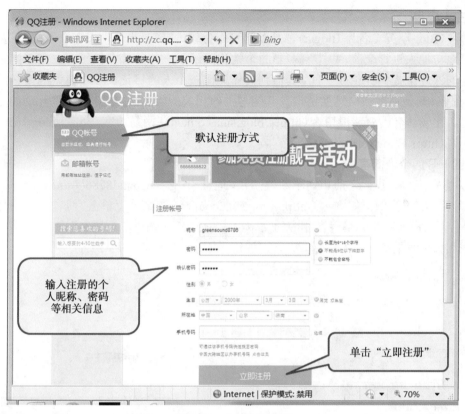

图 3-20　QQ 帐号注册

图 3-21　成功注册 QQ 帐号

（三）博客

博客（Blog），英文名为 Blogger。是以网络作为载体，简易迅速地发布个人心得，及时有效轻松地与他人进行交流，集丰富多彩的个性化展示于一体的综合性平台。许多博客专注在特定的课题上提供评论或新闻，其他则被作为比较个人的日记。一个典型的博客结合了文字、图像、其他博客或网站的链接及其他与主题相关的媒体，能够让读者以互动的方式留下意见。比较著名的有新浪博客（http://blog.sina.com.cn）、网易博客（http://blog.163.com）、搜狐博客（http://blog.sohu.com）等。

（四）开通个人博客

1. 建立博客　我们之前申请了新浪邮箱，地址为：greensound8786@sina.com。这里以建立"新浪博客"为例：输入网址 http://blog.sina.com.cn，在主页上单击"博客"，弹出登录界面，将上述用户名和密码填写在相应的文本框中，登录后单击"开通博客"，在开通博客页面上完成相关信息的填写，单击"完成开通"按钮，成功开通博客（图 3-22）。

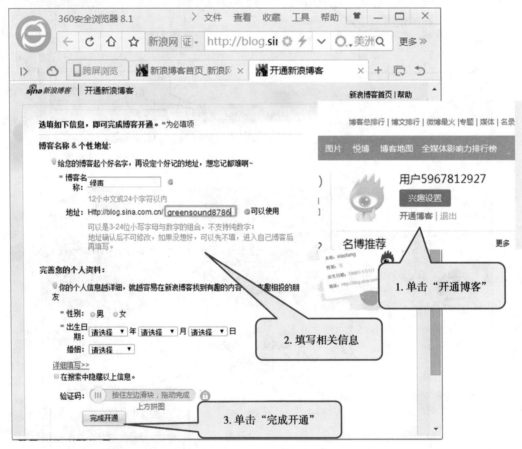

图 3-22　建立博客

博客建立后，单击"快速设置我的博客"，选择模板建立有自己特色的博客空间，可以添加关注，更改博客昵称为"绿声"，单击"立刻进入我的博客"进入博客首页（图 3-23）。

2. 应用博客

（1）单击主页"关于我"在弹出的页面中单击"页面设置"可以在"风格设置"中选择各种背景（图 3-24）。在"风格自定义"中设计模板风格时，不仅可以修改"配色方案""修改大背景图""修改导航图""修改头图";还可以通过"版式设置"调整版式;在"组件设置"中对"基础组件""娱乐组件""专业组件"以及"活动组件"进行设置;在"自定义组件"中可以进行"添加列表组件""添加文本组件"设置。

图 3-23 进入博客首页

图 3-24 博客页面设置界面

（2）在主页中，单击"发博文"中选择"写 365"或者"发照片"，可以在博客上撰写文字、也可以上传照片或有关图片（图 3-25）。

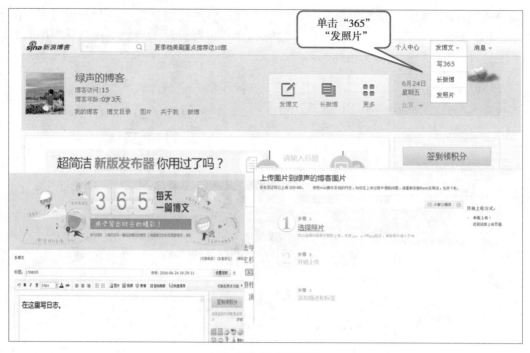

图 3-25 发博文界面

 知识拓展

1. 3G 技术与移动互联 3G（3rd Generation）指第三代移动通信技术（使用该技术的手机称为 3G 手机），3G 技术与计算机网络融合建立了移动互联网。移动互联网以宽带 IP 为技术核心，可为 3G 手机、平板电脑等移动的终端设备提供语音、传真、数据、图像、多媒体等高品质电信服务，例如，能够处理图像、音乐、视频流等多种媒体形式，提供网页浏览、电话会议、电子商务等多种信息服务。用户可以通过移动设备随时、随地访问 Internet，从而获取信息，进行商务、娱乐等各种网络服务。

2. 微博 微博客（MicroBlog）简称微博。它是个人面向网络的即时广播，以群聚的方式使用。用户个人看到的、听到的、想到的事情，以 140 字以内的精炼文字更新信息，或发一张图片，通过计算机或者手机随时随地与关注者分享、讨论。同时，在微博中还可以关注其他朋友，即时看到他们发布的信息，并将其内容转发到微博上。关注（收听）别人的微博称为别人的"粉丝"。

微博由于受众群庞大、信息传播迅速，已经在商业运作、市场营销中被广泛使用。微博运营商通过组织活动、植入广告、品牌宣传等方式取得商业利润。

3. 微信 微信（WeChat）是腾讯公司推出的一个为智能终端提供即时通讯服务的免费应用程序，微信支持跨通信运营商、跨操作系统平台，通过网络快速发送免费（需消耗少量网络流量）语音短信、视频、图片和文字。微信提供公众平台、朋友圈、消息推送等功能，用户可以通过"扫一扫""摇一摇""附近的人""添加手机联系人""搜索微信号／手机号"多种方式添加好友和关注公众平台，同时微信将内容分享给好友以及将用户看到的精彩内容分享到微信朋友圈。

第四节 物联网和云计算

随着 3G 无线数据通讯和云计算的发展,我们的生活和互联网联系越来越紧密,也越来越方便。在不久的将来我们可以利用一些很小的终端设备,比如手机,甚至遥控器就可以发挥出同"超级计算机"一样强大的网络服务功能。

请问:1. 物联网的基本概念和技术架构模型是什么样的?

2. 云计算采用的是什么计算技术?

3. 怎样使用云盘?

一、物联网概述

移动互联网(3G 无线数据通信技术和计算机网络)利用射频自动识别(RFID)技术构建了物联网。物联网能够实现物品(商品)的自动识别和信息的互联与共享。在物联网中,RFID 标签中存储着规范且具有互用性的信息,服务商把它们采集到中央信息系统,通过开放性的计算机网络实现信息交换和共享,实现对物品的"透明"管理。例如:在手机安装条形码识别软件可以查询某一商品在本地的最便宜价格。

物联网可分为感知层、网络层和应用层三层(图 3-26)。感知层由各种传感器以及传感器

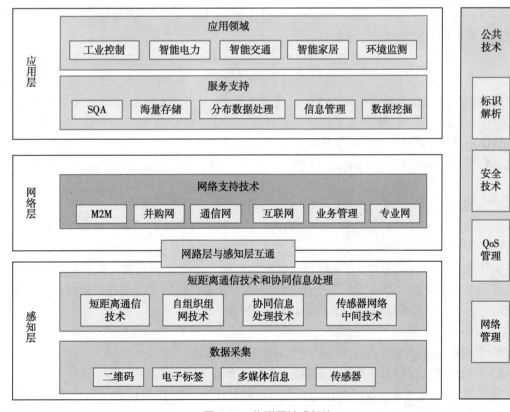

图 3-26 物联网技术架构

网关构成,包括二氧化碳传感器、温度传感器、湿度传感器、二维码标签、RFID 标签和读写器、摄像头、GPS 等感知终端识别物体,采集信息的来源。网络层由互联网、有线和无线通信网、网络管理系统和云计算平台等组成,传递和处理感知层获取的信息。应用层是物联网和用户(包括人、组织或其他系统)的接口,它与行业需求结合,实现物联网的智能应用。

物联网在绿色农业、工业监控、公共安全、城市管理、远程医疗、智能家居、智能交通和环境监测等各个行业均有应用,凡是能够数字化的物品都可以通过物联网应用。

二、云计算

(一)云计算的基本概念

云计算的概念是由 Google 提出的,这是一个美丽的网络应用模式。狭义云计算是指 IT 基础设施的交付和使用模式,指通过网络以按需、易扩展的方式获得所需的资源;广义云计算是指服务的交付和使用模式,指通过网络以按需、易扩展的方式获得所需的服务。这种服务可以是 IT 和软件、互联网相关的,也可以是任意其他的服务,它具有超大规模、虚拟化、可靠安全等独特功效。"云计算"图书版本也很多,都从理论和实践上介绍了云计算的特性与功用。

云计算(cloud computing),分布式计算技术的一种,其最基本的概念,是透过网络将庞大的计算处理程序自动分拆成无数个较小的子程序,再交由多部服务器所组成的庞大系统经搜寻、计算分析之后将处理结果回传给用户。透过这项技术,网络服务提供者可以在数秒之内,达成处理数以千万计甚至亿计的信息,达到和"超级计算机"同样强大效能的网络服务。

最简单的云计算技术在网络服务中已经随处可见,例如搜寻引擎、网络信箱等,使用者只要输入简单指令即能得到大量信息。

未来如手机、GPS 等行动装置都可以透过云计算技术,发展出更多的应用服务。

进一步的云计算不仅只具有资料搜寻、分析的功能,未来如分析 DNA 结构、基因图谱定序、解析癌症细胞等,都可以透过这项技术轻易达成。稍早之前的大规模分布式计算技术即为"云计算"的概念起源。云计算时代,可以抛弃 U 盘等移动设备,只需要进入 Google Docs 页面,新建文档,编辑内容,然后直接将文档的 URL 分享给你的朋友或者上司,他可以直接打开浏览器访问 URL。我们再也不用担心因 PC 硬盘的损坏而发生资料丢失事件。

(二)云存储

1. 云存储的概念 云存储是云计算概念上延伸和发展出来的一个新概念,是通过计算机集群应用、网络技术或分布式文件系统等功能,将网络中各种不同类型的存储设备通过应用软件集合起来协同工作,共同对外提供数据存储和业务访问功能。简单来说,云存储就是将信息资源放到云存储端供用户存取的新技术方案。使用者可以在任何时候、任何地方,通过 Internet 连接到云存储端方便地存取数据(图 3-27)。

2. 云存储的优势

1)低成本云存储系统具有较低的建设和运行维护成本。

2)可扩展性云存储系统支持海量数据处理,资源可以实现按需扩展。

3)灵活的接入方式服务域内存储资源可以随处接入,随时访问,能上网的设备基本都能接入。

图 3-27　云存储

（三）云盘

这里以百度网盘为例。百度网盘不仅能提供基本的文件上传、下载服务，还具备文件实时同步备份功能，只需将文件放到百度网盘同步目录，百度网盘程序将自动上传这些文件至百度网盘存储服务中心，同时当在其他计算机登录百度网盘时自动同步下载到新计算机，实现多台计算机的文件同步。百度网盘有 Windows、Android、iPhone、ipad、WP、MAC 等版本，不同版本客户端可以共享网盘内容。

1．百度网盘软件下载与安装

（1）在浏览器地址栏中输入 http://yun.baidu.com/，进入百度网盘主页；选择对应的操作系统或者通过扫锚二维码（手机端），弹出下载对话框（这里以 Windows 操作为例），单击"下载 PC 版"，进行百度网盘 PC 客户端下载。下载完成后，即可安装运行。

（2）百度网盘软件安装完成后运行，出现百度网盘登录界面。

2．百度网盘帐号注册及登录

（1）如果有百度帐号可以利用百度帐号直接登录百度网盘，如果没有百度网盘帐号，我们需要注册百度帐号。可单击"立即注册百度帐号"，进行百度帐号注册。也可以在登录界面使用合作帐号从第三方登录。

（2）弹出的百度帐号注册页面，这里我们用手机注册，按提示输入手机号码、设置用户名和输入通过手机获得的验证码并设置密码。单击"注册"按钮（图 3-28），注册成功，即可登录百度网盘。

3．百度网盘使用

（1）登录百度网盘 PC 客户端，可以完成文件的上传和下载（图 3-29）。

（2）登录百度网盘后，我们可以上传或下载文件到云盘。

1）下载：右击要下载的文件或文件夹，选择弹出的快捷菜单中的"下载"，选择下载文件保存的路径，即可完成下载。

2）上传：单击页面上"上传文件"图标，在弹出窗口中选择要上传的文件或文件夹，之后单击"存入百度网盘"按钮。也可以直接将电脑文件拖曳到百度网盘窗口内，即可将电脑中的文件上传到百度网盘。

4．百度网的特点

（1）多台电脑、手机上更新的内容可以实时上传至云端服务器，并同步下载到每台电脑。

图 3-28 注册百度网盘帐号

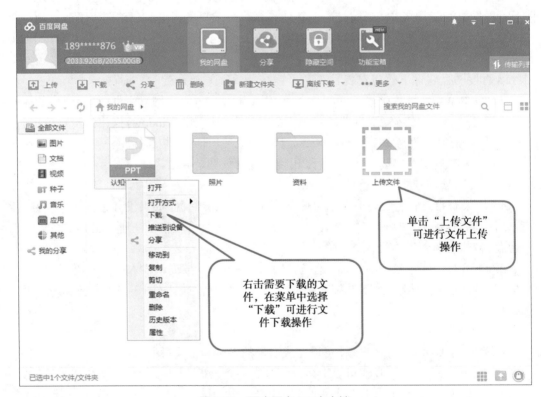

图 3-29 百度网盘 PC 客户端

（2）文件或文件夹可分享链接，发给指定的好友共享下载。

（3）用户在上传一些公共资源（如软件、公开的文档、音乐、视频等）时，百度网盘的"秒传"功能，能够瞬间将文件传输到百度网盘，此功能可节省用户上传数据所需的时间和数据流量。

前沿知识

1. 4G技术　世界很多组织给4G下了不同的定义，而ITU代表了传统移动蜂窝运营商对4G的看法，认为4G是基于IP协议的高速蜂窝移动网，现有的各种无线通信技术从现有3G演进，并在3GLTE阶段完成标准统一。ITU4G要求传输速率比现有网络高1000倍，达到100Mbit/s。4G的特点决定它将采用一些不同于3G的技术。总结起来有以下几种：

（1）正交频分复用（OFDM）技术：OFDM是一种无线环境下的高速传输技术，其主要思想就是在频域内将给定信道分成许多正交子信道，在每个子信道上使用一个子载波进行调制，各子载波并行传输。

（2）软件无线电：软件无线电的基本思想是把尽可能多的无线及个人通信功能通过可编程软件来实现，使其成为一种多工作频段、多工作模式、多信号传输与处理的无线电系统。也可以说，是一种用软件来实现物理层连接的无线通信方式。

（3）智能天线技术：智能天线具有抑制信号干扰、自动跟踪以及数字波束调节等智能功能，是未来移动通信的关键技术。智能天线应用数字信号处理技术，产生空间定向波束，使天线主波束对准用户信号到达方向，旁瓣或零陷对准干扰信号到达方向，达到充分利用移动用户信号并消除或抑制干扰信号的目的。这种技术既能改善信号质量又能增加传输容量。

（4）多输入多输出（MIMO）技术：MIMO技术是指利用多发射、多接收天线进行空间分集的技术，它采用的是分立式多天线，能够有效地将通信链路分解成为许多并行的子信道，从而大大提高容量。

（5）基于IP的核心网：4G移动通信系统的核心网是一个基于全IP的网络，可以实现不同网络间的无缝互联。核心网独立于各种具体的无线接入方案，能提供端到端的IP业务，能同已有的核心网和PSTN兼容。

2. 阿尔法狗　阿尔法狗即阿尔法围棋。阿尔法围棋（AlphaGo）是一款围棋人工智能程序，由位于英国伦敦的谷歌（Google）旗下DeepMind公司的戴维•西尔弗、艾佳•黄和戴密斯•哈萨比斯与他们的团队开发，这个程序利用"价值网络"去计算局面，用"策略网络"去选择下子。

阿尔法围棋（AlphaGo）的主要工作原理是"深度学习"。"深度学习"是指多层的人工神经网络和训练它的方法。一层神经网络会把大量矩阵数字作为输入，通过非线性激活方法取权重，再产生另一个数据集合作为输出。这就像生物神经大脑的工作机制一样，通过合适的矩阵数量，多层组织链接一起，形成神经网络"大脑"进行精准复杂的处理，就像人们识别物体标注图片一样。阿尔法围棋（AlphaGo）是通过两个不同神经网络"大脑"合作来改进下棋。这些大脑是多层神经网络跟那些Google图片搜索引擎识别图片在结构上是相似的。它们从多层启发式二维过滤器开始，去处理围棋棋盘的定位，就像图片分类器网络处理图片一样。经过过滤，13个完全连接的神经网络层产生对它们看到的局面判断。这些层能够做分类和逻辑推理。

这些网络通过反复训练来检查结果，再去校对调整参数，去让下次执行更好。这个处理器有大量的随机性元素，所以人们是不可能精确知道网络是如何"思考"的，但更多的训练后能让它进化到更好。

本章小结

　　本章主要讲解计算机网络的产生与发展，功能及应用以及组成和分类。介绍了 Internet、TCP/IP 协议以及连接 Internet 的方式，着重介绍 IP 地址与域名系统。通过对常用网络应用软件的学习，会利用网络搜索并下载和保存资源，能利用即时通讯软件进行网络联系，能够熟练地收发电子邮件，懂得利用云存储备份数据以及上传、转发和下载资源。能掌握手机上相关的 APP 应用，比如微博、微信等操作。并且通过知识扩展和前沿知识的学习，了解计算机网络最新的技术。

　　总之，通过本章的学习，要求同学们掌握网络的各种常用应用功能并灵活运用到实际工作中去。

（杨　丽）

 目标测试

一、选择题

1. 计算机网络主要功能有

①资源共享　②数据交换　③提高计算机的可靠性和可用性　④易于进行分布式处理

A. ①②④　　　　　　　　　　　　B. ①②③④

C. ②③④　　　　　　　　　　　　D. ①②③

2. 计算机网络是现代计算机技术和＿＿＿＿＿密切结合的产物

A. 网络技术　　　　　　　　　　　B. 通信技术

C. 电子技术　　　　　　　　　　　D. 人工智能技术

3. 在拨号上网过程中，对话框出现时，填入的用户名和密码应该是

A. 进入 Windows 时的用户名和密码　B. 管理员的帐号和密码

C. ISP 提供的帐号和密码　　　　　　D. 邮箱的用户名和密码

4. 一般所说的拨号入网，是指通过＿＿＿＿＿与 Internet 服务器连接

A. 微波　　　　　　　　　　　　　B. 公用电话系统

C. 专用电缆　　　　　　　　　　　D. 电视线路

5. 下列非法的 IP 地址是

A. 260.197.12.2　　　　　　　　　B. 127.0.0.1

C. 255.255.255.0　　　　　　　　 D. 202.196.64.21

6. TCP 称为

A. 网际协议　　　　　　　　　　　B. 传输控制协议

C. Network 内部协议　　　　　　　D. 中转控制协议

7. 下列四项中表示域名的是

A. www.njykxx.com　　　　　　　　B. df@ school.com

C. xiaohu@china.com　　　　　　　D. 202.96.67.123

8. 网址 www.sina.com.cn 中的 cn 表示

A. 英国　　　　　　　　　　　　　B. 美国

C. 日本　　　　　　　　　　D. 中国

9. 一个网吧将其所有的计算机连成网络,这网络是属于
　　A. 广域网　　　　　　　　B. 城域网
　　C. 局域网　　　　　　　　D. 环形网

10. 192.168.11.23 属于_____类 IP 地址
　　A. A　　　　　　　　　　B. B
　　C. C　　　　　　　　　　D. D

11. 要在 IE 中停止下载网页,可以按_____键
　　A. Esc　　　　　　　　　B. Ctrl+W
　　C. BackSpace　　　　　　D. Delete

12. 在 IE 常规大小窗口和全屏幕模式之间切换,可按_____键
　　A. F5　　　　　　　　　　B. F11
　　C. Ctrl+D　　　　　　　　D. Ctrl+F

13. 在 Internet 上收发 E-mail 的协议不包括
　　A. SMTP　　　　　　　　B. POP3
　　C. ARP　　　　　　　　　D. IMAP

14. 电子邮件地址的一般格式为
　　A. 用户名@域名　　　　　B. 域名@用户名
　　C. IP 地址@域名　　　　　D. 域名@IP 地址名

15. 下列不属于云存储优势的是
　　A. 低成本　　　　　　　　B. 可扩展性
　　C. 灵活的接入方式　　　　D. 高成本

16. 下列哪一种软件不是即时通讯软件
　　A. QQ　　　　　　　　　B. 百度网盘
　　C. 阿里旺旺　　　　　　　D. MSN

17. HTML 是指
　　A. 超文本置标语言　　　　B. 超文本文件
　　C. 超媒体文件　　　　　　D. 超文本传输协议

18. Internet 中 URL 的含义是
　　A. 统一资源定位　　　　　B. Internet 协议
　　C. 简单邮件传输协议　　　D. 传输控制协议

二、填空题

1. 日常生活中常见的计算机网络应用有_____、_____、_____、_____、_____、_____等。

2. 计算机网络使用中常见的网络设备有_____、_____、_____等。

3. 目前主流的网卡传输速率有_____、_____和_____。按网卡的接口类型可分为_____、_____和_____接口。

4. 调制解调器可以把计算机的数字信号_____成通信线路的模拟信号,将通信线路的模拟信号_____回计算机的数字信号。

5. 按网络传输距离计算机网络可分为_____、_____、_____。

6. 常见的计算机网络拓扑结构有_____、_____、_____、环形拓扑结构网络四种。

7. Internet 最基本的协议_____。

8. IP 地址由_____和_____两部分组成。

三、判断题

1. 刷新网页的快捷方式是 F6。（　　　）

2. 文件传输协议的缩写是 UDP。（　　　）

3. Outlook 软件的作用是磁盘管理。（　　　）

4. TCP/IP 协议是 Internet 最基本的协议，由传输层的 TCP 协议和物理层的 IP 协议组成。（　　　）

5. ADSL 即对称数字用户环路技术，是一种较方便的宽带接入技术。（　　　）

6. 局域网接入 Internet，可分为共享 IP 地址和独享 IP 地址两种接入方式。（　　　）

7. 在 Internet 上，网络中的多台主机可以使用同一个主机 IP 地址。（　　　）

8. 按 IP 地址分类，可建立最大网络数的是 A 类网络。（　　　）

9. Internet 上数据的传送是采用网络路由方式。（　　　）

10. 为方便使用，我们最好将互联网上的帐号，如网购帐号、网上银行账号等应设置为相同的简单密码。（　　　）

四、操作题

1. 查看本机 IP 地址，并记录下来，然后将 IP 地址设置成自动获取后，检查是否能访问网络资源，不能访问网络资源则重新进入 IP 地址设置页面，将记录的 IP 地址重新设置，设置成功后，检查是否可以访问网络资源。

2. 打开浏览器，并输入搜狐网址，进行网页浏览。并将搜狐网页进行收藏，最后将搜狐网站设置为浏览器主页。

第四章　文字处理软件 Word 2010

 **学习目标**

1. 掌握：Word 文档的创建、保存、文字和段落的格式设置、页面布局、图文混排和表格编辑。
2. 熟悉：Word 文档的打印。
3. 了解：表格运算、编辑公式、目录制作和邮件合并。

　　Microsoft Word 2010 是美国微软公司开发的办公套装软件 Microsoft Office 的组件之一，主要用于文字信息处理。使用 Word 2010 能方便地进行文档的录入、编辑和排版，它强大的文字处理功能，可以让我们创建出各种图文并茂的办公文档。如各种行政公文、信函、合同、海报、贺卡和简历等。图 4-1 就是用 Word 2010 排版出的效果。

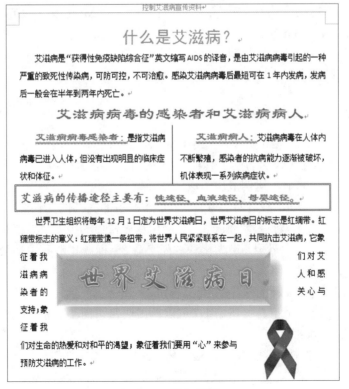

图 4-1　排版样例

91

第一节 Word 2010 基本操作

 案例

　　为了提高人们对艾滋病的认识，学校团委准备印刷一些宣传资料在12月1日世界艾滋病日到一些小区发放，资料不仅要内容简单易懂，而且资料的版面应能引人注目（图4-1），请问：使用什么软件可以实现上述资料图文并茂的排版？对！使用 Word 就可以实现上述功能。Word 2010 以其强大的功能和便捷的操作成为目前广为普及和流行的文字处理软件。

　　请问：1. 怎样启动 Word 2010？
　　　　　2. Word 2010 的工作界面是怎样的？
　　　　　3. Word 2010 的基本操作有哪些？

　　Word 2010 可以让用户方便地进行创建文档、编辑文档、保存文档、格式设置、页面布局、图形处理、表格处理、目录制作、邮件合并等操作。

一、Word 2010 的启动

　　启动 Word 2010 主要有以下几种方法：

　　1. 桌面快捷图标启动　双击桌面 Word 2010 的快捷图标 启动 Word 2010。

　　2. [开始]菜单启动　执行[开始]→[所有程序]→[Microsoft Office]→[Microsoft Word 2010]命令启动 Word 2010。

　　3. 双击 Word 文档启动　在[计算机]中找到已保存的 Word 文档，双击相应的文档图标 ，即可启动 Word 2010。

二、Word 2010 工作界面

　　启动 Word 2010 后，屏幕出现 Word 2010 的工作界面（图4-2），Word 2010 的工作界面是窗口结构，主要由标题栏、快速访问工具栏、文件按钮、功能区、标尺、文档编辑区、滚动条、状态栏、视图切换按钮和显示比例滑块组成。

　　1. 标题栏　位于 Word 窗口最上方，显示正在编辑的文档的文件名（如文档1）和应用程序名（Microsoft Word）。标题栏的最左边是应用程序窗口的控制菜单图标 ，单击该图标会弹出还原、移动、大小、最小化、最大化和关闭等命令；标题栏的右边是最小化－按钮、最大化/还原 / 按钮和关闭 按钮。

　　2. 快速访问工具栏　放置一些常用工具按钮 。默认情况下有"保存" 、"撤消" 和"恢复" 三个工具按钮，用户可以单击快速访问工具栏右侧的下拉按钮 ，来自定义快速访问工具栏。

　　通过单击"文件"按钮，可以进行与文件有关的操作。"文件"按钮分3个区域，左侧区域为命令选项区（图4-3），在这个区域选择某个命令后，右侧区域将显示其下级命令按钮或操作选项。右侧区还可以显示与文档有关的信息，如文档属性、打印预览等。

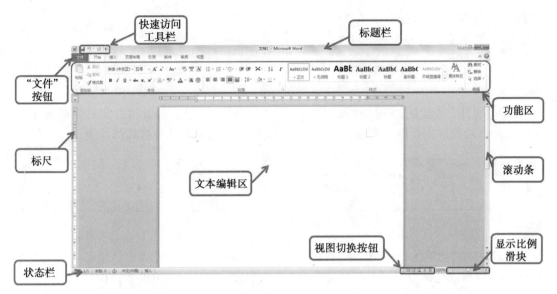

图 4-2　Word 2010 的工作界面

3. 功能区　Word 2010 采用了让用户直观、方便地操作的功能区用户界面模式。有"开始""插入""页面布局""引用""邮件""审阅"和"视图"等 7 个选项卡，单击这些选项卡会切换到对应的功能区面板。

（1）"开始"功能区：包括剪贴板、字体、段落、样式和编辑等 5 个组（图 4-4）。该功能区主要用于 Word 2010 文档的文字编辑和文字、段落的格式设置，是用户最常用的功能区。

（2）"插入"功能区：包括页、表格、插图、链接、页眉和页脚、文本和符号等 7 个组（图 4-5），该功能区主要用于在 Word 2010 文档中插入各种元素。

（3）"页面布局"功能区：包括主题、页面设置、稿纸、页面背景、段落和排列等 6 个组（图 4-6），该功能区主要用于设置 Word 2010 文档的页面外观。

图 4-3　"文件"按钮对应的命令选项

图 4-4　"开始"功能区

图 4-5　"插入"功能区

93

图4-6 "页面布局"功能区

（4）"引用"功能区：包括目录、脚注、引文与书目、题注、索引和引文目录等6个组（图4-7），该功能区主要用于实现在 Word 2010 文档插入目录等比较高级的功能。

图4-7 "引用"功能区

（5）"邮件"功能区：包括创建、开始邮件合并、编写和插入域、预览结果和完成等5个组（图4-8），该功能区专门用于在 Word 2010 文档中进行邮件合并方面的操作。

图4-8 "邮件"功能区

（6）"审阅"功能区：包括校对、语言、中文简繁转换、批注、修订、更改、比较和保护等8个组（图4-9），该功能区主要用于对 Word2010 文档进行校对和修订等操作，特别适用于多人协作处理的 Word 2010 长文档。

图4-9 "审阅"功能区

（7）视图功能区：包括文档视图、显示、显示比例、窗口和宏5个组（图4-10），该功能区主要用于设置 Word 2010 文档的视图方式，方便用户操作。

图4-10 "视图"功能区

4. 标尺　标尺可以用来设置或查看段落缩进、制表位、页面边界和栏宽等信息；勾选视图功能区的标尺复选框，可以调出标尺工具。

5. 文档编辑区　对文档进行输入、编辑、排版的工作区域，该区域中闪烁的短竖线称插入点。

6. 滚动条　位于文档编辑区的右侧和下方，水平滚动条可以调节文档的水平位置，竖直滚动条可以调节文档的上下位置。

7. 状态栏　页面:1/1 字数:0 中文(中国) 插入　状态栏左侧显示当前文档的页数/总页数、

字数和当前输入语言及输入状态等信息。

8. 视图切换按钮 用于切换文档视图方式。有页面视图、阅读版式视图、Web 版式视图、大纲视图和草稿视图。

（1）页面视图：是最常用的一种视图，其显示效果与打印结果相同。在该视图下，用户可以看到页眉、页脚、图形对象、分栏设置和页边距等元素。

（2）阅读版式视图：该视图把"文件"按钮、功能区等窗口元素隐藏起来，用户阅读文档就像在翻阅图书。用户还可以单击"工具"按钮选择各种阅读工具。

（3）Web 版式视图：以网页的形式显示文档，可预览当前文档在浏览器中的显示效果。该视图适用于发送电子邮件和创建网页。

（4）大纲视图：主要用于设置 Word 2010 文档的设置和显示标题的层级结构，仅显示标题和正文，可以方便地折叠和展开各种层级的文档。在该视图中，可以通过拖动标题来移动、复制和重新组织文本。

（5）草稿视图：该视图取消了页面边距、分栏、页眉、页脚和图片等元素，仅显示标题和正文，是最节省计算机系统硬件资源的视图方式。

9. 显示比例滑块 用于调整编辑区的显示比例。

三、创建和保存 Word 文档

（一）创建 Word 空白文档

启动 Word 2010 后，系统会自动建立一个名为"文档 1"的空白文档。如果要再次创建新文档通常可以用下面两种方法。

1. 选择"文件"→"新建"命令，在弹出的"可用模板"栏选择"空白文档"，然后单击"创建"按钮（图 4-11）。

图 4-11　新建文档

2．使用键盘组合键［Ctrl+N］创建。

知识拓展

　　Word 2010 提供多种样式的模板以满足不同用户要创建多样的文档需求。利用 Office.com 模板栏可以获得更多实用的 Word 文档模板。

（二）保存 Word 文档

1．单击"文件"→"保存"。

2．单击快速访问工具栏上的［保存］按钮。

3．使用键盘组合键［Ctrl+S］。

　　如果要保存的是一个新文档，Word 2010 将打开一个"另存为"对话框，用户可以设置文档要保存的位置，并指定保存的文件名和文件类型。Word 2010 默认的保存类型是 Word 文档，扩展名为".docx"。

　　如果要保存的是一个刚修改过的已有文档，Word 2010 将按文档的原来位置和原有文件名保存，不会打开"另存为"对话框。

　　如果要把文档换一个文件名保存或要存到另一个位置，可以单击"文件"→"另存为"，在"另存为"对话框中设置文档要保存的位置和文件名。执行了另存为命令后，原文档保存在原位置，内容不变。

四、打开文档

　　打开查阅或修改 Word 2010 文档，可以用下面的几种方法。

　　1．启动 Word 2010 后，选择"文件"按钮中的"打开"命令，在弹出的"打开"对话框中，选择要打开的文档，然后单击"打开"按钮。

　　2．启动 Word 2010 后，选择"文件"按钮中的"最近所用文件"，系统默认显示最近使用过的 25 个文档，单击所需文档即可打开该文档。

　　3．在资源管理器中双击已保存的 Word 2010 文档。

五、输入文字和选定文本

（一）输入文字

　　1．插入点的定位　　在 Word 2010 窗口的文档编辑区有一闪烁的黑色竖线"|"，被称为插入点，它表示录入的字符将要出现的位置。插入点的定位可以用鼠标或键盘实现。

　　（1）用鼠标定位插入点：在已有的文档中单击鼠标，插入点将定位在鼠标单击的位置；在文档空白处双击鼠标，插入点定位在鼠标双击处。

　　（2）用键盘定位插入点：用键盘的编辑控制区可以实现插入点的定位。

　　录入字符时，插入点会自动向右移动，到达一行的最右端时，Word 2010 会自动将插入点移动到下一行。只有在一个段落结束想要开始一个新段落时才按 Enter 键，按 Enter 键会产生一个段落标记。

　　2．设置项目符号和编号　　在编辑文档时，有时需要使用项目符号及编号使文档更有层次感。给文档添加项目符号或编号通常有下面两种方法：

　　（1）选中要添加项目符号或编号的文本，单击"开始"选项卡段落组中的项目符号按钮或编号按钮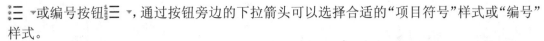，通过按钮旁边的下拉箭头可以选择合适的"项目符号"样式或"编号"样式。

（2）选中要添加项目符号或编号的文本，单击鼠标右键，在弹出的快捷菜单中选择合适的"项目符号"样式或"编号"样式。

知识拓展

在 Word 2010 输入字符时，有插入和改写两种输入状态，通过单击状态栏上的"插入 / 改写"按钮或按键盘上的 <Insert> 键可以切换这两种不同的输入状态。

（二）选定文本

在对文本进行编辑或排版前，要先选定文本。

1. 用鼠标选定文本的常用方法

（1）选定任意大小文本区：把鼠标指针移到要选定文本区的左侧，按住鼠标左键拖动鼠标到所选文本区的最后一个字符，鼠标指针扫过的文本区就被选定。或者单击要选定文本区的开始处，然后按住 Shift 键，把鼠标移动到待选文本区的末尾，单击鼠标。

（2）选定整行文本：把鼠标移到文本左侧的文本选定区，鼠标指针变成一个倾斜 45° 指向右侧的箭头，单击鼠标选定鼠标指向的一行文本，双击鼠标选定鼠标指向的一段文本，三击鼠标则选定整篇文档。

（3）选定矩形文本区：按住 Alt，然后按着鼠标拖动至待选区的右下角。

（4）选定不连续的文本：先选定一处文本，然后按住 Ctrl 拖动鼠标选定其他待选文本。

（5）鼠标放在文本区：双击鼠标选定鼠标所指的一个词，三击鼠标选定鼠标所在的一段文本。

2. 用键盘选定文本

（1）Shift+Home 选定从插入点到它所在行的行首。

（2）Shift+End 选定从插入点到它所在行的行尾。

（3）Ctrl+ Shift+Home 选定从插入点到文档首。

（4）Ctrl+ Shift+End 选定从插入点到文档尾。

（5）Ctrl+ A 选定整篇文档。

六、移动文本和复制文本

（一）移动文本

在 Word 2010 中，可以把文档中的某些内容移动到文档的另一位置，通常有下面的操作方法：

1. 使用剪贴板移动文本

（1）选定要移动的文本。

（2）单击"开始"选项卡"剪贴板"选项组中的"剪切"按钮，或在选中的文本上右击鼠标，选择"剪切"命令。

（3）将插入点定位到目标位置。

（4）单击"开始"选项卡"剪贴板"选项组中的"粘贴"按钮，或右击鼠标，选择"粘贴"选项。

2．使用键盘组合键移动文本

（1）选定要移动的文本。

（2）按键盘的 Ctrl+X 组合键。

（3）将插入点定位到目标位置。

（4）按键盘的 Ctrl+V 组合键。

3．用鼠标拖动的方法移动文本

（1）选定要移动的文本。

（2）在选定的文本上拖动鼠标至目标位置后释放鼠标。

（二）复制文本

在 Word 2010 中，复制文本与移动文本的方法类似，通常有下面的操作方法：

1．使用剪贴板复制文本

（1）选定要复制的文本。

（2）单击"开始"选项卡"剪贴板"选项组中的"复制"按钮，或在选中的文本上右击鼠标，选择"复制"命令。

（3）将插入点定位到文本目标位置。

（4）单击"开始"选项卡"剪贴板"选项组中的"粘贴"按钮，或右击鼠标，选择"粘贴"选项。

2．使用键盘组合键复制文本

（1）选定要复制的文本。

（2）按键盘的 Ctrl+C 组合键。

（3）将插入点定位到目标位置。

（4）按键盘的 Ctrl+V 组合键。

3．用鼠标拖动的方法复制文本

（1）选定要复制的文本。

（2）按住键盘的 Ctrl 键，然后在选定的文本上拖动鼠标至目标位置后释放鼠标。

七、删除文本

选定要删除的文本，然后按键盘的 Del 键或 Backspace 键。

如果只是要删除个别字符，可以把插入点移到要删除字符处，按 Del 键，将删除插入点右侧的字符；按 Backspace 键，将删除插入点左侧的字符。

八、查找与替换文本

（一）查找文本

案例

什么是艾滋病

艾滋病是"获得性免疫缺陷综合征"英文缩写 AIDS 的译音，是由艾滋病毒引起的一种严重的致死性传染病，可防可控，不可治愈。感染艾滋病病毒后最短可在 1 年内发病，发病后一般会在半年到两年内死亡。

请问：想要查找上面文档中的"艾滋病"一词，应该怎么操作？

　　编辑文档时，要查看或搜索文档中特殊的字符，可以利用查找功能轻松实现。查找文本通常有下面的操作方法。

　　1. 常规查找　　单击"开始"选项卡，选择"开始"功能区"编辑"组中的"查找"按钮 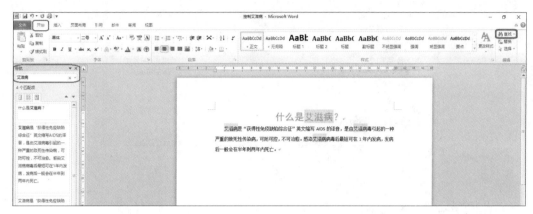 ，在弹出的"导航"窗格中的"搜索文档"框输入要查找的内容，系统将自动在文档中查找，并把查找到的内容以突出显示形式显示（图4-12）。

图 4-12　查找文本

　　2. 高级查找　　在插入点定位到要开始查找的位置，单击"开始"选项卡，选择"开始"功能区"编辑"组中"查找"按钮 右侧的下拉按钮，在下拉列表中选择"高级查找"，弹出的"查找和替换"对话框中单击"更多"按钮（图4-13），可以设置搜索选项（图4-14）：

　　"搜索"：通过下拉列表可以设置搜索范围为"向下""向上"和"全部"。

　　"区分大小写"：针对英文单词的查找。

　　"全字匹配"：针对英文单词的查找，只找作为整体出现的单词。

　　"使用通配符"：勾选该复选框，"*"和"?"作为通配符使用，否则，"*"和"?"作为星号和问号使用。

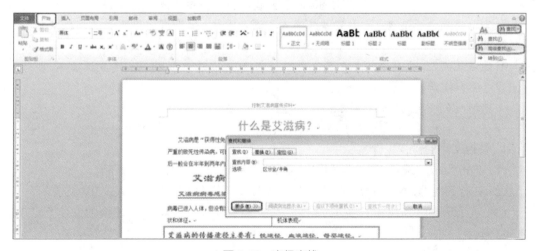

图 4-13　高级查找

图 4-14 设置搜索选项

"同音"（英文）：输入要查找的单词以后，Word 2010 会查找该单词及与该单词有相同发音的单词。

"查找单词的所有形式"（英文）：输入要查找的单词后，Word 2010 会查找该单词的所有形式。

"区分全角/半角"：勾选该复选框，查找时将区分全角或半角的英文字符和数字。

"格式"按钮：设置要查找或替换的文字的格式。

（二）替换文本

替换文本可以把文档中的某些文字替换成另一些文字，或者可以把文档中的文字的格式替换成另一种格式。

 案例

艾滋病病毒的感染者和艾滋病病人

艾滋病病毒感染者：是指艾滋病病毒已进入人体，但没有出现明显的临床症状和体征。

艾滋病病人：艾滋病病毒在人体内不断繁殖，感染者的抗病能力逐渐被破坏，机体表现一系列疾病症状。

请问：如何快速地把上面文本的"艾滋病"替换为 AIDS？

1. 替换文字的操作步骤

（1）单击"开始"选项卡，选择"开始"功能区"编辑"组中的"替换"按钮。

（2）在打开的"查找和替换"对话框中的"查找内容"框内输入要搜索文字"艾滋病"。

（3）在打开的"查找和替换"对话框中的"替换为"框内输入要替换的文字"ADIS"（图 4-15）。

（4）根据需要选择"替换"、"全部替换"或"查找下一处"按钮。

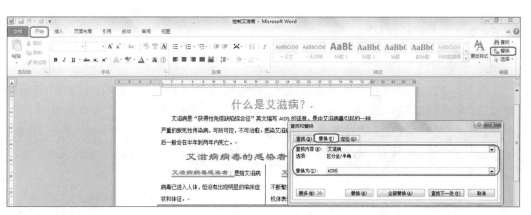

图 4-15　替换文字

 案例

什么是艾滋病

　　艾滋病是"获得性免疫缺陷综合征"英文缩写 AIDS 的译音，是由艾滋病毒引起的一种严重的致死性传染病，可防可控，不可治愈。感染艾滋病病毒后最短可在 1 年内发病，发病后一般会在半年到两年内死亡。

　　请问：如何把上面文本多处出现的"艾滋病"快速替换为红色、黑体、三号字？

2. 替换文字的格式的操作步骤

（1）单击"开始"选项卡，选择"开始"功能区"编辑"组中的"替换"按钮。

（2）在打开的"查找和替换"对话框中的"查找内容"框内输入要搜索的文字"艾滋病"。

（3）在打开的"查找和替换"对话框中的"替换为"框内输入要替换的文字"艾滋病"。

（4）单击"查找和替换"对话框的"格式"按钮（图 4-16），设置要替换的格式。

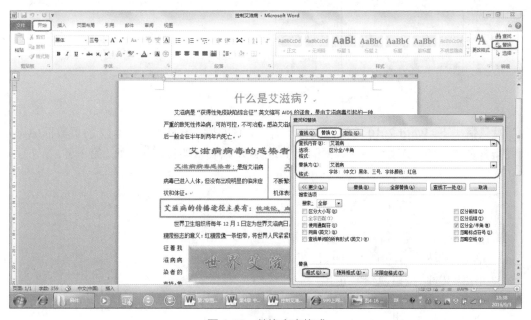

图 4-16　替换文字格式

（5）根据需要选择"替换""全部替换"或"查找下一处"按钮。

 知识拓展

　　在 Word 2010 中有时编辑超长文档时，要达到文档指定页，单击 Word 2010"开始"功能区"编辑"组"查找"按钮的下拉箭头，选择"转到"命令可以打开"查找和替换"对话框，通过"定位"选项卡的设置可以快速把插入点定位到指定位置。利用"开始"功能区"编辑"组"替换"按钮，也可以打开"查找和替换"对话框，实现插入点快速定位。

九、打印文档

　　在 Word 2010 中要打印文档，可以单击"文件"按钮，选择"打印"命令，在弹出的打印窗口（图 4-17）右侧区域可以预览文档的打印效果，打印窗口的中间区域可以设置打印份数、查看或设置打印机属性和设置打印范围等。

图 4-17　打印文档

　　默认情况下，Word 2010 将打印文档所有页，如果是长文档，在图 4-17 的页数框中可以设置指定页的打印。例如，在页数框输入 1, 3, 7-9，则表示要打印第 1 页、第 3 页、第 7 页至第 9 页。

十、Word 2010 的退出

退出 Word 2010 通常有下面几种方法：
1. 单击标题栏右上角的"关闭"按钮。
2. 单击"文件"按钮，选择"退出"命令。
3. 单击标题栏左上角的控制按钮，选择"关闭"命令。
4. 按 Alt+F4 组合键。

第二节 Word 2010 的排版技术

案例

艾滋病的传播途径有哪些

1. 性接触传播　包括同性及异性之间的性接触。

2. 血液传播　①输入被艾滋病病毒污染的血液或血液制品；②使用了被血液污染而又未经严格消毒的医疗器械或生活用具（如与感染者共用牙刷、剃刀）。救护流血的伤员时，救护者本身破损的皮肤接触伤员的血液。

3. 母婴传播　感染了 HIV 的母亲通过胎盘，或分娩时通过产道将 HIV 传染给了胎儿或婴儿。也可通过哺乳传染。

请问：1. 通过什么方法可以使上面的短文可以像图 4-18 一样醒目？

2. 如何调整短文行间距？

3. 如何使短文的标题居中放置？

4. 怎样设置页面布局？

文本录入和编辑后，还应该经过排版，才能使文档层次分明、重点突出、美观大方和便于阅读。Word 2010 文档的排版包括设置字符格式、段落格式和页面布局等。

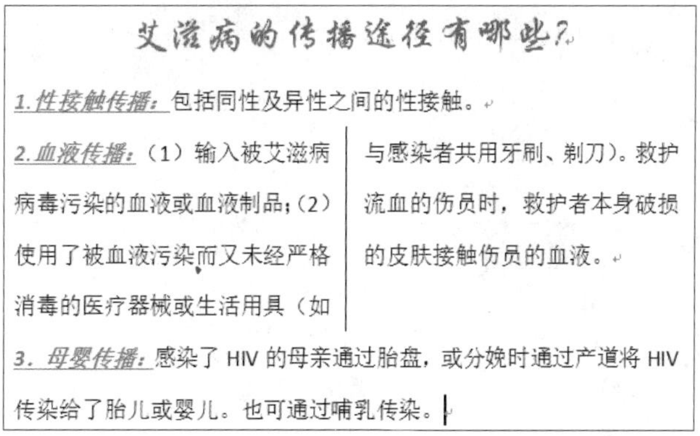

艾滋病的传播途径有哪些?

1.性接触传播：包括同性及异性之间的性接触。

2.血液传播：（1）输入被艾滋病病毒污染的血液或血液制品；（2）使用了被血液污染而又未经严格消毒的医疗器械或生活用具（如与感染者共用牙刷、剃刀）。救护流血的伤员时，救护者本身破损的皮肤接触伤员的血液。

3. 母婴传播：感染了 HIV 的母亲通过胎盘，或分娩时通过产道将 HIV 传染给了胎儿或婴儿。也可通过哺乳传染。

图 4-18　文字排版

一、文字格式的设置

文字格式的设置就是设置文字的外观，包括设置字体、字号、字形、字体颜色，下划线、字间距和各种特殊效果等。

1. 利用“开始”选项卡的“字体”组命令按钮设置文字格式　选择要设置文字格式的文本，单击“开始”选项卡的“字体”组的命令按钮，可以把选定的文本设置为相应的格式。

2. 利用“字体”对话框设置文字格式　选择要设置文字格式的文本，单击“开始”选项卡的“字体”组中的“对话框启动器”按钮（图 4-19），打开“字体”对话框（图 4-20）。或右击选择的文本，在弹出的快捷菜单中选择“字体”命令，打开“字体”对话框，在字体对话框中可以设置字体的格式。

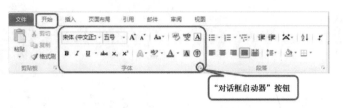

图 4-19 "对话框启动器"按钮

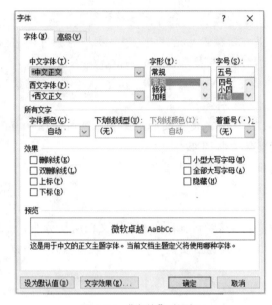

图 4-20 "字体"对话框

表 4-1 字体的效果（部分）

设置	效果
宋体、五号	携手遏制艾滋，共建和谐社会。
黑体、小四号、红色	携手遏制艾滋，共建和谐社会。
宋体、五号、加粗、底纹	携手遏制艾滋，共建和谐社会。
隶书、五号、倾斜、下划线、浅蓝色	携手遏制艾滋，共建和谐社会。
楷体、三号、字符边框	携手遏制艾滋，共建和谐社会。
上标	X^2
下标	H_2O

二、段落格式的设置

段落格式设置是指设置段落的外观，包括段落对齐、段落缩进、段前/段后间距和行间距等的设置。

1. 段落对齐　文档的段落对齐有左对齐、居中、右对齐、两端对齐和分散对齐等，默认段落对齐格式是两端对齐。

设置段落对齐要先选中段落（如果只有一个段落需要设置对齐，可以把光标放在要设置对齐的段落内），使用"开始"选项卡中"段落"组的 ▤▤▤▤▤ 按钮或使用"段落"组右下角的"对话框启动器"按钮 ▫ ，在"段落"对话框中设置对齐方式。

2．段落缩进　文档的段落缩进有左侧缩进、右侧缩进、首行缩进和悬挂缩进等。

（1）左侧缩进：设置段落左侧文字与左边界的距离。

（2）右侧缩进：设置段落右侧文字与右边界的距离。

（3）首行缩进：设置段落第一行第一个字与左边界的距离。

（4）悬挂缩进：设置段落第一行以外的其他行与左边界的距离。

设置段落缩进要先选中要改变缩进的段落（如果只有一个段落需要设置缩进，可以把光标放在要设置缩进的段落内），然后将水平标尺上的缩进标记（图4-21）拖动到合适位置。

图4-21　水平标尺的缩进标记

使用"开始"选项卡"段落"组右下角的"对话框启动器"按钮 ▫ ，在"段落"对话框中也可以设置缩进。

"开始"选项卡中"段落"组的"减少缩进量"按钮 ▤ 可以减少段落的缩进量，"增加缩进量"按钮 ▤ 可以增加段落的缩进量。

3．间距　使用"开始"选项卡中"段落"组的"行和段落间距"按钮 ▤ ，可以设置行与行之间的距离，还可以自定义段前和段后的间距。通过"开始"选项卡"段落"组右下角的"对话框启动器"按钮 ▫ ，在"段落"对话框中可以进行对齐方式、缩进、间距等设置（图4-22）。

图4-22　"段落"对话框

知识拓展

　　Word 中的格式刷是一个很好的复制格式的工具,格式刷可以将我们选定的设置好的文字格式或段落格式复制到另外的文字或段落上,使它们具有相同的格式。

三、页面设置

　　页面设置主要设置页边距、纸张方向和纸张大小等。限制纸张可用的文本区域。

　　Word 2010 默认的页面格式是:文字方向为水平;纸张方向为纵向;纸张大小为 A4;分栏为一栏。

　　1. 设置页边距　页边距是文本到纸张边缘的距离,Word 2010 默认的上、下页边距为 2.54 厘米、左右页边距为 3.18 厘米。

　　设置页边距的方法通常有三种:

　　(1)单击"页面布局"选项卡"页面设置"组的"页边距"按钮,有"普通""窄""适中""宽""镜像"和"自定义边距"等边距模式,用户可以单击相应的命令进行设置。

　　(2)单击"页面布局"选项卡"页面设置"组右下角的"对话框启动器"按钮，在"页面设置"对话框中进行设置。

　　(3)利用标尺设置页边距。Word 2010 的标尺分灰—白—灰三段,把鼠标移到标尺灰白交接的位置(图 4-23),鼠标指针变为双向箭头时,按下鼠标左键拖动鼠标可以设置上、下、左、右页边距。

图 4-23　用标尺设置页边距

　　2. 设置纸张方向　单击"页面布局"选项卡"页面设置"组的"纸张方向"按钮,可以把纸张设置为纵向或横向放置。

　　3. 设置纸张大小　单击"页面布局"选项卡"页面设置"组的"纸张大小"按钮,可以在下拉列表中选择想要的纸张大小。如果选择"其他页面大小"选项,将弹出"页面设置"对话框,可以输入想要的纸张的"宽度"和"高度",自定义纸张大小。

四、分栏设置

　　Word 2010 默认的文档排版是一栏,分栏是把文本分成两栏或多栏。选择要分栏的文本,单击"页面布局"选项卡,利用"页面设置"组中的"分栏"按钮，通过下拉列表设置分"一栏""两栏""三栏""偏左"和"偏右";如果要更多的分栏格式,可以选择下拉列表中的"更多分栏",在弹出的分栏对话框(图 4-24)中进行分栏设置。

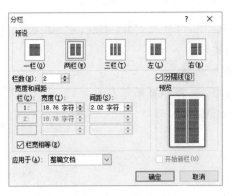

图 4-24 "分栏"对话框

第三节 图 文 混 排

健康知识宣传是医疗卫生系统的一项长期不间断的宣传工作,为了达到更好的宣传效果,我们要进一步美化宣传海报(图 4-25)。

图 4-25 排版效果(一)

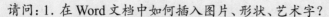

请问：1. 在 Word 文档中如何插入图片、形状、艺术字？

2. 如何进行图文混排？

3. 如何插入文本框？

4. 如何添加页眉、页脚和页码呢？

5. 怎样使用 SmartArt 图形？

一、图片

（一）插入图片

1. 插入计算机中的图片　单击"插入"选项卡"插图"组中的"图片"命令，在弹出的"插入图片"对话框中选择需要的图片，单击右下角的"插入"按钮（图 4-26）。

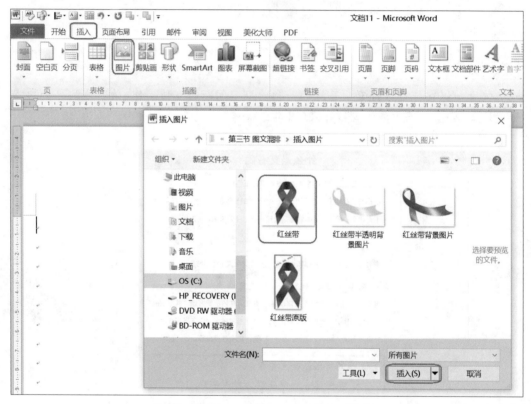

图 4-26　"插入图片"对话框

2. 插入剪贴画　单击"插入"选项卡"插图"组中的"剪贴画"命令，在右侧"搜索栏"中输入相关的关键字，如：红丝带，单击右侧"搜索"按钮，在下方的列表中单击所需的图片（图 4-27）。

知识拓展

如果需要插入来自网络的图片，可以在网页中右键单击所需的图片，在弹出的快捷菜单中单击"复制图片"命令，回到 Word 文档中在需要插入图片的位置进行粘贴。

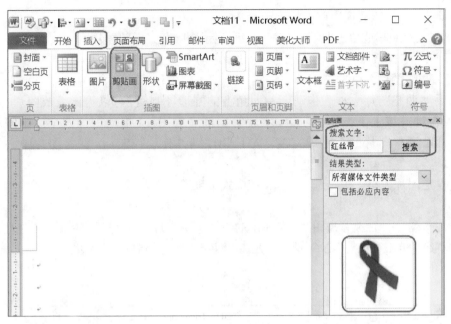

图 4-27　插入剪贴画

（二）删除图片多余部分

如果图片上有多余的字迹标志，可利用 Word 2010 图片工具中的"删除背景"功能进行去除。具体操作如下：

（1）选定图片。

（2）单击格式选项卡中的"删除背景"命令。

（3）拖动控制柄设定所保留的范围（图 4-28）。

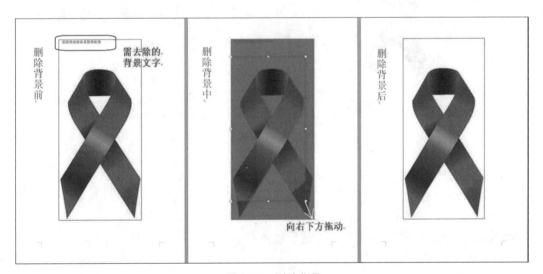

图 4-28　删除背景

（4）单击"标记要保留的区域"命令按钮，在需要保留的区域单击或拖动鼠标；单击"标记要删除的区域"命令按钮，在需要删除的区域单击或拖动鼠标；多余的标记可以通过单击

"删除标记"命令按钮后依次单击将其删除。

（5）完成后回车或单击"保留更改"命令，显示删除背景后的图片。

如删除背景的效果不满意可以在做第5步之前重复上面的第2到4步。

（三）调整图片大小

1．手动调整图片大小　拖动图片四角上的圆形控制柄，可以等比缩放图片；也可以按下 Shift 键并按上下光标控制键，实现等比例缩放图片；拖动图片四个边中间的方形控制柄可以调整图片的长度或宽度；按下 Ctrl 键并拖动控制柄，保持图片中心不变缩放图片。

2．设定图片大小　单击选定图片，在格式选项卡最右侧"大小"一组中，设定准确的高度和宽度。

3．裁剪图片　右键单击图片，在弹出的快捷菜单中选择"裁剪"命令╬，或在格式选项卡"大小"组中单击"裁剪"命令◱，拖动图片四周的黑色控制柄，保留图片所需部分，完成后回车（图4-29）。

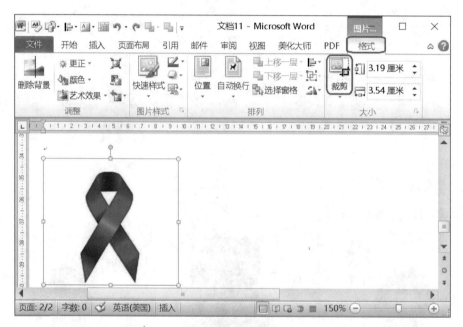

图4-29　裁剪图片

（四）调整图片位置

1．设置图片位置　选定图片，在"页面布局"选项卡"排列"组中单击"位置"，选择"嵌入文本行中"，图片将随着文本的增减改变位置。如设定"文字环绕"，图片将出现相应的文字环绕效果（图4-30），以方便用户快速定位图片在页面中的九个常用位置。

2．手动调整图片位置　单击选定图片后，指向图片拖动可以实现手动调整图片的位置，也可以使用光标控制键可以进行上、下、左、右四个方向的细微调整。

（五）设置图片背景为透明色

选定图片，单击"格式"选项卡"调整"组中的"颜色"命令，在弹出的菜单中，单击"设置透明色"命令后单击图片背景区域（图4-31）。

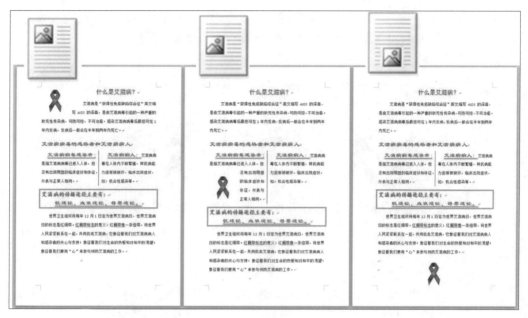

图 4-30　文字环绕

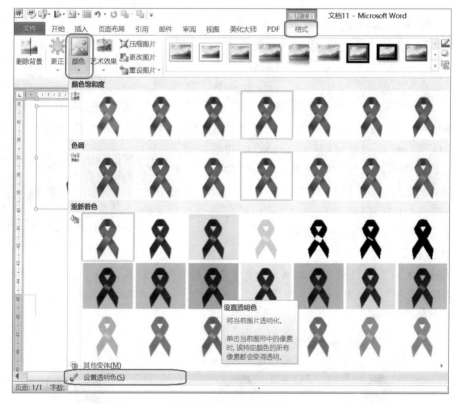

图 4-31　设置透明色

（六）调整图片与文字环绕

准确设定图片与周围文字的关系需使用图片工具"格式"选项卡中的"自动换行"功能。将图片复制后粘贴三次，并参照图 4-32 调整图片位置，依次选定并设置"自动换行"为：

①"四周型环绕";②"紧密型环绕";③"穿越型环绕";④"上下型环绕"。注意,直接设定"穿越型环绕",图片效果与"紧密型环绕"相同,要制作(图 4-32)效果,请参考下文编辑环绕顶点。

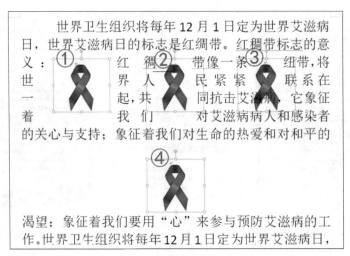

世界卫生组织将每年 12 月 1 日定为世界艾滋病日,世界艾滋病日的标志是红绸带。红绸带标志的意义:① 红 绸 ② 带像一条 ③ 纽带,将世界人 民 紧紧 联系在一起,共 同抗击艾滋病,它象征着 我 们 对艾滋病病人和感染者的关心与支持;象征着我们对生命的热爱和对和平的

④

渴望;象征着我们要用"心"来参与预防艾滋病的工作。世界卫生组织将每年 12 月 1 日定为世界艾滋病日,

图 4-32　自动换行

(七) 编辑环绕顶点

1. 查看图片"环绕顶点"　选定第一张图片,单击"格式"选项卡"排列"组中"自动换行"命令,在弹出的列表中单击"编辑环绕顶点"命令,可以看到图片环绕顶点的位置。用同样的方法可以看到其他图片的环绕顶点的位置是不同的。

选定第一张图片,单击"调整"组中的"重设图片"命令,放弃对图片做的所有格式更改,包括放弃设置透明色操作。再单击"排列"组中"自动换行"命令,在弹出的列表中单击"编辑环绕顶点"命令,可以看到图片环绕顶点的初始位置。

2. 编辑环绕顶点　选定第三张设定为"紧密型环绕"的图片,单击"格式"选项卡"排列"组中"自动换行"命令,在弹出的列表中单击"编辑环绕顶点"命令,使用鼠标拖动环绕顶点(图 4-33),注意观察文字环绕效果的变化。

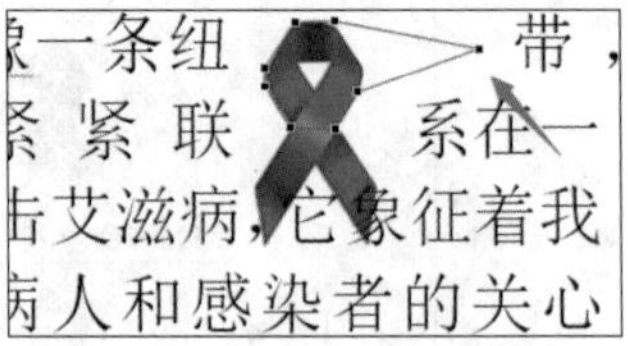

一条纽　带,紧紧联　系在一击艾滋病,它象征着我病人和感染者的关心

图 4-33　编辑环绕顶点

(八) 旋转图片

拖动图片上方的绿色圆形控制柄,实现图片任意角度的旋转。按下 Shift 键的同时拖动旋转控制柄,或按下 Alt 键的同时使用光标控制键向左或向右,均可实现图片 15° 的整数倍旋转(图 4-34)。

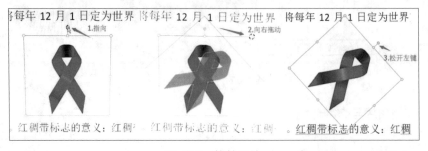

图 4-34　旋转图片

二、形状

Word 不仅可以插入图片并进行编辑，也可以利用"形状"命令自己绘制图形，下面利用"形状"绘制医院标志。

（一）插入形状

单击"插入"选项卡"插图"组"形状"命令，在列表中选择矩形中的第二个：圆角矩形，鼠标呈十字形精确选择指针，在 Word 编辑区按下 Shift 键的同时拖动鼠标绘制圆角矩形。

为了在下面操作时有参照物，需绘制辅助正方形。方法：按下 Shift 键画一个正方形，大小要小于圆角矩形的四分之一，拖动小正方形到圆角矩形的右上角位置（图 4-35）。

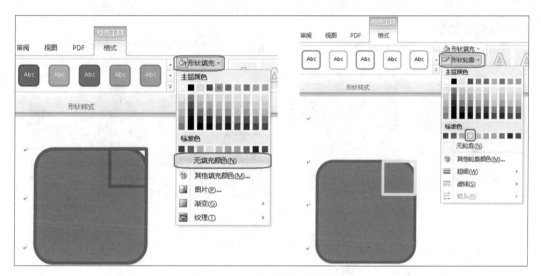

图 4-35　设置形状背景和边框

（二）设置图形背景与边框

选定正方形，单击"格式"选项卡"形状样式"组"形状填充"列表中的"无填充颜色"，设置"形状轮廓"为"黄色"（图 4-35）。

（三）编辑顶点

以下把绘出的圆角矩形称为"花瓣"。右键单击花瓣在弹出的菜单中选择"编辑顶点"命令，在右上角两个顶点中间的边框上右键单击，在弹出的快捷菜单中单击"添加顶点"，拖动新添加的顶点到辅助正方形的左下角（图 4-36）。

顶点的两端出现带有控制柄的方向线，拖动方向线上的控制柄可调整线条弯曲的方向与弯曲度。将（图 4-36）左图两个白色控制柄拖动到中间的黑色顶点上。将花瓣右边框最上面的顶点单击选定，拖动到辅助正方形的右下角，并将上面的白色控制柄拖至小正方形中央（图 4-36）右图。同样的方法，单击选定花瓣上边框最右边的顶点，拖动到辅助正方形的左上角，并将其右侧的白色控制柄拖动到小正方形中央位置，一片花瓣绘制完成。

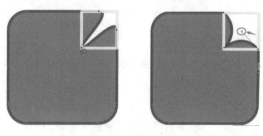

图 4-36　编辑顶点

知识拓展

如编辑顶点时形状较小不易选中顶点,可以按 Ctrl 键的同时,向上推动鼠标滚轮来放大显示工作区。完成细节编辑后,按 Ctrl 键的同时将鼠标滚轮向下滚动可以缩小显示工作区。

(四)层叠形状

为方便观察,设置辅助正方形形状样式为"细微效果 - 蓝色",右键单击正方形,在弹出的菜单中单击"置于底层",向左下方拖动辅助正方形左下角的控制柄,使其大小略大于四个花瓣。将花瓣拖动到正方形的右上角(图 4-37)第一步。

(五)复制形状

单击选定花瓣,按下 Ctrl 键的同时向左拖动形状,实现对形状的复制(图 4-37)第二步。

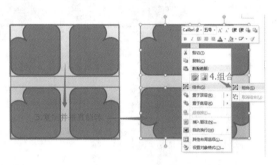

图 4-37 层叠、复制、翻转、组合形状

 知识拓展

按下 Shift+Ctrl 键的同时向左或右拖动形状,可以实现形状水平方向的复制。按下 Shift+Ctrl 键的同时向上或下拖动形状,可以实现形状垂直方向的复制。只按下 Shift 键向左右或上下拖动形状,可以实现形状水平或垂直方向的移动。

(六)移动翻转形状

单击选定左侧的花瓣,单击图片工具"格式"选项卡"排列"组中的"旋转"命令,在列表中单击"水平翻转"命令。

使用以上方法将上面的两片花瓣复制到下方并进行翻转(图 4-37)第三步。

 知识拓展

当有多个对象进行层叠时,置于底层的图片不易选定,可利用"选择窗格"进行操作(图 4-38)。

- 打开"选择窗格" 单击"格式"选项卡"排列"组"选择窗格",在右侧出现选择窗格。
- 为图片命名 在"选择窗格"单击选定图片,再次单击图片名称可以进行重命名操作。

- 同时选定多个图片　按下 Ctrl 键的同时依次单击多个图片可将其选定，如取消某个已选定图片可在按 Ctrl 键的同时再次单击选定图片。
- 显示或隐藏图片　默认情况下，图片是显示的，单击图片右侧的"小眼睛"可以将图片显示或隐藏。

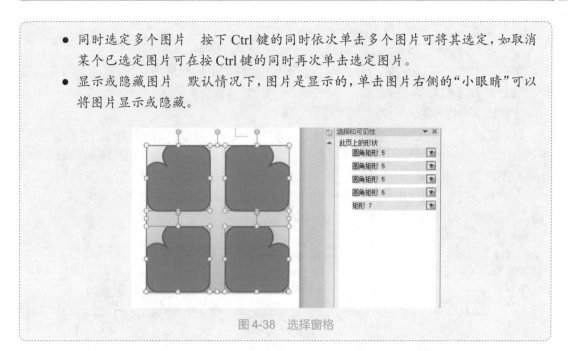

图 4-38　选择窗格

（七）组合与拆分

按下 Shift 键依次单击四个花瓣将其同时选定，指向已选定对象右键单击，在弹出的快捷菜单中单击"组合"子菜单中的"组合"命令，使四个花瓣形成一体（图 4-37）。设置花瓣的形状填充为"红色"，形状轮廓为"无轮廓"。

组合后的形状可以进行整体缩放，也可以在选定后单击某一部分进行个别编辑修改，也可以右键单击在快捷菜单中选择"取消组合"后进行编辑。

选定组合后的花瓣，单击"格式"选项卡"排列"组中的"旋转"命令，在列表中单击"其他旋转选项"，在弹出的"布局"对话框中设定旋转角度为 45°（图 4-39）。

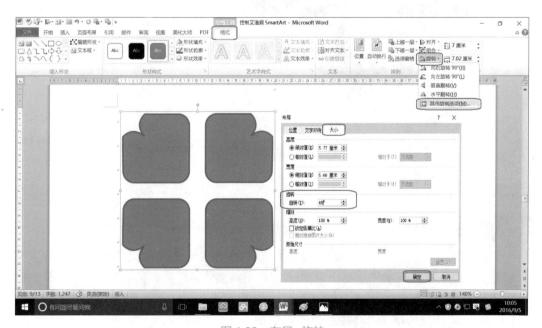

图 4-39　布局 - 旋转

单击选定辅助正方形，按 Delete 键将其删除。

（八）对齐形状

当多个形状需要对齐时，可以手动调整形状位置，但要达到精确对齐，需要同时选定多个形状后单击绘图工具"格式"选项卡"排列"组中的"对齐"命令。

下面绘制医院标志中央的十字并进行对齐：

（1）绘制十字形：单击"插入"选项卡"插图"组"形状"命令，在列表中选择"基本形状"中的"十字形"后，按下 Shift 键的同时在花瓣中央绘制十字形，拖动黄色控制柄向右，调整十字粗细，设定"形状填充"为白色，"形状轮廓"为红色（图 4-40）。

（2）中心对齐：选定十字形，按下 Shift 键的同时单击花瓣将二者同时选定，依次单击"格式"选项卡"排列"组中的"对齐"命令中的"左右居中"和"上下居中"。

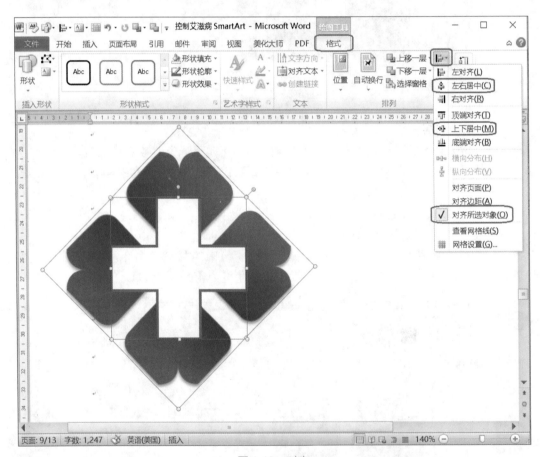

图 4-40　对齐

知识拓展

请注意，在选定多个对象时，对齐方式列表中默认选定的是"对齐所选对象"（图 4-40）。如果图形相对于整个页面进行对齐设置，需先单击其中的"对齐页面"命令，再选择上面的"左对齐"或"左右居中"等对齐方式。相对于页面边距进行对齐设置时要先单击"对齐边距"，再选择对齐方式。

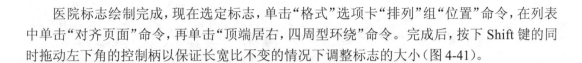

　　医院标志绘制完成，现在选定标志，单击"格式"选项卡"排列"组"位置"命令，在列表中单击"对齐页面"命令，再单击"顶端居右，四周型环绕"命令。完成后，按下 Shift 键的同时拖动左下角的控制柄以保证长宽比不变的情况下调整标志的大小（图 4-41）。

图 4-41　医院标志

　知识拓展

　　在 Word 文字编辑的过程中，有时需要插入数学公式，可以单击"插入"选项卡"符号"组中的"公式"命令，在弹出的内置列表中如没有自己所需公式，可以单击"插入新公式"命令，此时处于公式编辑状态并出现公式工具"设计"选项卡，利用其中的"符号"与"结构"组命令可以实现复杂公式的快速插入。对于不需要的公式，可选定后按 Delete 键进行删除。

三、艺术字

　　为了突出"12 月 1 日是世界艾滋病日"这一信息，在最后一段插入艺术字"12.1 世界艾滋病日"。

　　（一）插入艺术字

　　单击"插入"选项卡"文本"组"艺术字"命令，选择"填充→红色，强调文字颜色 2，暖色粗糙棱台"样式，输入"12.1 世界艾滋病日"。

　　（二）调整艺术字位置

　　选定艺术字，单击"格式"选项卡"排列"组"对齐"命令中的"对齐边距"，再单击"左右居右"命令。

　　（三）修改艺术字效果

　　选定艺术字，单击"艺术字样式"组"文本效果"，设定"映像变体"为"半映像，4pt 偏移量"，设定"棱台"样式为"圆"（图 4-42）。

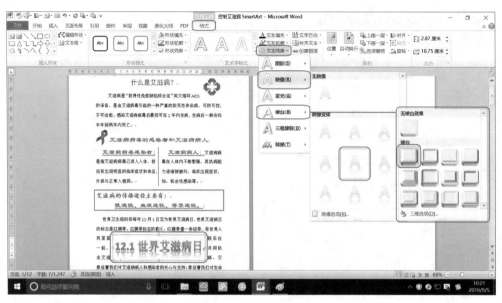

图 4-42　艺术字效果

　　通过不同的途径可以实现不同的排版效果，例如利用 SmartArt 图形可以更为直观形象地说明问题，利用文本框突出重点内容等，从而使排版效果更加具体生动（图 4-43）。

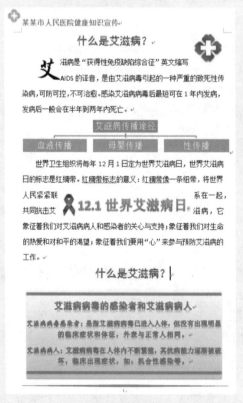

图 4-43　排版效果（二）

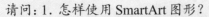

请问：1. 怎样使用 SmartArt 图形？
　　　2. 如何插入文本框？
　　　3. 如何添加页眉、页脚和页码呢？

四、SmartArt 图形

SmartArt 图形是信息的可视化表示形式，可以更为有效、直观地传达信息和观点。根据图形的用途选择适当的图形类型是创建 SmartArt 图形的第一步，如显示连续的流程采用循环类型，创建组织结构图可采用层次结构类型等，下面以最常见的层次结构图为例，创建艾滋病传播途径的 SmartArt 图形替换原来的文本。

（一）插入 SmartArt 图形

单击"插入"选项卡"插图"组"SmartArt"命令，在弹出的"选择 SmartArt 图形"对话框中，选择层次结构类型中的第一个"组织结构图"（图 4-44）。

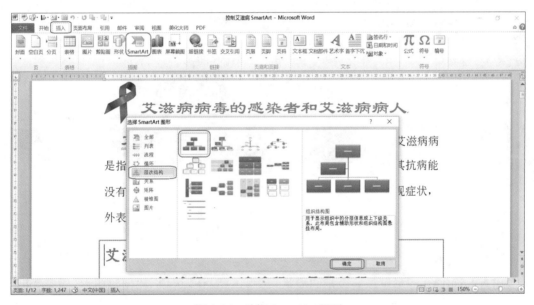

图 4-44　选择 SmartArt 图形

（二）删除多余形状

单击多余形状的边框进行形状选定，按 Del 删除（图 4-45）。

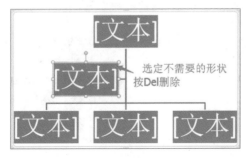

图 4-45　删除图形

119

（三）输入文本

单击形状内部的"文本"，进行文本输入，也可以在旁边的文本窗格内输入，注意文本上下级关系，按 Tab 键下降一个级别，按 Shift+Tab 键提升一个级别。

（四）添加形状

在旁边的文本窗格中按 Enter 键可添加一个同级别的形状，也可以在 SmartArt 工具的"设计"选项卡"创建图形"组中，单击"添加形状"命令（图 4-46）。

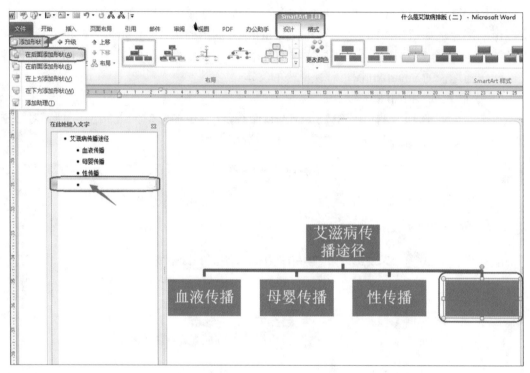

图 4-46　添加形状

（五）修改布局

单击 SmartArt 图形中最高级别的形状，再单击"设计"选项卡"创建图形"组中"布局"命令，可以实现不同的布局（图 4-47）。

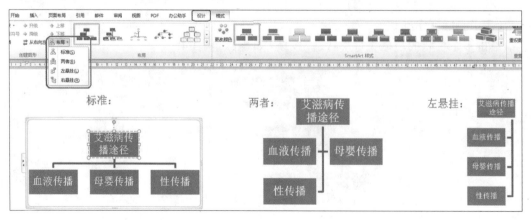

图 4-47　布局

（六）设置 SmartArt 样式

选定 SmartArt 图形，在"设计"选项卡"SmartArt 样式"组中可以选择系统推荐的"文档的最佳匹配对象"或"三维"效果，也可以单击"更改颜色"进行修改。

调整 SmartArt 图形的位置为"中间居中，四周型文字环绕"。

五、文本框

在 Word 文档中建立引言、提要、引述等，并对其边框文本进行美化，最为快捷的方式就是插入文本框，下面将"艾滋病病毒的感染者和艾滋病病人"这一部分内容用"奥斯汀重要引言"的文本框形式插入文档中进行排版。

（一）插入文本框

单击"插入"选项卡"文本"组"文本框"命令，在弹出的列表中选择"奥斯汀重要引言"这一样式（图 4-48），其中已设计好了的字体、颜色、边框等，输入文本即可。也可以选择"绘制文本框"或"绘制竖排文本框"来自己设计文本框效果。

图 4-48 插入文本框

（二）设置样式

选定文本框，利用"格式"选项卡"形状样式"组设定不同的"形状填充""形状轮廓"以及"形状效果"。例如，在"形状填充"列表中可以使用图片、渐变或纹理来填充。选定文本，利用"格式"选项卡"艺术字样式"组设定不同的"文本填充""文本轮廓"和"文本效果"（图 4-49）。

六、首字下沉

单击"插入"选项卡"文本"组"首字下沉"命令，在下拉列表中单击"首字下沉选项"，设定位置为"下沉"，下沉行数为 2，当前段落出现首字下沉（图 4-50）。

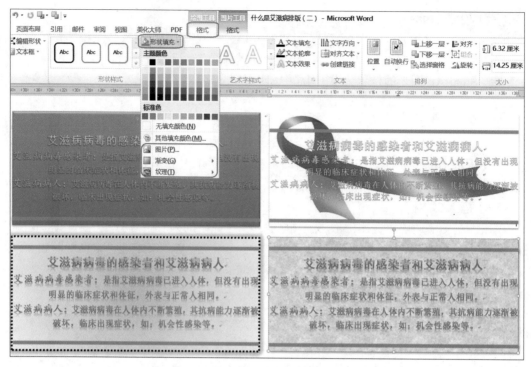

图 4-49　文本框效果

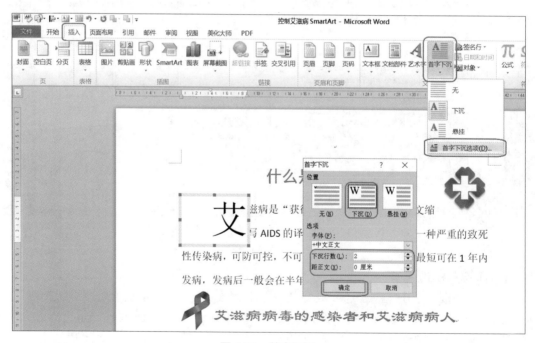

图 4-50　首字下沉

七、页眉和页脚

Word 2010 中内置了多种样式的页眉页脚，可直接选用，也可以自主编辑文字、插入页码。

（一）页眉

将"医院标志"剪切，单击"插入"选项卡"页眉和页脚"组中的"页眉"命令，选择第一项"空白"，进入页眉编辑状态，按 Ctrl+V 粘贴医院标志，将其缩小并移动位置。输入文本"某某市人民医院健康知识宣传"（图 4-51）。双击文档编辑区，可以关闭页眉页脚的编辑状态。

图 4-51　插入页眉

（二）页脚

双击页眉页脚区，可进入页眉页脚编辑状态，单击页眉和页脚工具"设计"选项卡"插入"组单击"日期和时间"，如需更新日期和时间，可单击选定"自动更新"（图 4-52）。

知识拓展

同一节内容中设置第一页与其他页不同的页眉页脚时，在页眉和页脚工具"设计"选项卡"选项"组单击"首页不同"，如区分偶数页和奇数页的页眉页脚需单击"奇偶页不同"。

默认情况下不同节设置的页眉页脚是相同的，如每节设置不同的页眉页脚，需在页眉和页脚工具"设计"选项卡"导航"组单击取消"链接到前一条页眉"。

（三）页码

1. 插入页码　单击"插入"选项卡"页眉和页脚"组中的"页码"命令，选择"页面底端"中的"细线"样式。

2. 更改起始页码　从第二页开始编页码，单击"插入"选项卡"页眉和页脚"组单击"页码"命令，在弹出的列表中单击"设置页码格式"，设置"页码编号"下的"起始页码"（图 4-53）。

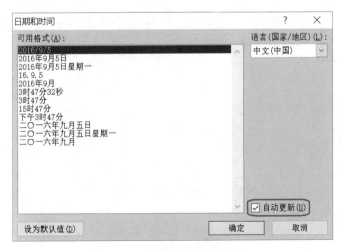

图 4-52　自动更新日期和时间

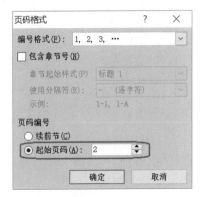

图 4-53　设置页码格式

3. 删除页码　单击"插入"选项卡"页眉和页脚"组单击"页码"命令，在弹出的列表中单击"删除页码"命令。

第四节　表格制作

Word 文字处理软件不仅可以实现图文混排，还可以进行表格的制作、美化，针对其中的数据实现计算、排序、自动生成图表等，使信息的传递更快捷、更具有说服力。

请问：1. 在 Word 文档中如何插入表格？

2. 如何快速美化表格？

3. 如何实现数据的计算排序？

4. 如何自动生成图表？

一、创建表格

（一）插入表格

1. 拖动插入表格　单击"插入"选项卡"表格"组中的"表格"命令，在弹出的"插入表格"列表中移动鼠标，出现 6×4 后单击完成四行六列的表格的插入（图 4-54）。

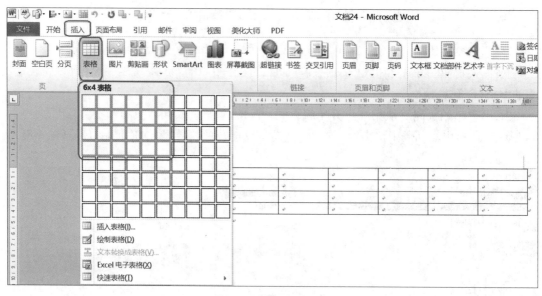

图 4-54　插入表格 1

2. 利用对话框插入表格　单击"插入"选项卡"表格"组中的"表格"命令，在弹出的列表中，单击"插入表格"命令，输入列数 6，行数 4（图 4-55）。

3. 绘制表格　单击"插入"选项卡"表格"组中的"表格"命令，在弹出的列表中，单击"绘制表格"命令，可以拖动鼠标进行绘制。

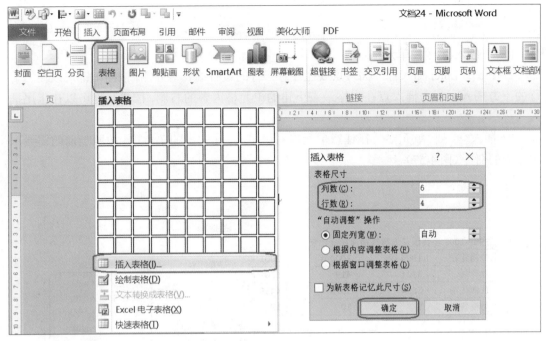

图 4-55　插入表格 2

4. 快速表格　在 Word 2010 中内置了表格模板,可以单击"插入"选项卡"表格"组中的"表格"命令,在弹出的列表中,单击"快速表格"命令子菜单中的任一模板,修改其中的数据即可。

（二）录入内容

1. 录入表格内容　单击表格第一个单元格确定插入点的位置,输入内容后按 Tab 键进入下一单元格进行输入,也可以使用上下左右光标控制键确定插入点位置后进行输入。

2. 表格上方输入标题　将插入点确定在表格第一行,按 Ctrl+Shift+Enter 键表格上方插入空白行,输入标题（图 4-56）。

1999-2002 年我国艾滋病传播途径统计表				
传播途径	1999 年	2000 年	2001 年	2002 年
性传播	332	419	530	663
血液传播	2894	3575	4436	5137
母婴传播	9	10	19	22
不详	1011	1197	1343	1631

图 4-56　表格内容

知识拓展

拆分表格:插入点置于需拆分表格的行,按下 Ctrl+Shift+Enter 键,插入点所在行将是拆分后下方表格的第一行。

合并表格:删除上下两个表格之间的所有内容,可以实现表格的合并。

二、编辑表格

（一）插入行、列、单元格

1. Tab 与 Enter 插入行 插入点放在任意一行的最右端表格外侧，按回车键可以在当前行的下方插入一行。插入点在表格最右下角的单元格内容的右侧，按 Tab 键可以在末尾插入一行。

2. 插入行、列、单元格 在任意单元格右键单击，在弹出的菜单中，按照当前的需要单击相应的命令（图 4-57）。

图 4-57 插入行、列、单元格

（二）选择行、列、单元格、表格

1. 在需要选择的行、列、单元格或表格上右键单击，在弹出的菜单中单击"选择"子菜单中的"单元格""列""行"或"表格"命令（图 4-58）。

图 4-58 选择行、列、单元格、表格

2. 鼠标指针在表格某一行的左方时单击可选定一行，在一列的上方时单击可选定一列，在任意多个单元格间拖动可选定多个单元格，单击表左上角的四向箭头控制柄可选择整张表格。

（三）删除行、列、单元格、表格

选择需要删除的对象后，指向选定区域右键单击，在弹出的菜单中选择"删除行""删除列""删除单元格"或"删除表格"命令。

（四）调整行高列宽

1. 手动调整 将指针放在表格的边框线上拖动鼠标，可手动调整行高或列宽。也可拖动标尺上的滑块进行调整（图4-59）。

图4-59 手动调整行高列宽

2. 精确调整 在表格中右键单击，在弹出的菜单中选择"表格属性"命令，打开"表格属性"对话框，单击"行"或"列"选项卡，进行行高或列宽的准确设定（图4-60）。

图4-60 表格属性

3. 自动调整 在表格工具"布局"选项卡"单元格大小"组"自动调整"的下拉列表中选择根据内容和窗口自动调整表格，也可以选择多行和多列设定"分布行"或"分布列"（图4-61）。

图4-61 自动调整

（五）单元格布局

在表格工具"布局"选项卡"对齐方式"组中，可以设定文本在单元格中的位置、文字方向以及单元格边距。

（六）合并与拆分单元格

选择相邻的多个单元格右键单击，在弹出的菜单中单击"合并单元格"。选定需要拆分的单元格右键单击，在弹出的菜单中选择"拆分单元格"。

（七）转换为文本

选定表格后，单击表格工具"布局"选项卡"数据"组"转换为文本"命令，可以将表格转换为文本（图 4-62）。

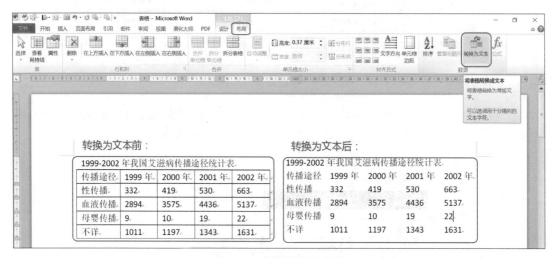

图 4-62　表格转换为文本

三、美化表格

在表格工具"设计"选项卡"表格样式"组中，单击表格样式中的任意一个内置模板可将字体、边框及底纹格式套用。也可以选定部分表格内容在"底纹"与"边框"命令中设置相应的效果。

四、表格运算

（一）计算

1. 求和　打开图 4-62 左图表格，在其右侧插入一列，计算每一途径四年的合计，方法如下：

（1）确定插入点在合计下方第一单元格。

（2）单击"布局"选项卡"数据"组"公式"，输入公式"=SUM（LEFT）"，单击确定。其中 SUM 是求和的函数，参数 LEFT 表示左侧的数据（图 4-63）。

（3）使用上面的方法，依次求出各途径的合计。

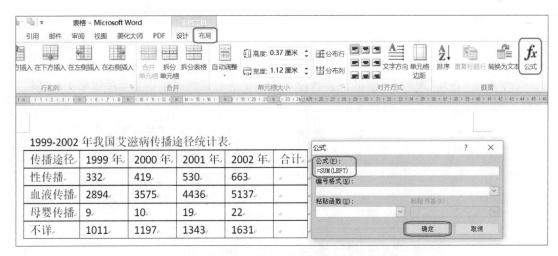

图 4-63　求和公式

知识拓展

在表格中计算一列数据时，如使用的公式与参数均相同，可以将第一个计算公式与参数全部复制，并在下方的单元格粘贴，指向粘贴的内容右键单击，在弹出的菜单中单击"更新域"，可以快速完成数据的计算。

2. 求平均值　打开图 4-63 表格，在其右侧插入一列，计算每一传播途径的四年的平均值，方法如下：

（1）确定插入点在平均值下方第一单元格。

（2）单击"布局"选项卡"数据"组"公式"，输入公式"=AVERAGE（B2:E2）"，单击确定；其中，AVERAGE 是求平均值的函数，参数中字母表示列，数字表示行，B 表示第 2 列，2 表示第 2 行，"B2:E2"表示从第 2 行第 2 列这个单元格到第 2 行第 5 列的这四个单元格区域（图 4-64）。

（3）用上面的方法，依次求出其他途径的平均值。

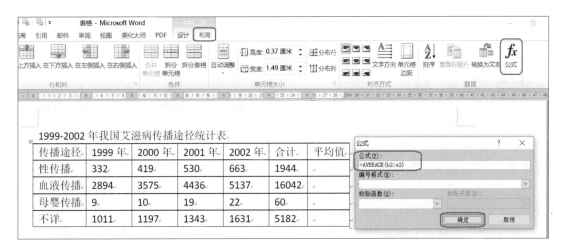

图 4-64　求平均值

（二）排序

按合计从大到小进行排序，方法如下：

（1）确定插入点在表格内。

（2）单击"布局"选项卡"数据"组"排序"，在弹出的对话框中设定主要关键字为"合计"，类型为"数字"，"降序"排序（图4-65）。

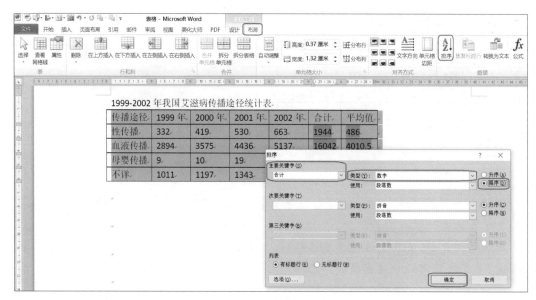

图4-65 排序

（3）在主要关键字相同时按次要关键字排序，此处不作设定。单击"确定"完成。

五、制作图表

（一）创建图表

图表是统计信息的一种可视化表达方式，可以更加直观生动地展示统计信息。

（1）确定插入点在图4-65表格下方。

（2）复制A1到E5单元格，将作为数据源。

（3）单击"插入"选项卡"插图"组"图表"命令，在弹出的对话框中双击柱形图中的第一个"簇状柱形图"。

（4）在打开的电子表格窗口中，单击A1单元格按下Ctrl+V键粘贴数据源，表格中显示复制的数据，关闭此窗口。

（5）文档中已建立了相应的图表，其中水平轴显示传播途径，右侧图例中显示年份（图4-66）。

（二）修改图表

1. 设计美化图表 单击图表工具"设计"选项卡，可以更改图表类型、图表布局、图表样式等，还可以编辑图表的数据来源。

2. 调整图表布局 单击图表工具"布局"选项卡，可以添加或删除各种标签，如添加图表标题、设置坐标轴标题、调整图表图例、显示网格线等。

3. 设置图表格式 单击图表工具"格式"选项卡，可以修改图表中形状样式、艺术字样式，设置图表位置、自动换行等，方法与图片形状的操作相同（图4-67）。

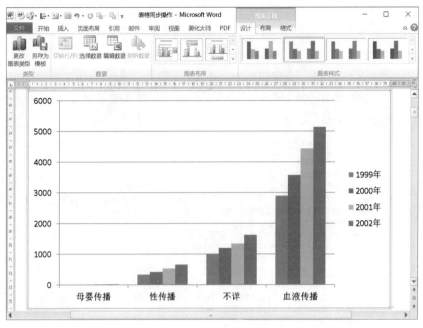

图 4-66 创建图表

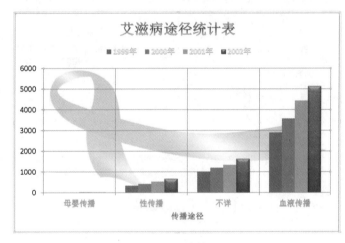

图 4-67 图表效果图

第五节 其他常见应用

 案例

　　Word 文字处理软件的目录制作功能十分方便快捷,对于页码的变化和标题的修改均可以自动更新。邮件合并可以将相同格式但内容不同的文件对应分发给多人,如工资条、邀请函、节日贺卡等,避免了重复性的工作,大大提高了工作效率。

　　请问:1. 如何给文件制作目录?

　　　　　2. 如何使用邮件合并功能?

一、目录制作

（一）准备工作

1. 快速创建文档　新建一个空白的 Word 文档，输入“=rand（10，3）”后回车，rand 是一个随机函数，第一个参数 10 表示创建 10 段文本，第二个参数 3 表示每段 3 行。在每一段前面加一个章节标题（图 4-68）。

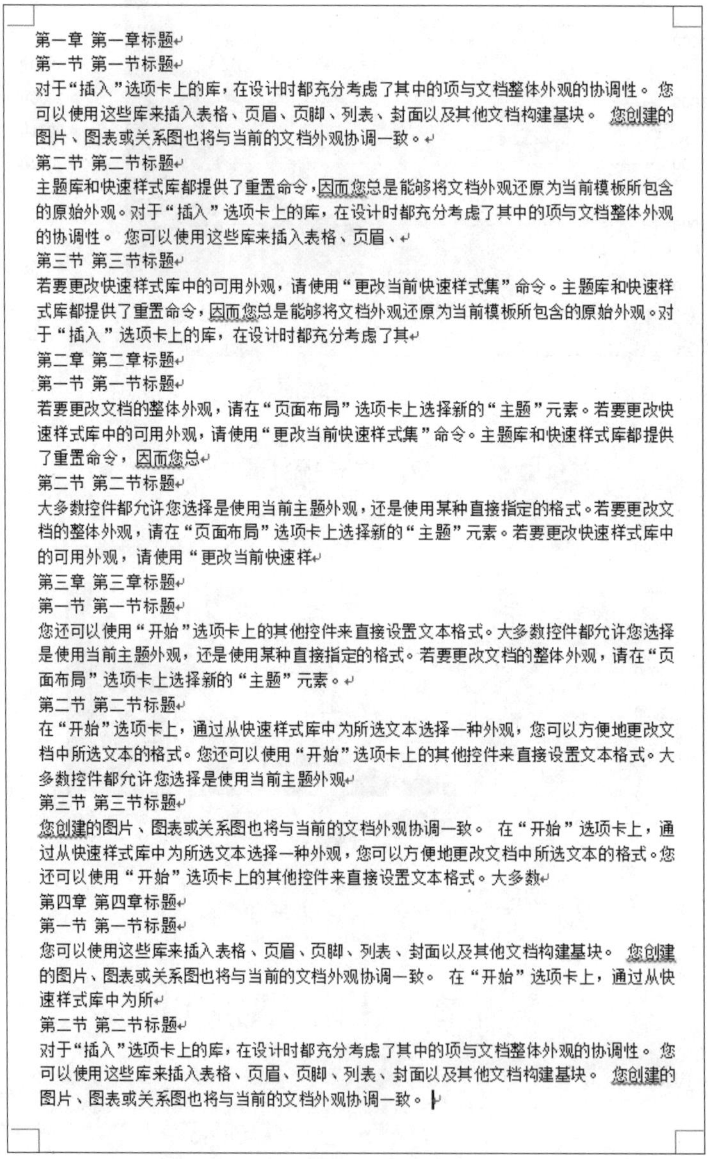
第一章 第一章标题
第一节 第一节标题
对于“插入”选项卡上的库，在设计时都充分考虑了其中的项与文档整体外观的协调性。 您可以使用这些库来插入表格、页眉、页脚、列表、封面以及其他文档构建基块。 您创建的图片、图表或关系图也将与当前的文档外观协调一致。
第二节 第二节标题
主题库和快速样式库都提供了重置命令，因而您总是能够将文档外观还原为当前模板所包含的原始外观。对于“插入”选项卡上的库，在设计时都充分考虑了其中的项与文档整体外观的协调性。 您可以使用这些库来插入表格、页眉、
第三节 第三节标题
若要更改快速样式库中的可用外观，请使用“更改当前快速样式集”命令。主题库和快速样式库都提供了重置命令，因而您总是能够将文档外观还原为当前模板所包含的原始外观。对于“插入”选项卡上的库，在设计时都充分考虑了其
第二章 第二章标题
第一节 第一节标题
若要更改文档的整体外观，请在“页面布局”选项卡上选择新的“主题”元素。若要更改快速样式库中的可用外观，请使用“更改当前快速样式集”命令。主题库和快速样式库都提供了重置命令，因而您总
第二节 第二节标题
大多数控件都允许您选择是使用当前主题外观，还是使用某种直接指定的格式。若要更改文档的整体外观，请在“页面布局”选项卡上选择新的“主题”元素。若要更改快速样式库中的可用外观，请使用“更改当前快速样
第三章 第三章标题
第一节 第一节标题
您还可以使用“开始”选项卡上的其他控件来直接设置文本格式。大多数控件都允许您选择是使用当前主题外观，还是使用某种直接指定的格式。若要更改文档的整体外观，请在“页面布局”选项卡上选择新的“主题”元素。
第二节 第二节标题
在“开始”选项卡上，通过从快速样式库中为所选文本选择一种外观，您可以方便地更改文档中所选文本的格式。您还可以使用“开始”选项卡上的其他控件来直接设置文本格式。大多数控件都允许您选择是使用当前主题外观
第三节 第三节标题
您创建的图片、图表或关系图也将与当前的文档外观协调一致。 在“开始”选项卡上，通过从快速样式库中为所选文本选择一种外观，您可以方便地更改文档中所选文本的格式。您还可以使用“开始”选项卡上的其他控件来直接设置文本格式。大多数
第四章 第四章标题
第一节 第一节标题
您可以使用这些库来插入表格、页眉、页脚、列表、封面以及其他文档构建基块。 您创建的图片、图表或关系图也将与当前的文档外观协调一致。 在“开始”选项卡上，通过从快速样式库中为所
第二节 第二节标题
对于“插入”选项卡上的库，在设计时都充分考虑了其中的项与文档整体外观的协调性。 您可以使用这些库来插入表格、页眉、页脚、列表、封面以及其他文档构建基块。 您创建的图片、图表或关系图也将与当前的文档外观协调一致。

图 4-68　创建文档

2. 应用样式　选定“第一章”这一行，按下 Ctrl 键依次选定其他第二章到第四章的标题，单击“开始”选项卡“样式”组中的标题 1。也可以选定一个标题设置好样式后用格式刷统一格式，如选定“第一节”这一行，单击样式中的“标题 2”，双击“开始”选项卡中的“剪贴板”组的“格式刷”命令，依次在每一节标题左侧单击，完成后按 Esc 键（图 4-69）。

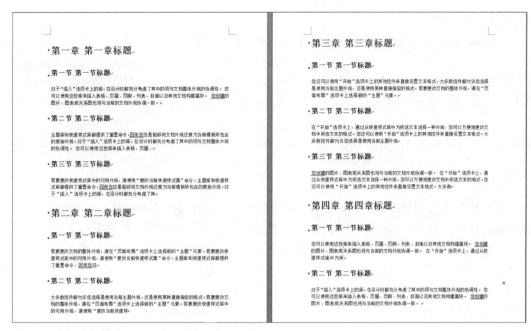

图 4-69　应用样式

（二）生成目录

确定插入点在文件开始处，作为目录的起始位置。单击"引用"选项卡"目录"组"目录"命令，单击"自动目录 1"（图 4-70）。

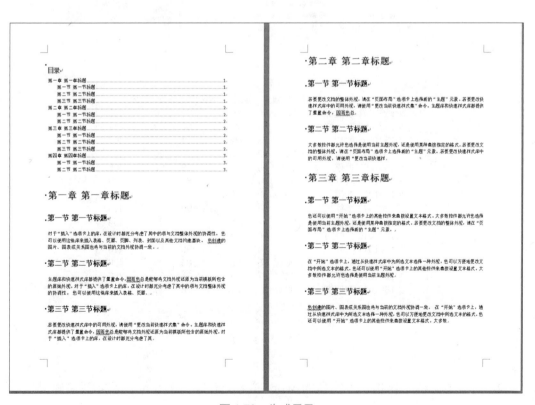

图 4-70　生成目录

（三）更新目录

确定插入点在第四章标题的左边，单击"页面布局"选项卡"页面设置"组中的"分隔符"，单击"分页符"，并在文档结尾处输入"第五章 ××××"并应用样式"标题 2"，这时标题与页码均发生变化。指向目录右键单击，在弹出的快捷菜单中单击"更新域"命令，弹出"更新目录"对话框，如标题页码均发生变化单击"更新整个目录"（图 4-71）。

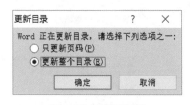

图 4-71　更新目录

二、邮件合并

邮件合并不仅可以把相同格式不同内容的文档对应发送给不同的人，还可以进行批量的编辑与打印。比如，老师有全班同学的成绩单，要把每个人的成绩单分发给对应的同学，每个同学收到的成绩单科目相同的，而成绩是自己的，这种情况可以使用邮件合并中的"发送电子邮件"；如果要批量打印通知书，其中要有学生的成绩等内容，可以使用邮件合并中的"普通 Word 文档"，下面就以此为例来体验一下邮件合并功能。

（一）准备工作

1. 准备数据源　打开 Excel 2010，在 Sheet1 中输入数据并保存文档为"数据源.xlsx"（图 4-72）。

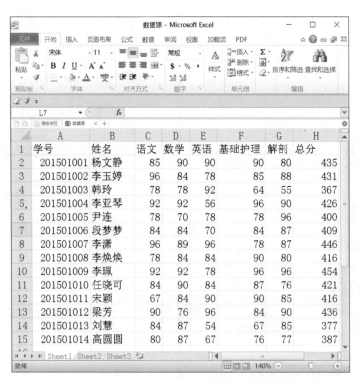

图 4-72　数据源

2. 创建主文档　新建一个空白的 Word 文档，输入"2016 年暑期放假通知书"一文（图 4-73）。

2016 年暑期放假通知书

同学家长：您好！

我校于 2016 年 7 月 1 日放假，于 2016 年 9 月 1 日开学，7 月 2 日学生全部离校，放假期间请注意以下事项：

1. 督促孩子按时完成作业。

2. 注意用电、用水、用火以及交通安全。

3. 游玩时要遵守公共秩序，讲究社会公德，注意文明礼貌。

最后，希望家长积极配合学校，并在开学时交回本通知书。

本学期专业课程期末考试成绩如下：

语文	数学	英语	基础护理	解剖

本学期暑期作业是：

背诵基础护理知识 100 题，完成解剖绘图 16 份。

教师评语：

_____

_____

家长评语：

_____

_____

家长电话：_____ 班主任电话：12345678900

家长签字：_____

2016 年 6 月 29 日

图 4-73 通知书

（二）建立邮件合并关系

1．开始邮件合并 单击"邮件"选项卡"开始邮件合并"组中的"开始邮件合并"命令，选择下拉菜单中的"普通 Word 文档"。

2．选择收件人 单击"邮件"选项卡"开始邮件合并"组中的"选择收件人"命令，选择下拉菜单中的"使用现有列表"，在弹出的对话框中选择第一步建立的 Excel 文档"数据源.xlsx"，在"选择表格"对话框中选择 Sheet1 键后确定（图 4-74）。

3．插入合并域 确定插入点在第二行起始处，单击"邮件"选项卡"编写与插入域"组中的"插入合并域"命令，选择下拉菜单中的"姓名"，同理，在下方成绩表中依次确定插入点的位置并对应的插入合并域（图 4-75）。

（三）预览结果

单击"邮件"选项卡"预览结果"组中的"预览结果"命令，在文档中可以看到邮件合并后生成的文档效果，单击此命令右侧的向左、向右三角，可以看到其他同学的通知书效果（图 4-76）。

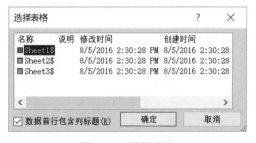

图 4-74 选择表格

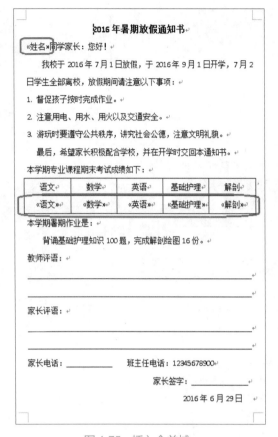

图 4-75　插入合并域　　　　　　　　　　图 4-76　邮件合并预览

（四）完成邮件合并

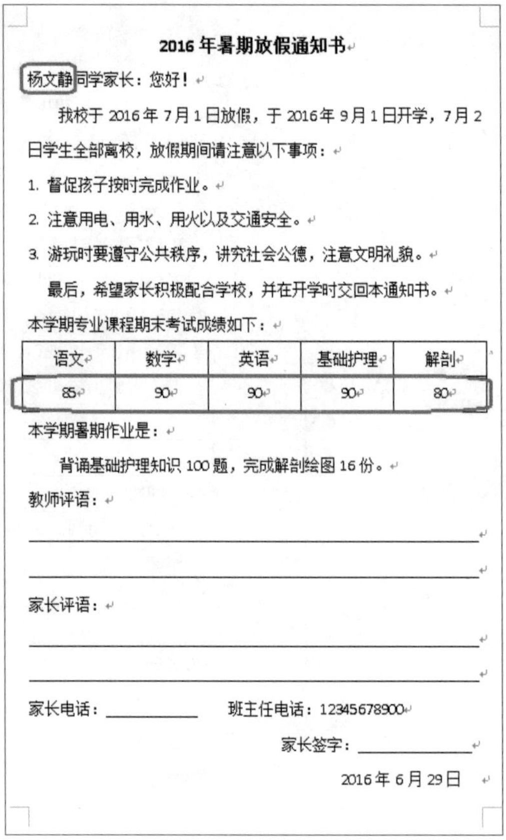

单击"邮件"选项卡"完成"组中的"完成并合并"命令，在下拉菜单中单击"编辑单个文档"，在弹出的对话框中选择"全部"并"确定"。Word 会自动建立信函文档，每页是一个同学的通知书，且姓名与成绩对应（图 4-77）。

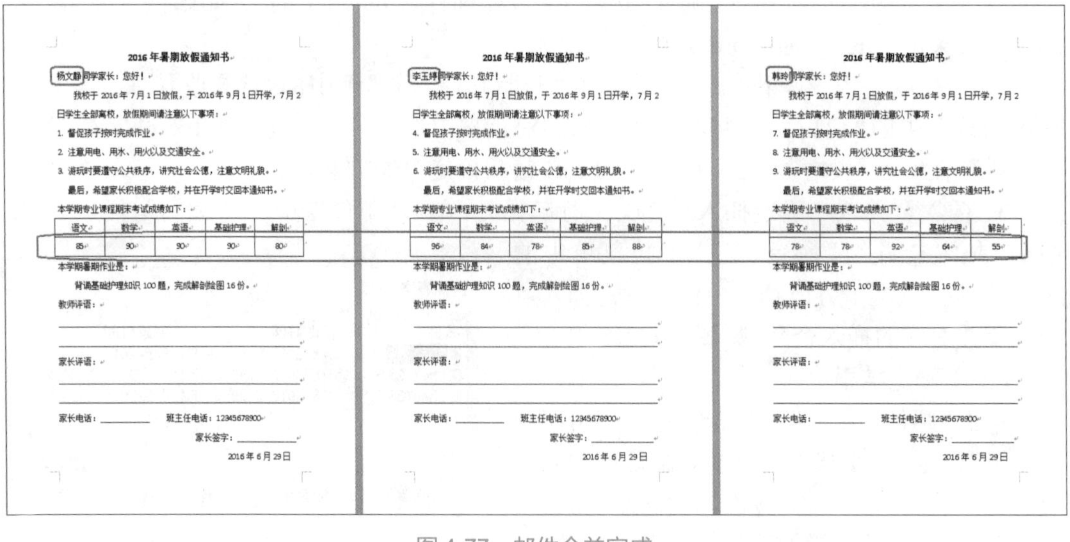

图 4-77　邮件合并完成

如果直接打印通知书,也可以在最后一步"完成并合并"命令中选择"打印文档"并进行相关的打印设置。

 知识拓展

邮件合并还可以完成电子邮件的对应发送,需在"开始邮件合并"时选择"电子邮件",数据源中有一列数据为电子邮件的地址,并在"完成并合并"时选择"发送电子邮件",在弹出的对话框中"收件人"列表中选择数据源中的邮箱(图4-78)。

默认情况下邮件会通过 Outlook 自动发送,为了方便发送前的检查,可以在 Outlook 中设置"文件"—"选项"—"高级"中取消"发送和接收"下的"联机情况下,立即发送"功能,以便在发送箱中检查待发文件是否正确,然后再发送。

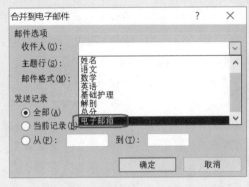

图4-78 合并到电子邮件

 本章小结

本章主要介绍了微软办公软件中的文字处理软件 Word,并针对 2010 版本详细介绍了软件操作界面、基本编辑技巧以及常用排版功能,并结合多个实例使用户体验了文字、段落的格式设置,常用页面设置,形状、艺术字、图片、SmartArt 图形的插入,目录的制作以及合并邮件等功能,为以后的文字处理工作打下良好的基础。

(韦 红 茹娟妮)

 目标测试

一、选择题

1. Word 2010 文档默认的扩展名是

    A. .doc   B. .txt

    C. .docx   D. .wps

2. Word 2010 文档中的段落标记,是按_____键得到的

    A. 空格   B. 回车

    C. 退格   D. Shift

3. 关于 Word 2010 文档中的段落标记,下面说法正确的是

A. 段落标记是按回车后插入的　　　B. 段落标记是不可打印的字符

C. 段落标记可以出现在段落中间　　　D. 一篇文档只能出现一个段落标记

4. Word 2010 文档中，一段文本被选中，按 Del 键后，将

A. 删除该段之前的所有内容　　　B. 删除该段内容

C. 删除该段之后的所有内容　　　D. 删除整个文档

5. Word 2010 中复制文本，可以先选择要复制的内容，然后

A. 按住 Ctrl 键并拖动鼠标到目的地后松开左键

B. 按住 Alt 键并拖动鼠标到目的地后松开左键

C. 按住 Shift 键并拖动鼠标到目的地后松开左键

D. 拖动鼠标到目的地后松开左键

6. 要把插入点快速移到文档末尾，应按_____键

A. Ctrl+Home　　　　　　　B. Home

C. Ctrl+End　　　　　　　　D. End

7. 在 Word 2010 编辑状态，保存当前文档的快捷键是

A. Ctrl+S　　　　　　　　　B. Ctrl+O

C. Ctrl+P　　　　　　　　　D. Ctrl+N

8. 在 Word 2010 打印文档时，如果设置打印范围是 页数: 2,4,6-8 ，则表示要打印文档的

A. 第2页，第4页，第6页，第8页　　　B. 第2页至第4页，第6页至第8页

C. 第2页，第4页，第6页至第8页　　　D. 第2页至第4页，第6页，第8页

9. 在 Word 2010 编辑文档时，如果用户操作错误，可以按_____按钮

A. 撤消　　　　　　　　　　B. 恢复

C. 复制　　　　　　　　　　D. 粘贴

10. 在 Word 2010 编辑文档时，如果"复制"和"剪切"按钮都是灰色，则表示

A. 选定的文本内容太长　　　B. 剪贴板中已经存放有信息

C. 选定的对象是图片　　　　D. 在文档中没有选定任何对象

11. 在绘制形状时要使用椭圆工具绘制正圆形，需在按下_____键的同时拖动鼠标

A. Ctrl　　　　　　　　　　B. Alt

C. Shift　　　　　　　　　　D. Enter

12. 按下_____键的同时拖动图片上方的旋转控制柄，可以实现图片 15° 的整数倍旋转

A. Ctrl　　　　　　　　　　B. Alt

C. Shift　　　　　　　　　　D. Enter

13. Word 2010 中"页眉""页脚"和"页码"功能在_____选项卡中

A. 视图　　　　　　　　　　B. 插入

C. 页面布局　　　　　　　　D. 引用

14. 表格计算时表示求和的函数是

A. Average　　　　　　　　B. Sum

C. Count　　　　　　　　　D. If

15. 按下_____键并单击目录某一行，可将插入点快速定位到相应的正文位置

A. Ctrl　　　　　　　　　　B. Alt

      C. Shift   D. Enter

二、填空题

1. Word 2010 文档默认的扩展名是_____。

2. 显示比例滑块 100% ⊖——————⊕ 用于_____。

3. Word 2010 窗口的文档编辑区有一闪烁的黑色竖线"|",被称为_____,它表示_____将要出现的位置。

4. 在 Word 2010 编辑状态,按 Enter 键会产生一个_____。

5. 在 Word 2010 编辑状态,如果要保存的是一个新文档,Word 2010 将打开一个_____对话框。

6. Word 中的_____是一个很好的复制格式的工具。

7. 插入点置于表格需拆分的行,按下_____、_____和_____可实现表格的拆分。

8. 表格中对第 2 行的第 3 到第 5 个单元格求和,应输入"=SUM(_____)"。

9. 生成目录时需单击"_____"选项卡"_____"组的"插入目录"命令。

10. 要批量制作邀请函、成绩单或名片,可使用 Word 中的_____功能。

三、判断题

1. Word 2010 文档默认的扩展名是 .docx。(　　　)

2. Word 2010 的文档可以保存为纯文本类型。(　　　)

3. Word 2010 不可以设置纸张的方向为横向。(　　　)

4. 在 Word 2010 中,页边距不能通过标尺设置。(　　　)

5. 利用 Word 2010 的显示滑块 100% ⊖——————⊕ 可以实现文档中字符在打印时的缩放。(　　　)

6. 在 Word 2010 中,用户可以自定义页面的左、右边距和上、下边距。(　　　)

7. 在 Word 2010 中,要设置字符的大小,把插入点放在该字符处就可进行设置。(　　　)

8. 在 Word 2010 中,要设置段落的格式,把插入点放在该段落就可以进行设置。(　　　)

9. 在 Word 2010 中无法删除图片的背景,也无法设置图片背景为透明色。(　　　)

10. 在 Word 2010 中图片设置为"紧密型环绕"和"四周型环绕"显示效果相同。(　　　)

11. 在 Word 2010 中多个形状"组合"后无法对其中的单个形状进行编辑或缩放。(　　　)

12. 要改变图片长宽比可以直接手动图片四个角上的圆形控制柄。(　　　)

13. 旋转图片时,直接拖动图片上的圆形控制柄,可实现图片任意角度的旋转。(　　　)

14. 图片层叠时被置于底层后,图片将无法选定。(　　　)

15. 表格内部不可以再插入表格。(　　　)

四、操作题

1. Word 2010 基本操作。

(1) 创建一个 Word 文档,并录入以下内容。

礼仪

中华民族悠悠五千年的文明史形成了高尚的道德准则和一套完整的礼仪思想和礼仪规范,自古享有"文明古国""礼仪之邦"美誉。华夏儿女十分重视社会的文明与道德,尤其注重其表现形式——礼仪。礼仪是一个民族文明和进步的标志。体现一个民族的精神风貌与文化追求。礼仪文化内涵需要外在形象来表现,只有内在美与外在美和谐统一起来,才能充分展示出个人的高雅气质与风度。

（2）将正文在"尤其注重其表现形式——礼仪。"处分为两段。

（3）把正文第一段复制一份到第二段后面成为第三段。

（4）把文档以"礼仪.docx"为名保存到 D 盘。

2．Word 2010 文档格式化的处理。

（1）创建一个 Word 文档，录入以下内容，并把文档以艾滋病的传播途径.docx 为名保存到 D 盘。

艾滋病的传播途径有哪些

1．性接触传播　包括同性及异性之间的性接触。

2．血液传播　①输入被艾滋病病毒污染的血液或血液制品；②使用了被血液污染而又未经严格消毒的医疗器械或生活用具（如与感染者共用牙刷、剃刀）。救护流血的伤员时，救护者本身破损的皮肤接触伤员的血液。

3．母婴传播　感染了 HIV 的母亲通过胎盘，或分娩时通过产道将 HIV 传染给了胎儿或婴儿。也可通过哺乳传染。

（2）设置标题字体为华文行楷，字号为小一，字符颜色为红色，居中对齐。

（3）正文字体设置为楷体，字号为四号。

（4）正文小标题设置为加粗、倾斜，添加下划线，字符颜色为蓝色。

（5）正文行距设置为 1.5。

（6）正文第二小段设置为两栏，加分隔线。

（7）页边距设置为上 2.5 厘米、下 2.5 厘米、左 3.0 厘米、右 3.0 厘米。

3．制作"国际护士节"节日贺卡，要求如下：

（1）包含艺术字"5.12 国际护士节"；

（2）在恰当的位置插入相关图片，如护士图片等；

（3）要求输入"授帽的宣誓词"，并首字下沉；

（4）插入文本框，并添加文字内容为节日祝福语。

4．制作"专业课程成绩表"表格，内容自拟，要求进行边框底纹字体等内容的美化，并计算出总分与均分。

第五章 电子表格软件 Excel 2010

学习目标

1. 掌握：Excel 的基本操作、工作表的编辑及格式化操作；公式与函数。
2. 熟悉：数据管理与图表操作。
3. 了解：工作表的打印。

电子表格软件 Excel 2010 是微软办公套装软件 office 的一个重要组成部分。它是一种数据处理系统和报表制作工具软件。它以直观的表格形式、简易的操作方式、友好的用户界面提供给用户进行编辑操作的工作环境，它不但可以制作精美的文档和数据表，进行数据分析，还可以制作数据透视表和数据透视图，甚至使用 Excel 进行动画制作及摄影操作。

本章共设有 7 大任务，包含 Excel 2010 的概述、Excel 2010 的基本操作、工作表格式化、公式与函数、数据管理、图表及其工作表的打印。使用 Excel 2010 完成这 7 大任务，目的是要学会建立、编辑、打印工作表和图表、熟练运用和管理数据，掌握快速处理大量信息的技能，从而解决工作、生活、学习中遇到的问题。

第一节 Excel 2010 概述

案例

目前，Excel 2010 广泛地运用于医院管理系统中，Excel 2010 通过对数据采集、数据录入、表格设计、数据汇总及数据查询筛选等。可以更直观、准确、快捷、方便地显示医院管理系统中的详细情况。

请问：1. Excel 2010 的功能有哪些？
2. Excel 2010 窗口有哪几部分组成？
3. Excel 2010 中工作簿、工作表、单元格三个基本元素之间的关系？

一、Excel 2010 的启动和退出

（一）启动 Excel 2010

单击 Windows"开始"按钮→"所有程序"→"Microsoft Office"→"Microsoft Excel

2010",即可启动 Excel 2010。

知识拓展

Excel 2010 启动的方法：

（1）利用双击图标启动：双击 Excel 的快捷方式图标启动 Excel。

（2）利用"快速启动"按钮：在快速启动按钮区找到 Excel 的图标单击即可。

（3）利用已有 Excel 文档：在资源管理器中找到 Excel 文档，双击文档的图标，就会启动 Excel 并且打开相应的文档。

（二）Excel 2010 操作界面

Excel 2010 采用了全新的工作界面，与之前版本相比，操作界面更加简洁美观，也更方便操作。启动 Excel 2010 后，自动建立一个名为"工作簿1"的空白工作簿。Excel 2010 操作界面由许多功能区及功能组构成，它们有各自的分工和作用（图5-1）。

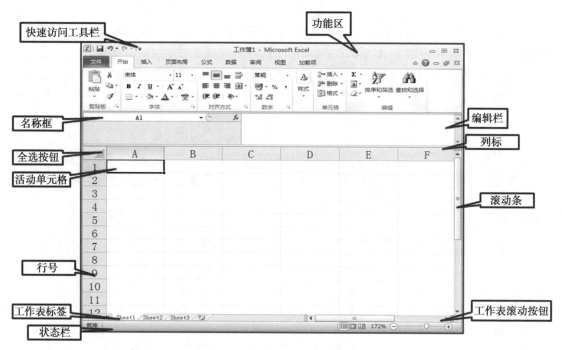

图 5-1 Excel 2010 操作界面

1. 标题栏 标题栏就是负责显示应用程序和当前打开的文件名称的组件。

2. 快速访问工具栏 快速访问工具栏位于窗口的左上方，包含一组独立于当前显示的功能区上的选项卡命令。默认情况下包括"保存"、"撤消" 和"恢复" 三个按钮。

3. "文件"选项卡 "文件"选项卡中包含"保存""另存为""打开""关闭""新建"等其他一些命令（图5-2）。

4. 功能区 功能区是我们与 Excel 2010 沟通过程中非常重要的渠道，其中包含了 Excel 2010 操作的许多命令。功能区按功能不同，划分为不同的功能组（图5-3）。

5. 名称框 "名称框" <u>A1</u> ▼ 显示的是当前活动单元格的地址。可以通过在单元格名称显示栏中，直接输入单元格地址来定位到该单元格，一般默认为 A1。

6. 编辑栏 主要用来显示、编辑单元格中的数据和公式，在单元格内输入或编辑数据的同时也会在编辑栏中显示其内容。

7. 全选按钮 单击"全选按钮" ■ 会选定当前工作表的所有单元格，再次单击则取消。

8. 列标和行号 Excel 2010 中列标用字母如 A～Z、AA～AZ、BA～BZ、…、XFD 表示，共 16 384 列；行号用数字 1～1 048 576 表示，列标和行号连接在一起构成了单元格在工作表中的地址。

9. 单元格与活动单元格 工作表中行与列交叉点处的小方格就是单元格。每一个单元格都有它自己固定的地址，用户可以把数据输入到单元格中保存起来。

活动单元格就是我们正在编辑或使用的单元格，它与周围的单元格有着明显的不同，它的边框比较黑、比较粗，非常容易识别。

10. 工作表标签及工作表滚动按钮 工作表标签用于工作簿中不同工作表之间的切换，包括工作表翻页按钮和工作表标签按钮。在 Excel 中有时候一个工作簿中可能有很多个工作表，我们不可能在工作区同时看到所有工作表，所以我们可以通过工作表标签按钮来找到并切换至需要的工作表。

11. 任务窗格 任务窗格是指 Office 应用程序中提供的常用命令窗口。

图 5-2 "文件"选项卡

12. 滚动条 有水平滚动条和垂直滚动条，它们是用来调整工作区位置的。

13. 状态栏 状态栏显示当前编辑的文档窗口和插入点所在页的信息，以及某些操作的简明提示。

（三）退出 Excel 2010

退出的方法和关闭窗口的操作相同。如果我们对 Excel 2010 有一定的操作，那么发出"关闭"命令后，Excel 2010 会善意地提醒我们，及时对操作进行保存。

图 5-3 "开始"功能区

二、Excel 2010 的基本元素

在 Excel 2010 中，工作簿、工作表、单元格是组成 Excel 文档的三个基本元素，它们之间有着紧密的联系。

1. 工作簿　Excel 2010 支持的文档称为工作簿，是用来存储并处理工作数据的文件。当启动 Excel 时，系统自动打开一个工作簿，默认名字为"工作簿 1"，以". xlsx"为扩展名。一个工作簿可以包含多张工作表，工作簿中工作表的个数受可用内存的限制。在 Excel 中，工作簿与工作表的关系如同日常的账簿和账页之间的关系，即一个账簿可由多个账页组成。在一个工作簿中所包含的工作表都以标签的形式排列在状态栏的上方，当需要进行工作表的切换时，只要用鼠标单击工作表标签即可。

2. 工作表　工作表是由单元格组成的，它能够存储数字、字符、公式、图表等各种类型的信息和数据。一个工作表用一个标签来标识（如 Sheet1）。一般情况下，在一张工作表中可以存储一类相关信息。

3. 单元格　单元格是 Excel 2010 中存放数据的最小单位，单元格由横纵的行和列相交而成，工作表格区域中每一个长方形的小格就是一个单元格。每个单元格只能存储一个数据，而每一个单元格的长度、宽度以及单元格中的数据类型都是可变的。一张工作表是由若干个单元格组成的（一张工作表有 1 048 576×16 384 个单元格）。

第二节　Excel 2010 的基本操作

案例

　　在医院管理中我们可以用 Excel 编制一个管理系统，包括住院病人的病案号、姓名、住院日期、出院日期、医疗费等基本情况。这样对医院基本情况进行数据录入、保存、分析等，可提高医院管理工作的效率及效果。

　　请问：1. 如何创建工作簿？
　　　　　2. 如何保存、保护、共享工作簿？
　　　　　3. 工作表的基本操作包括哪些内容？

一、工作簿的基本操作

工作簿是指用来存储并处理工作数据的文件，它是 Excel 工作区中一个或多个工作表的集合。工作簿与工作表的基本操作包括新建、保存、共享以及单元格的简单编辑。

（一）新建工作簿

用户既可以新建一个空白工作簿，也可以创建一个基于模板的工作簿。一般情况下每次启动 Excel 2010 后，系统会默认新建一个名称为"工作簿 1"的空白工作簿（图 5-4），其默认扩展名为". xlsx"。

除了启动 Excel 2010 系统会自动新建一个空白工作簿外，还可以通过下面两种方法创建新工作簿。

1. 通过"文件"按钮新建空白工作簿　单击 文件 按钮，在弹出的下拉菜单中选择"新建"菜单项，在"可用模板"列表框中选择"空白工作簿"选项，然后单击"创建"按钮（图 5-5）。

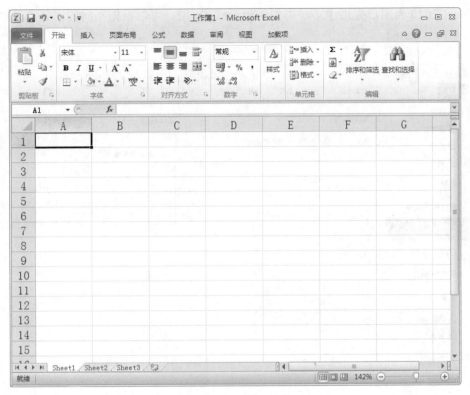

图 5-4 "新建"工作簿

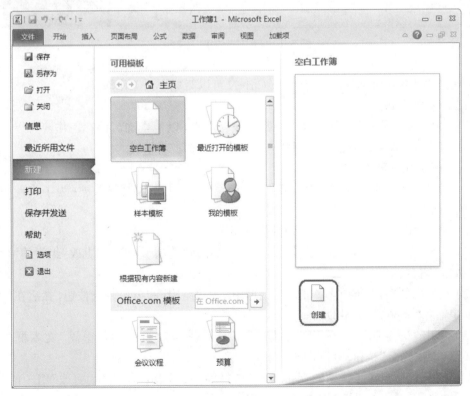

图 5-5 "新建"空白工作簿

Excel 2010 为用户提供了多种类型的模板样式，用户可以根据不同的需要选择模板并创建工作簿（图5-6）。

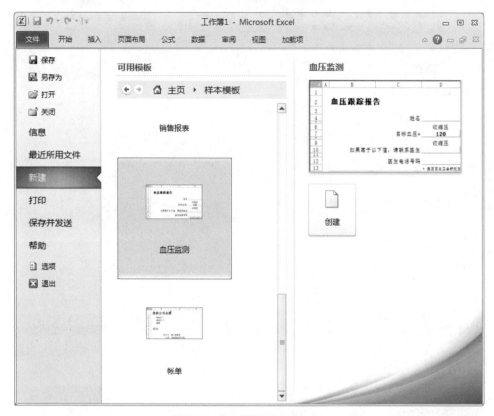

图 5-6　使用模板创建工作簿

2. 通过快捷键新建空白工作簿　按 Ctrl+N 可以新建空白工作簿。

（二）保存工作簿

创建或编辑工作簿后，用户可以将数据保存起来，以便查询。保存工作簿可以分为保存新建的工作簿、保存已有的工作簿和自动保存工作簿三种情况。

（三）保护和共享工作簿

在日常工作中，为了保护机密，我们可以对相关的工作簿设置保护；为了实现数据共享，还可以设置共享工作簿。

1. 保护工作簿　设置保护工作簿的操作步骤：

（1）打开"某医院情况一览表"文件，切换到"审阅"选项卡，单击"更改"组中的"保护工作簿"按钮（图5-7）。

（2）在弹出的"保护结构和窗口"对话框中选中"结构"和窗口复选按钮，然后在"密码"文本框中输入"66666"（图5-8）。

（3）单击"确定"按钮，弹出"确认密码"对话框，在"重新输入密码"文本框中输入"66666"，单击"确定"按钮即可（图5-9）。

如果用户想撤消对工作簿的保护，可以选择"审阅"选项卡，执行"更改"组中的"撤消工作簿保护"，正确输入保护密码即可取消相应的保护。

图5-7 保护工作簿

图5-8 "保护结构和窗口"对话框

图5-9 "确认密码"对话框

2. 共享工作簿　当工作簿的信息量比较大时,可以通过共享工作簿实现多个用户对信息的同步录入。

共享工作簿的操作步骤:

(1)选择"审阅"选项卡,单击"更改"组中的"共享工作簿"按钮(图5-10)。

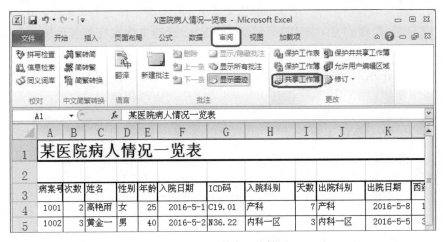

图5-10 共享工作簿

(2)在弹出的"共享工作簿"对话框中选择"编辑"选项卡,选中"允许多用户同时编辑,同时允许工作簿合并"复选框(图5-11)。

图 5-11 "共享工作簿"对话框

（3）单击"确定"按钮，即可共享当前工作簿。

取消共享工作簿的方法，打开"共享工作簿"，切换到"编辑"选项卡，撤消"允许多用户同时编辑，同时允许工作簿合并"即可。

前沿知识

使用 One Drive 协同处理 Excel。One Drive 是微软推出的一款个人文件存储工具，也叫网盘，支持电脑端、网页版和移动端访问网盘中存储的数据，还可以借助 Drive for Business，将用户的文件与其他人共享并与他们进行协作。

二、工作表的基本操作

一个工作簿可以包含多个工作表，工作表是 Excel 完成工作的基本单位，用户可以对其进行插入或删除、隐藏或显示、移动或复制、重命名、设置工作表标签颜色以及工作表的切换等基本操作。

（一）插入、删除工作表

通常每个新建的工作簿中默认有 3 张工作表，用户可以根据需要再插入新的工作表或删除已有的工作表。

1. 插入工作表的操作步骤：

（1）在工作表标签处单击鼠标右键。

（2）在弹出的快捷菜单中选择"插入"，打开"插入"对话框（图 5-12）。

（3）在"常用"选项卡中选择"工作表"项，最后单击"确定"按钮。

2. 删除工作表的操作步骤：

（1）右键单击要删除的工作表标签。

（2）在弹出的快捷菜单中选择"删除"项（图 5-13）。或单击"开始"选项卡→"单元格"组→"删除"按钮右侧的箭头→"删除工作表"。

（3）在打开的确定删除对话框中，确认删除操作。

图 5-12　插入工作表

（二）选择工作表

1. 选择单个的工作表　单击工作表标签即选择单个工作表，此时所选的工作表标签为白色状态（图 5-14）。

图 5-13　删除工作表

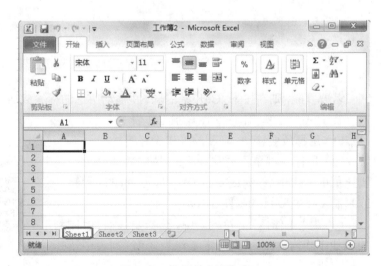

图 5-14　选择单个工作表

2. 选择连续的工作表　先单击第一张工作表的标签，然后按住 Shift 键，再单击要选的最后一张工作表标签，此时被选择的工作表标签呈白色状态。

3．选择不连续的工作表　如果选择不连续的工作表，只需在按下"Ctrl"键的同时，分别单击所要选择的工作表标签，此时，被选择的工作表标签也呈白色状态。

选择多个工作表后，标题栏内会出现"工作组"字样，此时在工作表中输入的数据或进行的设置将同时应用于选中的每张工作表。例如，同时选择 Sheet1 和 Sheet2 时，当在 Sheet1 中向 A1 单元格中输入内容时，则 Sheet2 中的 A1 单元格也会出现相同的内容。如果要取消工作表组的编辑，可单击任意一张工作表的标签即可。

（三）移动、复制工作表

根据需要，可以通过移动工作表的方法重新排列工作表标签栏中的位置，也可通过复制工作表的方法创建与已有工作表相似的工作表，以提高工作效率。与单元格一样，可以将工作表整个移动、复制到本工作簿或别的工作簿中。

1．在同一工作簿中移动、复制工作表　在一个工作簿中调整工作表的次序非常简单。

（1）选择所要移动的工作表标签。

（2）拖动所选标签到所需的位置。拖动时，光标会出现一个黑三角符号来显示移动的位置（图 5-15）。

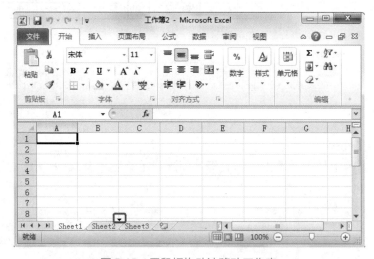

图 5-15　用鼠标拖动法移动工作表

若要复制，则在按下"Ctrl"键的同时，拖动所选的标签到所需的位置。

2．在不同工作簿间移动、复制工作表

（1）选择所要移动、复制的工作表标签。

（2）鼠标右键单击要移动、复制的工作表标签，在快捷菜单中选择"移动或复制工作表"命令，打开"移动或复制工作表"对话框（图 5-16）。

（3）从"工作簿"下拉列表中，选择要移动、复制到的其他工作簿，从"下列选定工作表之前"列表中选择目标位置。

（4）如果选中"建立副本"为复制操作，取消"建立副本"为移动操作。

（5）单击"确定"按钮，完成操作。

图 5-16　"移动或复制工作表"对话框

（四）重命名工作表

在新建的工作簿中，Excel 会自动给每一个工作表取名为"Sheet1""Sheet2""Sheet3"……但在实际工作中，为了方便记忆和进行有效的管理，用户可以改变这些工作表的名称。

1. 在工作表标签 Sheet1 上单击鼠标右键，在弹出的快捷菜单中选择"重命名"菜单项（图 5-17）。

2. 此时工作表标签"Sheet1"呈高亮显示，工作表名称处于可编辑状态。

3. 输入新的名称，然后按回车键。

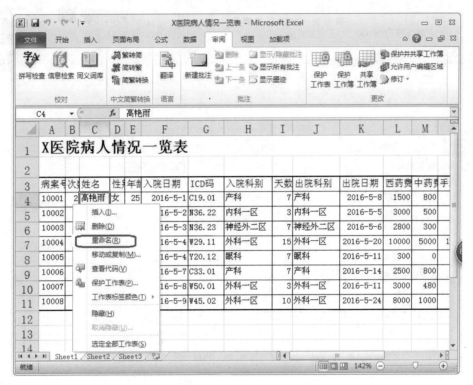

图 5-17 重命名工作表

（五）设置工作表标签颜色

当一个工作簿中有多个工作表时，为了方便对工作表的快速浏览，用户可以把工作表标签设置成不同的颜色。

1. 在工作表标签 Sheet1 上单击鼠标右键，在弹出的快捷菜单中选择"工作表标签颜色"菜单项。在弹出的级联菜单中列出了各种标准颜色，例如"红色"选项（图 5-18）。

2. 如果用户对"工作表标签颜色"级联菜单中的颜色不满意，还可以进行自定义操作。从"工作表标签颜色"级联菜单中选择"其他颜色"菜单项（图 5-19）。从颜色面板中选择自己喜欢的颜色，设置完成后，单击"确定"按钮即可。

（六）保护工作表

为了防止他人随意更改工作表，我们可以对工作表设置保护。

1. 打开"某医院病人情况一览表"。

2. 在工作表标签"Sheet1"中，切换到"审阅"选项卡，单击"更改"组中的"保护工作表"按钮（图 5-20）。

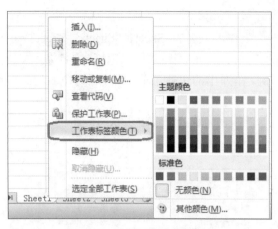

图 5-18　设置工作表标签颜色

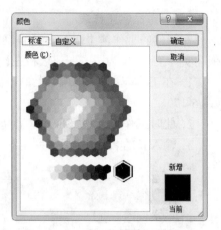

图 5-19　设置工作表标签其他颜色

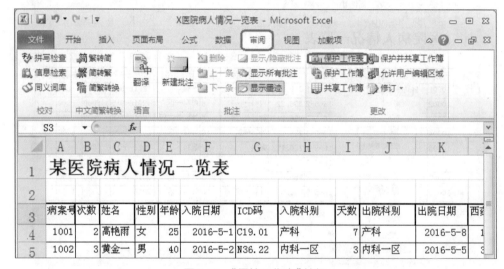

图 5-20　"保护工作表"按钮

3.在弹出的"保护工作表"对话框中选中"保护工作表及锁定的单元格内容"复选框，在"取消工作表保护时使用的密码"文本框中输入密码（图 5-21）。

4.密码输入后，单击"确定"按钮，打开"确认密码"对话框（图 5-22）。

图 5-21　"保护工作表"对话框

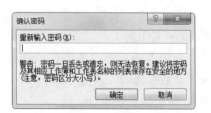

图 5-22　"确认密码"对话框

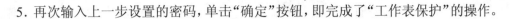

5. 再次输入上一步设置的密码，单击"确定"按钮，即完成了"工作表保护"的操作。

三、工作表中输入数据

 案例

　　用 Excel 编制一个"某医院病人情况一览表"工作表，并对该工作表的数据进行录入、保存、分析等。

　　请问：1. Excel 的数据类型包括哪几类？

　　　　　2. 自动序列填充的功能是什么？

（一）输入数据

　　Excel 的主要功能是进行数据处理。在进行数据统计和处理前，首先要向工作表输入数据，还可以在单元格中输入公式、函数。Excel 的数据包括文本型、数值型、日期型、时间型和逻辑型等，当向单元格中输入数据时，一般不需要特别指明输入数据的类型，Excel 会按约定自动识别数据类型，并对不同的数据类型按不同的对齐方式显示。

　　1. 输入字符　字符数据是字母、汉字或其他符号组成的字符串。在单元格中默认为左对齐。

　　（1）单击输入数据的单元格。

　　（2）输入数据。这时数据会显示在单元格和编辑栏中，单元格或编辑栏中会显示一插入点光标，同时在编辑栏的左侧会出现"取消"按钮 ✗ 和"输入"按钮 ✓ 。

　　在输入时，对输入内容进行修改的方法与大多数字处理软件一样的，可使用"Backspace"键或"Delete"键。

　　输入过程中，当输入的字符超出单元格的宽度时，出现两种情况：一是如果右侧单元格的内容为空，则超出的内容将占用右侧单元格的位置；如果单元格的右侧有数据的话，那么超出的数据则被隐藏。可以通过编辑栏查看隐藏的内容。

　　如果将数字作为文本型输入时，需要在数字前加上一个英文输入状态下的单引号"'"，比如身份证号的输入。所以数据的录入工作是非常重要的，掌握科学录入方法才能大大地提高工作效率。

 知识拓展

轻松输入身份证号码

　　我们的身份证号码为 18 位，如果在单元格中输入身份证号码，Excel 会以科学计数法来显示，并且总是把最后的 3 位数字变成 0，这是因为 Excel 能处理的数字精度最大是 15 位。所以，在单元格中正确的输入显示身份证号码，必须把它们作为文本而不是数字来输入。

　　在输入身份证号码以前先输入一个英文的单引号"'"，这个符号只是一个识别符，它表示其后面的内容是文本字符串，而符号本身没有任何意义，在单元格中不显示。

　　2. 数值类型的输入　在 Excel 中，数值类型的数据包括整数、小数、分数等。数值类型数据在单元格中默认对齐方式为右对齐。

输入数值可以使用普通计数法，如 2、-2，也可以使用科学计数法，如 1234.5 可输入 1.2345E+3。如果单元格内输入的数字超过 11 位，Excel 将自动按科学计数法表示。如输入："1 234 567 891 234"按回车键后单元格中显示 1.23457E+12。

数字的前面可以加 S 或 ¥ 符号具有货币的含义，计算时不受影响。若在数尾加 % 符号，表示该数除以 100，例如 90%，在单元格内虽然显示 90%，实际值是 0.9。

纯小数输入时可以省略小数点前面的 0，如输入".5"单元格会显示 0.5。

输入分数应先输入 0 和空格，如分数"2/3"应输入"0 2/3"。

3．日期、时间类型数据的输入　输入的日期与时间在单元格中右对齐。

输入日期的格式为年 / 月 / 日或月 / 日。如 2016/5/25 或 5/25，表示为 2016 年 5 月 25 日或 5 月 25 日。若按"Ctrl+；"则取当前系统日期。

输入时间的格式为时：分，如 15：10，若按"Ctrl+Shift+；"，则取当前系统时间。如果在单元格中输入"=now（）"，则取当前日期和时间。

4．输入附注信息　选定某单元格，在"审阅"选项卡——"批注"组中，单击"插入批注"命令（图 5-23），在系统打开的批注文本框中输入备注信息。一旦单元格中存有备注信息，在单元格的右上角出现一个红色的三角标记，当鼠标指针指向该单元格时就会显示这些备注信息，利用批注文本框也可以添加、删除信息（图 5-24）。

图 5-23　插入批注

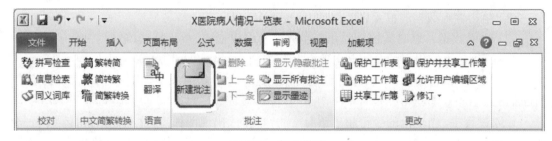

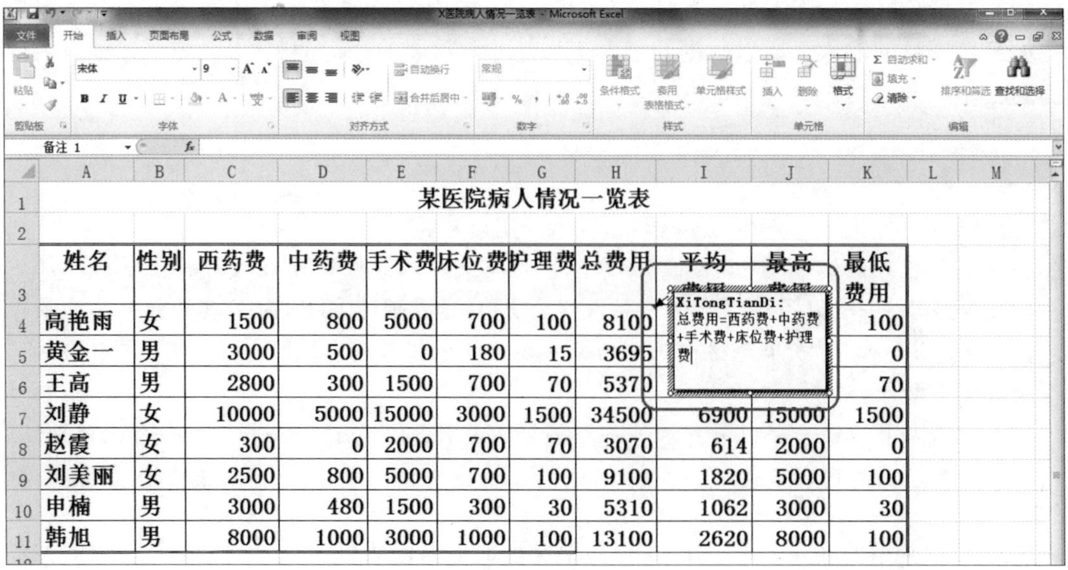

图 5-24　"插入批注"效果

（二）填充数据

序列的填充是 Excel 强大的功能之一。当我们进行数据录入的时候，如果录入的数据对象是连续的有规律的数据或文本，利用自动填充功能可以大大地简化我们的工作量，实现快速的录入。自动填充是指将用户选中的起始单元格中的数据复制或按序列规则延伸到所在行或列上的其他单元格中。自动填充包括填充相同的数据、填充有序的数据、多个单元格数据的填充、自定义序列填充、同时填充多张工作表等。下面以"自定义序列填充"为例来体验 Excel 2010 的强大。

1. 选定待填充数据的起始单元格，输入序列的初始值，如 2，如果让序列按给定的步长增长，再选定下一个单元格，在其中输入序列的第二个数值，如 4。两个起始数值之差，将决定该序列的步长。

2. 选定包含起始值的单元格区域，选定区域右下角的小黑方块称为"填充柄"。当用鼠标指向填充柄时，此时鼠标的指针变为黑十字形状，按下鼠标左键拖动填充柄至所需单元格即可（图 5-25）。

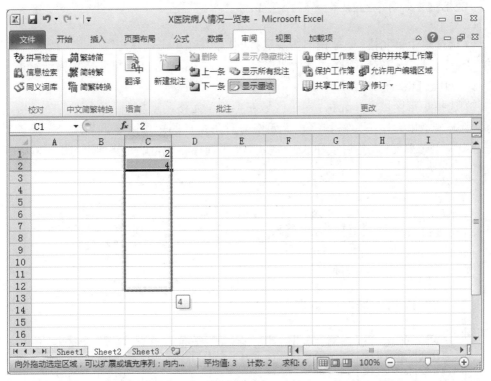

图 5-25 序列填充

（三）修改单元格数据

在单元格中输入了数据之后，可以根据需要对其中的数据进行编辑修改。在编辑单元格数据时，可以用以下几种方法：

1. 选中需编辑的单元格，直接键入新的数据覆盖原有数据。

2. 双击需编辑的单元格，然后对其中的数据进行局部的编辑修改。

3. 选中需编辑的单元格，并单击编辑栏，然后在编辑栏中对单元格数据进行编辑修改。修改完毕后均可按 Enter 键确认，或单击工作表中其他单元格确认即可。

四、工作表编辑

（一）单元格的操作

1. 选择单元格

知识拓展

转化数据的工具——分列和转置

在工作中要用 Excel 处理大量的数据，有时候在多个表格中，需要相互调用数据，比如把一个工作表中的第一列数据复制到另一张工作表中作为第一行中，用 Ctrl+C 和 Ctrl+V 去进行处理，那就很麻烦，用 Excel 2010 中提供的"分列"工具来进行转化数据就很轻松了。Excel 中分列是对某一数据按一定的规则分成两列以上。任务完成步骤为：

1. 选择要进行分列的数据列或行区域。

2. 从数据菜单中选择分列。

3. 根据分列向导，按照向导进行即可。

（1）选择单个单元格：鼠标指向需要选择的单元格，单击鼠标左键即可。或通过按键盘上的"↑、↓、←、→"方向键移动到所要选择的单元格。被选择的单元格称为活动单元格，其标志是四周有粗边框线。

（2）选择矩形区域的单元格：单击区域左上角单元格，拖动鼠标至右下角单元格，松开鼠标，则选定了以起始单元格和终止单元格为对角顶点的矩形区域。当选择距离较远时，可先选取左上角单元格，然后按住 Shift 键不放，再选择右下角单元格即可（图 5-26）。

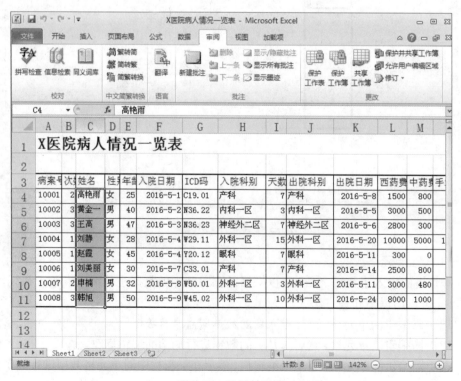

图 5-26　选择单元格

（3）多个不连续区域的选择：先选择第一个区域，再按住 Ctrl 键不放，选取其他区域，这样就可以选中不连续的单元格区域（图 5-27）。

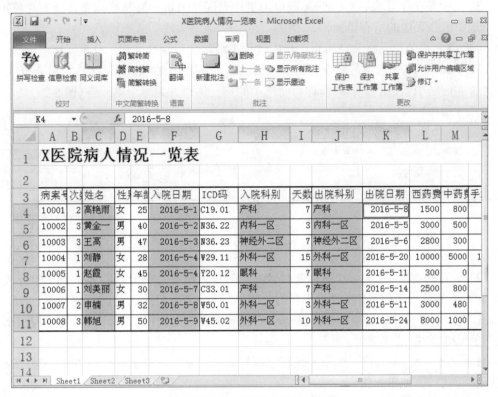

图 5-27　选择不连续区域的单元格

2. 选择行、列

（1）选中整行、整列：在工作表中，单击行号或列标即可选中相应的整行或整列单元格（图 5-28）。

图 5-28　选择整行、整列

（2）选中多行、多列：在要选的起始行号或列标处按下鼠标左键，然后拖动鼠标到终止行号、列标处，则多行或多列将被选中。

（3）选中整个工作表：按 Ctrl+A 或单击工作表区左上角行号与列标交叉处的灰色矩形框，可选中工作表中的所有单元格。

3．合并和拆分单元格　在编辑工作表过程中经常会用到合并和拆分单元格。

（1）单元格合并：选中需要合并的单元格区域，单击"开始"选项卡，选择"对齐方式"组中的"合并后居中"按钮 ，即可将选中的单元格合并为一个单元格（图 5-29）。

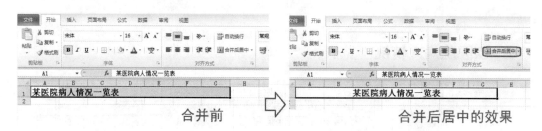

图 5-29　合并后居中

（2）单元格拆分：在 Excel 中只能对合并后的单元格进行拆分，这与 Word 中的表格有所不同。拆分单元格时，首先要选中要拆分的单元格，然后切换到"开始"选项卡，单击"对齐方式"组中的"合并后居中"按钮 右侧的下三角形按钮，在弹出的下拉列表中选择"取消单元格合并"选项即可。

4．插入行、列、单元格　如果发现在已制好的工作表中漏掉了数据，可根据需要在适当位置处插入行、列或单元格。

（1）插入单元格：选择所要插入单元格的位置，单击"开始"选项卡→"单元格"组→"插入"按钮 下方的箭头，在下拉菜单中选择"插入单元格"，在打开的"插入"对话框中选择单元格的插入方式，插入单元格后，Excel 将把当前单元格的内容自动右移或下移。

（2）插入行、列：单击所需要插入行、列所在的任一单元格，然后单击"开始"选项卡→"单元格"组→"插入"按钮 下方的箭头，在下拉菜单中选择"插入工作表行"或"插入工作表列"，这时当前行、列的内容会自动下移或右移。

5．清除与删除单元格　在 Excel 中，清除与删除单元格是两个不同的概念（图 5-30）。

（1）删除单元格：删除则不但删除单元格中的数据、格式等内容，还将删除单元格本身，删除单元格后，其右侧或下方的单元格内容会自动左移或上移。

① 选择所要删除的单元格。

② 单击"开始"选项卡→"单元格"组→"删除"按钮 下方的箭头，在下拉菜单中选择"删除单元格"。

③ 在打开的"删除"对话框中，选择删除后单元格移动的方向（图 5-31）。

④ 单击"确定"按钮完成操作。

另外，删除行或列也可以选用右键快捷菜单中的"删除"命令，实现同样的效果。

图 5-30　删除和清除单元格

（2）清除单元格：清除单元格是指清除单元格中的内容、格式、批注或全部等几项，清除单元格后，单元格本身依然存在。

选中需清除的单元格后，单击"开始"选项卡"编辑"组的"清除"，可以选择"全部清除""清除格式""清除内容""清除批注"和"清除超链接"（图5-32）。各命令的清除效果如下：

全部清除：清除选中单元格中的所有内容、格式和批注。

图5-31　单元格的删除

图5-32　单元格的清除

清除格式：只清除选中单元格的格式，其中的数据内容不变。

清除内容：只清除选中单元格中的数据内容，单元格格式不变（此效果也可以通过选中后按键盘上的删除键"Del"实现）。

清除批注：清除单元格批注，单元格的内容和格式都不改变。

6. 删除行和列

（1）单击所要删除的行或列的标志，选定该行或列。

（2）单击"开始"选项卡→"单元格"组→"删除"按钮，即可完成行、列的删除操作。

7. 移动与复制单元格　在 Excel 中可以将选中的单元格移动或复制到同一工作表、不同工作表、甚至不同工作簿中。复制单元格是将单元格的内容复制到新位置，原单元格的内容不变；移动单元格则是将单元格的内容移动到新位置，原单元格成为空白的单元格。选中需移动或复制的单元格后，可通过剪贴板或鼠标拖动的方法将其移动或复制到别的位置。

（1）选择需要移动或复制的单元格。

（2）单击"开始"选项卡"剪贴板"组的"剪切"或"复制"命令（使用右键快捷菜单也可以找到相同命令）。被剪切或复制的单元格周围将出现闪烁的虚线框。

（3）选定移动或复制的目标单元格，单击"开始"选项卡"剪贴板"组的"粘贴"命令（使用右键快捷菜单也可以找到相同命令）。剪切单元格后只能粘贴一次，不能像在 Word 中那样粘贴多次。

（4）如果切换到别的工作表或工作簿中再进行粘贴操作，可以实现跨工作表或工作簿的移动、复制。使用剪贴板比较适合于源与目标距离较远的移动、复制操作或是跨工作表、跨工作簿的移动、复制操作。

 前沿知识

处理和编辑 Excel 文档后，有时需要将电脑中的 Excel 文档传送到手机中，一般主要为两种形式：

1. 手机连接电脑，进行发送　使用手机数据线，将手机和电脑相连，打开电脑界面，即可看到识别的设备图标，单击进入内部存储设备，将 Excel 文档复制任一文件夹或新文件夹中。

另外，也可以借助 360 手机助手、应用宝等手机管理软件，将 Excel 文档发送到手机中。

2. 使用帐号，进行同步或发送　在手机联网的情况下，可以使用一些帐号的同步或发送功能，下载 Excel 文档。我们还可以使用 QQ 的文件助手进行发送，前提是手机与电脑使用同一 QQ 帐号，单击电脑 QQ 界面中"我的设备"分组中的设备图标，打开对话框，将要发送的 Excel 文件拖曳到对话框中，即可发送。另一端，在手机中接收下载即可。另外，用户可以使用云盘等进行同步下载，还可以使用邮箱进行附件发送。

第三节　工作表格式化

案例

为了更形象、更直观地反映工作表的数据，我们可以对工作表的字体、字形、字符的颜色、工作表的边框和底纹及背景等进行美化，从而更好地管理医院各个部门的数据。

请问：1. 工作表的格式化包括哪些内容？
　　　2. 如何使用 Excel 的自动套用格式功能来快速格式化表格？

工作表建立后，其格式为默认格式，可以根据需要对数字、字体、行高、列宽、对齐方式等进行调整。

一、设置单元格格式

单元格格式的设置主要包括设置字体格式、对齐方式、边框和底纹以及背景色等。

（一）数字格式的设置

Excel 提供了多种数字格式，在对数字格式化时，可以设置不同小数位数、百分号、货币符号等来表示同一个数。

1. 使用功能区按钮设置数字格式　选定要设置数字格式的单元格或区域，单击"开始"选项卡→"数字"组（图 5-33），即可设置相应的数字格式。"格式"工具栏中部分数字格式按钮说明（表 5-1）。

2. 使用菜单命令设置数字格式。

（1）选定要设置数字格式的单元格或单元格区域。

图 5-33　用功能区设置数字格式

表 5-1 "数字组"中部分数字格式按钮说明

按钮	名称	实例
	货币样式	设置数字 12345 的显示格式为¥12,345.00
	百分比样式	设置数字 0.123 的显示格式为 12.3%
	千位分隔样式	设置数字 12345 的显示格式为 12,345.00
	增加小数位	设置数字 1.23 的显示格式为 1.230

（2）单击鼠标右键，在快捷菜单中选择"设置单元格格式"命令，打开"设置单元格格式"对话框。

（3）在弹出的"单元格格式"对话框中选择"数字"选项卡（图 5-34）。

（4）在"分类"列表框中选择"数值"选项，然后选定需要的数字格式，在"示例"框可预览设置的效果。

（5）单击"确定"完成。

图 5-34 用菜单法设置数字格式化

（二）设置字符格式

在缺省情况下，输入的字体为"宋体"，字形为"常规"，字号为"12"。设置字符格式包括设置字符的字体、字号、字形、颜色等。

1. 使用"功能区"按钮设置字符格式。

（1）选择要设置字符格式的单元格或区域。

（2）单击"开始"选项卡→通过"字体"组"字体"下拉列表框、"字号"下拉列表框、"加粗"按钮、"倾斜"按钮、"下划线"按钮、"字体颜色"（图 5-35），可以对字体进行格式化。

2. 使用菜单命令设置字符格式。

（1）选择要设置字符格式的单元格或区域。

（2）在选定的区域内单击鼠标右键，在弹出的快捷

图 5-35 用功能区设置字体格式化

菜单中选择"设置单元格格式"。或者选择"开始"选项卡→"单元格"组→"格式"命令，在下拉菜单中选择"设置单元格格式"，打开"单元格格式"对话框（图5-36）。

（3）选择"字体"选项卡，如图所示，在其中选择"字体""字形""字号""下划线""颜色"以及"特殊效果"等。

（4）单击"确定"按钮。

图5-36 "字体"选项卡

（三）设置对齐方式

默认情况下，输入单元格的数据是按照文字左对齐、数字右对齐、逻辑值居中对齐的方式来进行设置的。可以通过有效的设置对齐方法，来使版面更加美观。

1. 使用功能区按钮设置对齐方式 选定要设置对齐格式的单元格或区域，单击"开始"选项卡→"对齐方式"组的各个相应的按钮（图5-37）。

2. 使用对话框设置对齐方式。

（1）选定要设置对齐格式的单元格或区域。

图5-37 用功能区设置对齐方式

（2）单击"开始"选项卡→"单元格"组→"格式"按钮→"设置单元格"格式按钮，打开"单元格格式"对话框，选择"对齐"选项卡（图5-38）。

（3）在该对话框中，选择水平和垂直对齐方式。

（4）在"方向"列表框中，改变单元格内容的显示方向。

（5）若选中"自动换行"复选框，当单元格中的内容宽度大于列宽时，则自动换行。若要在单元格内强行换行，可直接按"Alt+Enter"键。

（四）设置边框和背景色

工作表中显示表格边框线条是为了输入、编辑方便而设置的，在打印或预览时并不显示，可以通过"设置单元格格式"来设置边框和背景色。

1. 用功能区按钮设置边框与底纹 利用功能区中的按钮可以进行简单的边框与背景色设置。

图 5-38　用菜单设置对齐方式

（1）选择需要添加边框和底纹的单元格。

（2）单击"开始"选项卡→"字体"组→"边框"按钮旁的下拉箭头（图 5-39），在打开的下拉列表中选择所需的框线。

图 5-39　用工具按钮设置边框和底纹

163

（3）单击"开始"选项卡→"字体"组→"填充颜色"按钮旁的下拉箭头，选择所需的颜色。

2. 用菜单设置边框与底纹　如果需要设置复杂的边框和背景色，可以通过下面的方法进行：

（1）选择需要添加边框和底纹的单元格。

（2）单击"开始"选项卡→"单元格"组→"格式"按钮，在下拉菜单中选择"设置单元格格式"，打开"单元格格式"对话框。

（3）在"单元格格式"对话框中，单击"边框"选项卡（图 5-40）。

图 5-40　设置边框

（4）在"线条"框下的"样式"列表框中选取线条样式，可设置不同的线型。

（5）单击"颜色"下拉列表框，可以给边框加上不同的颜色。

（6）选择"填充"选项卡，设置表格或单元格的背景色（图 5-41）。

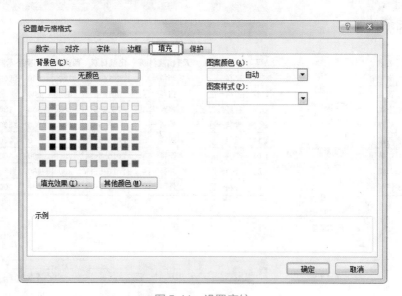

图 5-41　设置底纹

知识拓展

在工作表中除了可以通过设置格式美化外,还可以插入图片、插入 SmartArt 图形等,使表格显得更加漂亮、美观。

二、调整行高和列宽

工作表中的行高和列宽是 Excel 隐含设定的,行高自动以本行中最高的字符为准,列宽预设 8 个字符位置。如果需要可以手动调整,系统规定一行的高度或一列的宽度必须一致。

1. 调整行高、列宽 调整某一行的行高或某一列的列宽,将鼠标指针放在行号或列标之间的分隔线处,当其形状变成"双向箭头"时,拖动鼠标指针到合适的高度、宽度后松开。

2. 精确调整行高、列宽。

(1)选定要调整行高的行或要调整列宽的列。

(2)选择"开始"选项卡→"单元格"组→"格式"→"行高"(或"列宽")命令,打开"行高"(或"列宽")对话框。

(3)在对话框中键入行高(或列宽)的精确数值(图 5-42)。

(4)单击"确定"按钮即可。

图 5-42　调整行高和列宽

三、设置条件格式

条件格式是指把所选的单元格中符合条件的以一种格式显示,不符合条件的以另一种格式显示(如单元格中的底纹和颜色)。

1. 选择要设置条件格式的单元格区域(图 5-43)。

2. 单击"开始"选项卡→"样式"组→"条件格式",在下拉菜单中选择"新建规则",打开"新建格式规则"对话框(图 5-44)。

图 5-43 选择设置条件格式区域

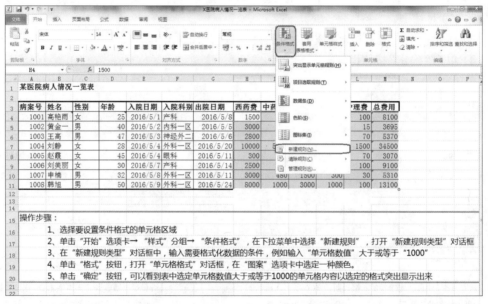

图 5-44 设置新建规则

3.在"新建格式规则"对话框中,输入需要格式化数据的条件,例如输入"单元格数值"大于或等于"1000"(图 5-45)。

4.单击"格式"按钮,打开"设置单元格格式"对话框,在"填充"选项卡中选定一种颜色。

5.单击"确定"按钮,可以看到表中选定单元格数值大于或等于 1000 的单元格内容以选定的格式突出显示出来(图 5-46)。

图 5-45 设置条件格式

图 5-46 设置条件格式后的效果

四、套用表格格式

Excel 在"套用表格格式"功能中,提供了许多种漂亮而且专业的表格形式,它们是上述各项格式的组合,通过套用表格样式可以快速设置一组单元格的格式,并将其转化为表格。

1. 选择要格式化的单元格或单元格区域。

2. 单击"开始"选项卡→"样式"组→"套用表格格式"按钮,在下拉列表中选择所需的样式(如"表样式浅色 4")(图 5-47)。

图 5-47 自动套用格式

3. 单击"确定"按钮,表格自动使用选定的新格式(图 5-48)。

如果需要取消表格套用的格式,选中任一单元格,单击"表格工具"→"设计"选项卡→"工具"组→"转换为区域"按钮,将表转化为区域后即为表格设置边框和底纹。

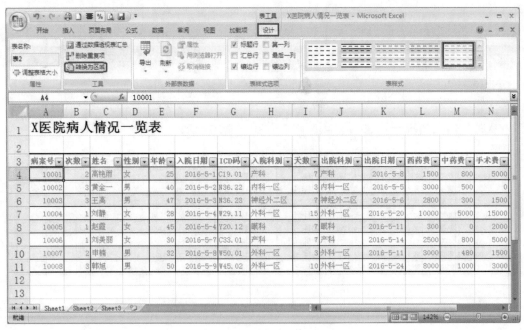

图 5-48 "自动套用格式"的效果

第四节 公式与函数

> 各大医院护理部为了加强基础质量管理,提高护理服务质量,每隔两月要对护理人员进行"三基"(基础理论,基本知识,基本技能)培训并且进行考核。
>
> 请问:1. 怎样快速地计算、统计考核的成绩?
>
> 2. 怎样使用公式?
>
> 3. 怎样使用函数?

工作表是用来存放数据的,但存放并不是最终目的,最终目的是对数据进行查询、计算、统计等,或者将数据处理结果绘制成各种图形图表进行分析等。

在 Excel 中,应用公式可以帮助分析工作表汇总的数据,避免用手工进行计算的烦琐与容易出错的问题,从而为用户提供极大的方便。

一、使用公式

公式是对数据进行分析与计算的等式。在 Excel 2010 中,可以用公式对数值进行计算,例如求和、平均值、最大值、最小值等。公式是利用运算符把各种元素(数值、单元格地址、函数等)连接在一起的有意义的式子,例如:"=(L4+M4+N4+O4+P4)/5"。运算符对公式中的元素进行特定类型的计算,并决定它们的运算顺序。

(一)运算符

运算符是用来对公式中的各元素进行运算操作的。在 Excel 中,运算符分为 4 种类型,分别是算术运算符、文本运算符、比较运算符和引用运算符。

1. 算术运算符 可以完成基本的数学运算,如加、减、乘、除等。表5-2列出了可以使用的算术运算符。

表5-2 算术运算符

运算符	含义	举例	结果
+	加	=6+6	12
-	减	=100-50	50
*	乘	=6*6	36
/	除	=60/5	12
%	百分号	=60%	0.6
^	乘方	=2^2(2的2次方)	4

2. 比较运算符 比较运算符主要用于数值比较,并产生逻辑值,即TRUE(真)或FALSE(假)。其组成和含义如下表所示(表5-3)。

表5-3 比较运算符

运算符	含义	示例	结果 (假设A1值为5,B2值为3)
=	等于	A1=B2	FALSE
>	大于	A1>B2	TRUE
<	小于	A1<B2	FALSE
>=	大于等于	A1>=B2	TRUE
<=	小于等于	A1<=B2	FALSE
<>	不等于	A1<>B2	TRUE

3. 文本运算符 文本运算符"&",用于将两个或多个字符连接为一个组合文本。下表列出了文本运算符及其含义(表5-4)。

表5-4 文本运算符

运算符	含义	举例	结果
&	文字连接	="人民"&"卫生"	人民卫生
&	文字同单元格连接	="人民"& A2	人民卫生(假设A2中的内容是"卫生")

4. 引用运算符 引用运算符主要用于合并单元格区域。其组成和含义如下表所示(表5-5)。

表5-5 引用运算符

运算符	含义	举例
:	区域运算符:对两个引用之间包括这两个引用在内的所有单元格进行引用	A2: A6引用从A2到A6的所有单元格
,	联合运算符:将多个引用合并为一个引用	SUM(A2: A6, B2: B6)将 A2: A6 和 B2: B6 这两个合并成一个
空格	交集运算符:产生同时属于两个引用的单元格区域的引用	SUM(A1: F1 B1: B3)只有 B1 同时属于两个引用A1: F1 和 B1: B3

上述运算符中具有优先级。一般来说，对公式进行计算时，具有较高优先级的运算符先于较低优先级的运算符进行计算，如果公式中包含了相同优先级的运算符，Excel 将从左向右进行计算。通过使用括号可以更改运算顺序，括号内的部分将优先计算。

（二）输入公式

输入公式时，可以在单元格中直接输入，也可以在编辑栏中输入。还可以选择单元格进行引用数据。

1. 单击要输入公式的单元格 M4。

2. 输入等号"="，然后输入公式，公式会同时显示在单元格和编辑栏中。例如，在 M4单元格中直接输入公式"=L4+M4+N4+O4+P4"（图 5-49）。

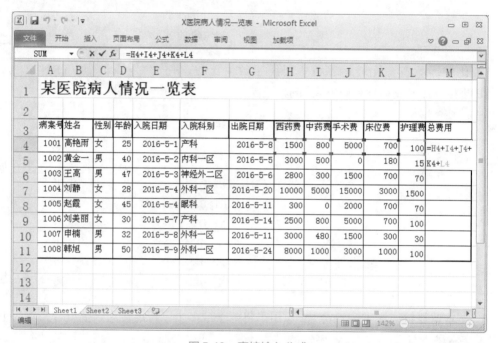

图 5-49 直接输入公式

3. 输入后，按"Enter"键或单击编辑栏的"输入"按钮 ✓。这时，在单元格中显示运算结果，而不是公式（图 5-50）。

 知识拓展

如果公式中引用的数据包含有已有定义名称的单元格区域，那么输入公式要引用地址时，用户还可以从列表中选择名称，可以用以下两种方法在公式中插入名称。

1. 选择"公式"选项卡"定义的名称"组—"用于公式"按钮—"粘贴名称"命令，Excel 会显示"粘贴名称"对话框，选择"名称"，然后单击"确定"按钮，或者双击"名称"，这样会插入名称。

2. 按 F3 键可以显示"粘贴名称"对话框。

（三）编辑公式

输入公式后，用户可以对其进行编辑，主要包括修改、复制公式和显示公式。

图 5-50　输入公式后的结果

1. 修改公式。

（1）双击要修改公式的单元格 M4，此时公式为修改状态（图 5-51）。

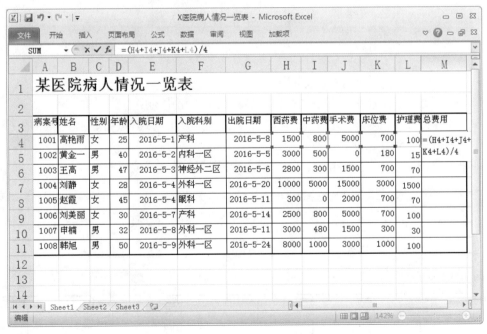

图 5-51　修改公式

（2）修改完毕直接按回车键即可。

2. 复制公式　复制公式是将创建好的公式复制到其他单元格中。对公式可以进行单个复制，也可以进行快速填充。

（1）单个复制公式：选中要复制公式的单元格 M4，然后按 Ctrl+C 组合键，选中公式要放置的目标单元格 M5，然后按 Ctrl+V 组合键即可。

（2）快速填充公式：选中要复制公式的单元格 M4，然后将鼠标移动到单元格右下角的填充柄，此时鼠标指针变成"+"形状。

（3）按住鼠标左键不放，向下拖动到单元格 M11，释放左键，此时公式就填充到选中的单元格区域（图 5-52）。

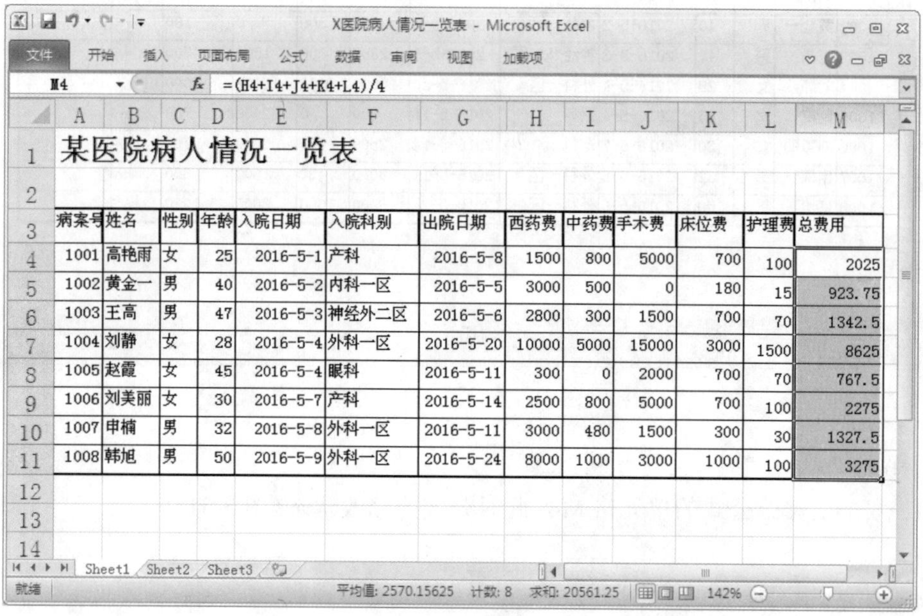

病案号	姓名	性别	年龄	入院日期	入院科别	出院日期	西药费	中药费	手术费	床位费	护理费	总费用
1001	高艳雨	女	25	2016-5-1	产科	2016-5-8	1500	800	5000	700	100	2025
1002	黄金一	男	40	2016-5-2	内科一区	2016-5-5	3000	500	0	180	15	923.75
1003	王高	男	47	2016-5-3	神经外二区	2016-5-6	2800	300	1500	700	70	1342.5
1004	刘静	女	28	2016-5-4	外科一区	2016-5-20	10000	5000	15000	3000	1500	8625
1005	赵霞	女	45	2016-5-4	眼科	2016-5-11	300	0	2000	700	70	767.5
1006	刘美丽	女	30	2016-5-7	产科	2016-5-14	2500	800	5000	700	100	2275
1007	申楠	男	32	2016-5-8	外科一区	2016-5-11	3000	480	1500	300	30	1327.5
1008	韩旭	男	50	2016-5-9	外科一区	2016-5-24	8000	1000	3000	1000	100	3275

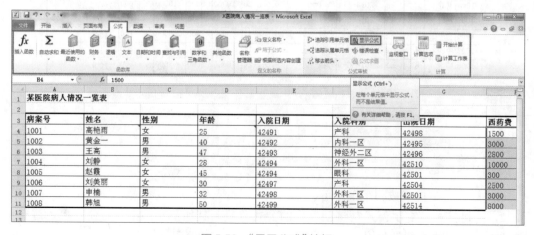

图 5-52 复制公式

3. 显示公式 显示公式的方法有两种。

（1）双击要显示公式的单元格进行单个显示显示表格中的所有公式。

（2）单击"公式"选项卡，选择"公式审核"组中的"显示公式"按钮显示表格中的所有公式（图 5-53 和图 5-54）。

如果要取消显示，再次单击"公式审核"组中的"显示公式"按钮即可。

病案号	姓名	性别	年龄	入院日期	入院科别	出院日期	西药费
1001	高艳雨	女	25	42491	产科	42498	1500
1002	黄金一	男	40	42492	内科一区	42495	3000
1003	王高	男	47	42493	神经外二区	42496	2800
1004	刘静	女	28	42494	外科一区	42510	10000
1005	赵霞	女	45	42494	眼科	42501	300
1006	刘美丽	女	30	42497	产科	42504	2500
1007	申楠	男	32	42498	外科一区	42501	3000
1008	韩旭	男	50	42499	外科一区	42514	8000

图 5-53 "显示公式"按钮

	E	F	G	H	I	J	K	L	M
1									
2									
3	入院日期	入院科别	出院日期	西药费	中药费	手术费	床位费	护理费	总费用
4	42491	产科	42498	1500	800	5000	700	100	=(H4+I4+J4+K4+L4)/4
5	42492	内科一区	42495	3000	500	0	180	15	=(H5+I5+J5+K5+L5)/4
6	42493	神经外二区	42496	2800	300	1500	700	70	=(H6+I6+J6+K6+L6)/4
7	42494	外科一区	42510	10000	5000	15000	3000	1500	=(H7+I7+J7+K7+L7)/4
8	42494	眼科	42501	300	0	2000	700	70	=(H8+I8+J8+K8+L8)/4
9	42497	产科	42504	2500	800	5000	700	100	=(H9+I9+J9+K9+L9)/4
10	42498	外科一区	42501	3000	480	1500	300	30	=(H10+I10+J10+K10+L1
11	42499	外科一区	42514	8000	1000	3000	1000	100	=(H11+I11+J11+K11+L1

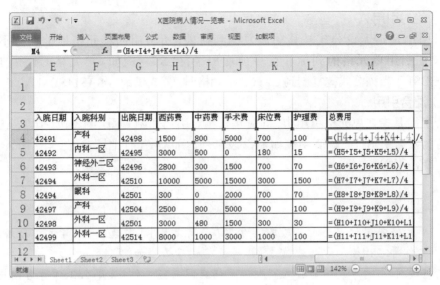

图 5-54　显示所有的公式

二、单元格的引用

单元格引用是单元格地址的引用，其目的在于指明所使用数据的存放位置。单元格引用有不同的表示方法，可以在一个公式中使用工作表不同内容的数据，或者多个公式中使用同一个单元格的数据，还可以引用同一工作簿中不同工作表的数据、不同工作簿的数据。

单元格的引用一般分为相对引用、绝对引用和混合引用三种。

（一）相对引用

所谓相对引用是指单元格引用会随公式所在单元格的位置变化而变化，即在复制或移动公式时，随着公式所在单元格地址的改变，被公式引用的单元格地址也自动做相应调整。例如，单元格 M4 的公式为“=(H4+I4+J4+K4+L4)/4”，当该公式被复制到 M5 元格时，公式中的引用“=L4+M4+N4+O4+P4”会随着公式位置的改变自动变成“=(H5+I5+J5+K5+L5)/4”(图 5-55)。

	E	F	G	H	I	J	K	L	M
1									
2									
3	入院日期	入院科别	出院日期	西药费	中药费	手术费	床位费	护理费	总费用
4	42491	产科	42498	1500	800	5000	700	100	=(H4+I4+J4+K4+L4)/4
5	42492	内科一区	42495	3000	500	0	180	15	=(H5+I5+J5+K5+L5)/4
6	42493	神经外二区	42496	2800	300	1500	700	70	=(H6+I6+J6+K6+L6)/4
7	42494	外科一区	42510	10000	5000	15000	3000	1500	=(H7+I7+J7+K7+L7)/4
8	42494	眼科	42501	300	0	2000	700	70	=(H8+I8+J8+K8+L8)/4
9	42497	产科	42504	2500	800	5000	700	100	=(H9+I9+J9+K9+L9)/4
10	42498	外科一区	42501	3000	480	1500	300	30	=(H10+I10+J10+K10+L1
11	42499	外科一区	42514	8000	1000	3000	1000	100	=(H11+I11+J11+K11+L1

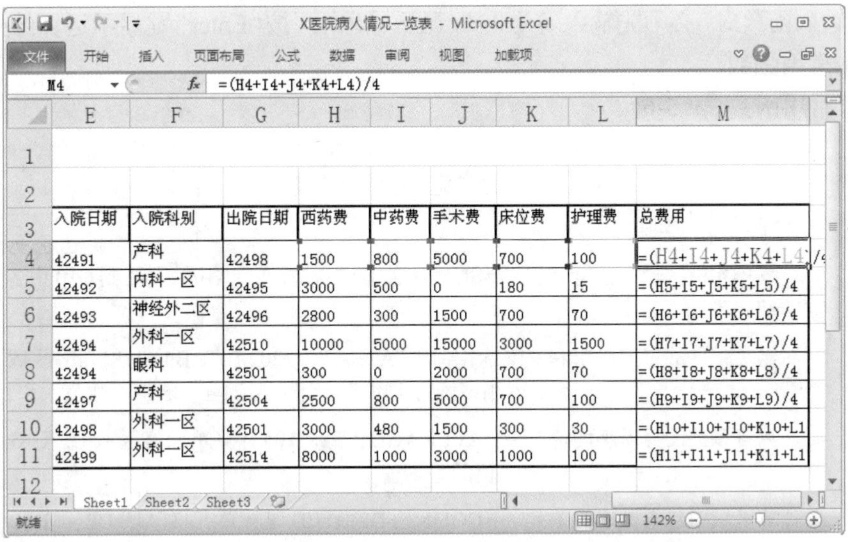

图 5-55　相对引用

（二）绝对引用

绝对引用是指无论公式被移动或复制到何处，所引用的单元格地址保持不变。绝对引用须在引用单元格的列标和行号前增加字符"$"。例如，单元格 C1 中的公式为"=$A$1+$B$1"，当该公式被复制到 C2、C3 单元格时，公式仍为"=$A$1+$B$1"。

（三）混合引用

混合引用是指在单元格引用中，同时包含相对引用和绝对引用。例如 $A2、A$2，则这类地址称为混合引用地址。其中例如 $A2 表示列地址不变，行地址发生变化；而 A$2，表示行地址不变，列地址变化。

知识拓展

> 1．单元格引用时完整的书写格式为：[工作簿名称]工作表名称！单元格地址。
> 2．工作簿名称须加方括号"[ ]"，工作表名称后必须加"！"。
> 3．如果引用的单元格与公式所在单元格在同一张工作表，那么工作簿名称与工作表名称均可省略；如果引用的单元格与公式所在的单元格属于同一张工作簿的不同工作表，那么工作簿名称可以省略。例如，="[护士排班表.xlsx]白班护士！C2：C10"将引用"护士排班表.xlsx"工作簿中"白班护士"工作表内从 C2 到 C10 单元格区域的数据。

三、使用函数

（一）函数的格式

函数是已经定义好的特殊公式，大多数是经常使用的公式的简写形式。函数由函数名和参数组成，其一般格式为：

函数名（参数 1，参数 2……）

参数可以是文本、数值、逻辑值、单元格引用，也可以是表达式。参数放在函数名后面，要用圆括号"（ ）"括起来，参数与参数之间用逗号"，"分开。

直接输入函数时，必须先输入等号"="，函数输入后，按"Enter"键显示运算结果。

（二）常用函数

Excel 常用函数（表 5-6）。

表 5-6　部分常见函数的名称及说明

名称	说明	示例
SUM	计算单元格区域中所有数值的和	=SUM（C2：C10）计算单元格区域 C2 到 C10 中各数值的和
SUMIF	对满足条件的单元格求和	=SUMIF（A1：A5，">20"，B1：B5）对单元格区域 A1 到 A5 中大于 20 的相对应区域 B1 到 B5 中的数值求和
AVERAGE	计算各参数的算术平均值	=AVERAGE（C2：C10）计算单元格区域 C2 到 C10 中各数值的平均值
COUNT	计算区域中包含数字的单元格的数目	=COUNT（D2：D10）统计单元格区域 D2 到 D10 中含有数字的单元格的数目

续表

名称	说明	示例
COUNTIF	计算某个区域中满足给定条件的单元格数目	=COUNT（D2：D10，">60"）统计单元格区域 D2 到 D10 中值大于 60 的单元格的数目
MAX	返回一组数值中的最大值	=MAX（C2：C10）返回单元格区域 C2 到 C10 中的最大值
MIN	返回一组数值中的最小值	=MIN（C2：C10）返回单元格区域 C2 到 C10 中的最小值

（三）利用函数进行计算

创建"内科护理人员三基培训考核成绩表 .xlsx"工作簿（图 5-56）。

图 5-56　创建"内科护理人员考核成绩表"工作簿

1. 使用函数 SUM 计算"总分"。

（1）选定存放结果单元格 E3。

（2）单击"公式"选项卡中"函数库"组的"插入函数"按钮，弹出"插入函数"对话框（图 5-57）。

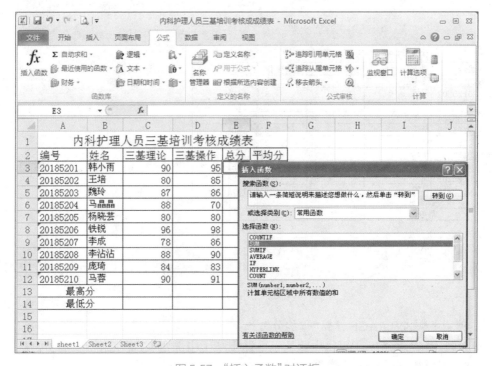

图 5-57　"插入函数"对话框

175

（3）从"选择函数"列表框中选择"SUM"函数，单击确定，弹出"函数参数"对话框（图 5-58）。

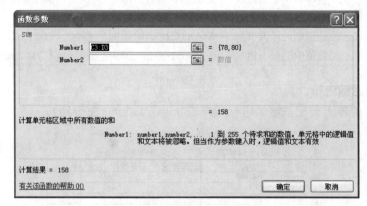

图 5-58 "函数参数"对话框

（4）检查参数中的引用范围是否正确，如果正确，单击确定。如果不正确，需要在"Number1"编辑框内重新输入正确的单元格区域，单击确定。

（5）拖动 E3 单元格填充柄一直将该函数复制 E12 单元格（图 5-59）。

图 5-59 计算总分

2. 使用函数 AVERAGE 计算"平均分"。

步骤同计算"总分"一样，需注意的是上述步骤 1 中选定 F3 单元格，步骤 3 中从"选择函数"列表框中选择"AVERAGE"函数（图 5-60）。

图 5-60 计算平均分

3. 使用函数 MAX 分别找出"三基理论"和"三基操作"的最高分。

步骤同计算"总分"一样,需注意的是步骤 1 中选定 E13 单元格,步骤 3 中从"选择函数"列表框中选择"MAX"函数。步骤 5 中拖动 C13 单元格填充柄一直将该函数复制 D13 单元格(图 5-61)。

4. 使用函数 MIN 函数分别统计"三基理论"和"三基操作"的最低分(图 5-62)。

图 5-61 统计最高分

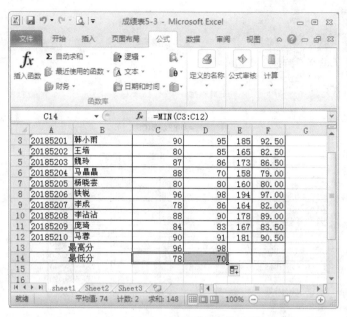

图 5-62 统计最低分

5. 使用函数 COUNTIF 分别统计"三基理论"和"三基操作"在 85 分以上的人数。

若果不使用"插入函数"对话框，也可在存放结果单元格或编辑栏中直接输入函数表达式。

（1）选定存放结果单元格 C14。

（2）在 C14 单元格或编辑栏中直接输入"=COUNTIF（C3：C12,">85"）"然后按回车键（图 5-63）。

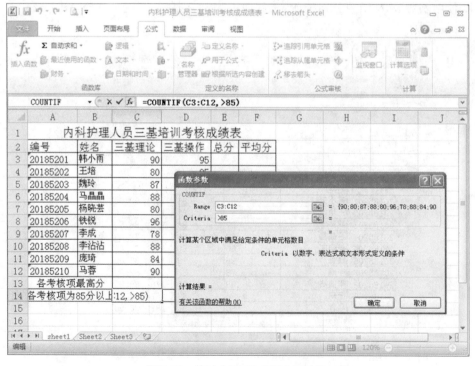

图 5-63 统计大于 85 分以上的人数

（3）拖动：C14 单元格填充柄一直将该函数复制到 D14 单元格。

（四）修改函数

如果要修改函数表达式，可以选定修改函数所在的单元格，将光标定位在编辑栏中的错误地方，用删除键"Del"或"Backspace"键删除错误内容，然后输入正确内容即可。若是函数的参数输入有误，选定函数所在的单元格，单击编辑栏中的"插入函数"按钮，再次打开"函数参数"对话框，重新输入正确的函数参数即可。

第五节　工作表的数据管理

 案例

Excel 2010 可以对表格中的数据进行简单分析，通过 Excel 的排序功能可以将数据标准的内容按照特定的规则排序；使用筛选功能可以将满足用户条件的数据单独显示。如：中药店的药品销售清单中有上百种药品相关信息。

请问：1. 我们如何在这么多记录中查到需要的信息？

　　　2. 如何对数据进行排序、筛选、分类汇总？

Excel 可以对大量、无序的原始数据进行排序、筛选、分类汇总等数据管理和统计分析操作，从中获取更加丰富实用的信息。

一、数据排序

对数据按照一定的规则进行排序可以显示出所要查找的信息，以便满足不同数据分析的要求。Excel 可以对一列或多列中的数据按照文本、数字及时间等进行排序，排序分为"升序"和"降序"。"升序"是从小到大进行排序；"降序"是从大到小进行排序。

（一）按单条件排序

单条件排序可以根据一行或一列的数据对整个数据表按照"升序"或"降序"的方法进行排序。

创建"药品销售清单 .xlsx"工作簿（图 5-64），并对其按"零售价"降序排序。

	A	B	C	D	E	F	G	H
1	药品条码	药品名称	药品规格	药品类别	药品单位	零售价	数量	金额
2	A690001	黄连上清片	48片/盒	中成药	盒	2.5	15	
3	A690002	洗脚皂	70克	外用药品	盒	5	30	
4	A690003	痛经宝	10袋	中成药	盒	28	168	
5	A690004	冰硼散	10支/盒	中成药	盒	5	30	
6	A690005	万通筋骨贴	6贴/盒	外用药品	盒	10	60	
7	A690006	新天使	12只	非药品	盒	20	120	
8	A690007	丙谷胺片	50片	化学药品	瓶	3	18	
9	A690008	西藏男宝	6+6	中成药	盒	28	168	
10	A690009	精制狗皮膏	4贴/袋	外用药品	袋	1.5	9	
11	A690010	地奥心血康	20片	中成药	盒	8	48	
12	A690011	金达宁喷脚王	35毫升	外用药品	盒	13	78	
13	A690012	清开灵软胶囊	12粒/盒	中成药	盒	16	96	
14	A690013	维C银翘片	24片	中成药	盒	2	12	
15	A690014	保泰松片	100片	化学药品	瓶	3	18	
16	A690015	达克宁乳膏	20克	外用药品	盒	13	78	
17	A690016	鼻炎康片	50片	中成药	盒	11	66	
18	A690017	可宁润肤霜	50克	非药品	盒	10	60	

图 5-64　创建药品销售清单

179

排序的操作方法如下：

1. 单击"零售价"列中任意单元格。

2. 单击"开始"选项卡中"编辑"组的"排序和筛选"按钮，在弹出的下拉菜单中选择"降序"（图5-65）。

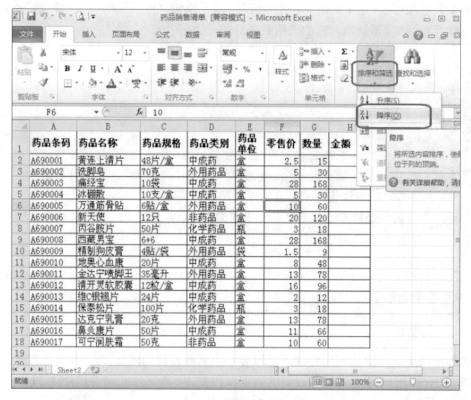

图5-65 "排序"结果

单击"数据"选项卡中"排序和筛选"组的"降序"按钮也可以完成操作。

（二）多条件排序

按照一列进行排序时，有时一列中的数据会有相同值，这时可按多列进行排序。例如，对"药品类别"降序排序后有相同值时，再按"零售价"降序排序。

1. 打开"药品销售清单.xlsx"工作簿，单击含有数据的任意单元格。

2. 单击"数据"选项卡中"排序和筛选"组"排序"按钮，弹出"排序"对话框（图5-66）。

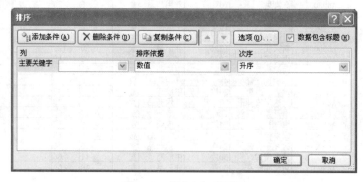

图5-66 "排序"对话框

3. 在"主要关键字"下拉列表框中选择"药品类别","次序"下拉列表框中选择"降序",然后单击"添加条件"按钮,在"次要关键字"下拉列表框中选择"零售价","次序"下拉列表框中选择"降序"(图 5-67)。

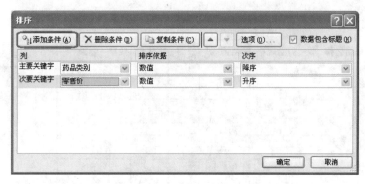

图 5-67 设置"次要关键字"

4. 单击"确定"即可。

 知识拓展

　　默认情况下,数据是按列进行排序的,但在实际工作中,有些表格是横向制作,这时也可以按横向进行排序。

二、数据筛选

通过筛选功能,将显示满足条件的数据,那些不符合条件的数据被隐藏起来,这样可以快速地查询到符合条件的数据。Excel 提供了两种筛选方法:自动筛选和高级筛选。

(一)自动筛选

自动筛选提供快速访问数据列表的管理功能,使用自动筛选命令时,可进一步选单条件筛选和多条件筛选命令。也可以通过列表中的"数字筛选"或"文本筛选",做进一步的指定条件筛选。

例如,筛选"药品销售清单 .xlsx"中"零售价"在 10 元以上的药品信息。

1. 打开"药品销售清单 .xlsx"工作簿。

2. 单击含有数据的任意单元格,然后单击"数据"选项卡中"排序和筛选"组的"筛选"按钮,在每个列标题旁边将会显示一个自动筛选箭头 ▾(图 5-68)。

3. 单击"零售价"列的自动筛选箭头 ▾,在下拉菜单中选择"数字筛选"中"大于"命令(图 5-69),这时会弹出"自定义自动筛选方式"对话框,在条件"大于"后输入数值"10"(图 5-70)。

4. 单击"确定"(图 5-71)。

如果取消对该列的筛选,可单击该列标题旁的自动筛选箭头 ▾,再单击"全选"。若要取消所有列的筛选,可再次单击"数据"选项卡中"排序和筛选"组的"筛选"按钮。

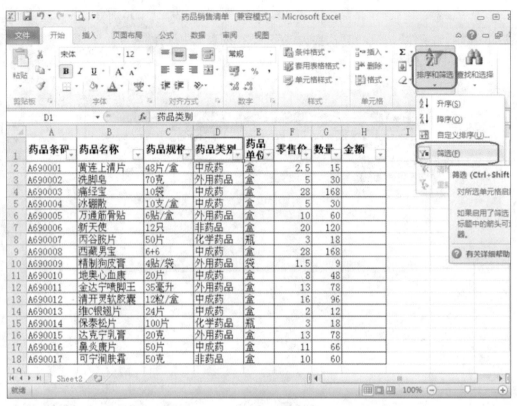

图 5-68 "筛选"按钮

图 5-69 "数字筛选"按钮

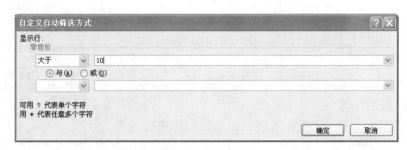

图 5-70　设置筛选数值

	A	B	C	D	E	F	G	H
1	药品条码	药品名称	药品规格	药品类别	药品单位	零售价	数量	金额
4	A690003	痛经宝	10袋	中成药	盒	28	168	
7	A690006	新天使	12只	非药品	盒	20	120	
9	A690008	西藏男宝	6+6	中成药	盒	28	168	
12	A690011	金达宁喷脚王	35毫升	外用药品	盒	13	78	
13	A690012	清开灵软胶囊	12粒/盒	中成药	盒	16	96	
16	A690015	达克宁乳膏	20克	外用药品	盒	13	78	
17	A690016	鼻炎康片	50片	中成药	盒	11	66	

图 5-71　筛选结果

（二）高级筛选

如果要对字段设置多个复杂的筛选条件，可以使用 Excel 提供的高级筛选功能。高级筛选功能筛选的结果可以显示在原数据表格中，不符合条件的记录被隐藏起来；也可以在新的位置显示筛选结果，不符合条件的记录同时保留在数据表中而不会隐藏起来，其目的便于数据比对。使用高级筛选必须先构建条件区域，其第一行为条件字段标记行，第二行是条件行，该区域可以放在工作表的任何空白位置，并且与数据表之间有空行或空列隔开。同一条件行的条件互为"与"（AND）的关系，表示筛选出同时满足这些条件的记录，而不同条件行的条件互为"或"（OR）的关系，表示筛选出满足任何一个条件的记录。

例如，筛选出"药品销售清单 .xlsx"中零售价 10 元以上的外用药品信息（这里是同时满足 2 个条件，是"与"的关系，条件在同一行）。

操作方法如下：

1．打开"药品销售清单 .xlsx"工作簿。

2．在该表中任意空白单元格区域 A20：B21 建立"药品类别""外用药品""零售价"">=10"的筛选条件（图 5-72）。

	A	B	C	D	E	F	G	H
1	药品条码	药品名称	药品规格	药品类别	药品单位	零售价	数量	金额
11	A690010	地奥心血康	20片	中成药	盒	8	48	
12	A690011	金达宁喷脚王	35毫升	外用药品	盒	13	78	
13	A690012	清开灵软胶囊	12粒/盒	中成药	盒	16	96	
14	A690013	维C银翘片	24片	中成药	盒	2	12	
15	A690014	保泰松片	100片	化学药品	瓶	3	18	
16	A690015	达克宁乳膏	20克	外用药品	盒	13	78	
17	A690016	鼻炎康片	50片	中成药	盒	11	66	
18	A690017	可宁润肤霜	50克	非药品	盒	10	60	
19								
20	药品类别	零售价						
21	外用药品	>=10						

图 5-72　设置"筛选"条件

3．单击含有数据的任意单元格。

4．单击"数据"选项卡中"排序和筛选"组的"高级"按钮，在弹出的"高级筛选"对话框中设置"方式""列表区域""条件区域"，并在"复制到"选择要复制到的区域（图 5-73）。

5．单击"确定"（图 5-74）。

筛选的方式可以选择"在原有区域显示筛选结果"，也可以选择"将筛选结果复制到其他位置"。此处选择复制到其他位置。

图 5-73 "高级筛选"对话框

	A	B	C	D	E	F	G	H
1	药品条码	药品名称	药品规格	药品类别	药品单位	零售价	数量	金额
2	A690006	新天使	12只	非药品	盒	20	120	
3	A690017	可宁润肤霜	50克	非药品	盒	10	60	
4	A690007	丙谷胺片	50片	化学药品	瓶	3	18	
5	A690014	保泰松片	100片	化学药品	瓶	3	18	
6	A690002	洗脚皂	70克	外用药品	盒	5	30	
7	A690005	万通筋骨贴	6贴/盒	外用药品	盒	10	60	
8	A690009	精制狗皮膏	4贴/袋	外用药品	袋	1.5	9	
9	A690011	金达宁喷脚王	35毫升	外用药品	盒	13	78	
10	A690015	达克宁乳膏	20克	外用药品	盒	13	78	
11	A690001	黄连上清片	48片/盒	中成药	盒	2.5	15	
12	A690003	痛经宝	10袋	中成药	盒	28	168	
13	A690004	冰硼散	10支/盒	中成药	盒	5	30	
14	A690008	西藏男宝	6+6	中成药	盒	28	168	
15	A690010	地奥心血康	20片	中成药	盒	8	48	
16	A690012	清开灵软胶囊	12粒/盒	中成药	盒	16	96	
17	A690013	维C银翘片	24片	中成药	盒	2	12	
18	A690016	鼻炎康片	50片	中成药	盒	11	66	
19								
20	药品类别	零售价						
21	外用药品	>=10						
22								
23	药品条码	药品名称	药品规格	药品类别	药品单位	零售价	数量	金额
24	A690005	万通筋骨贴	6贴/盒	外用药品	盒	10	60	
25	A690011	金达宁喷脚王	35毫升	外用药品	盒	13	78	
26	A690015	达克宁乳膏	20克	外用药品	盒	13	78	

图 5-74 "高级筛选"结果

三、数据分类汇总

分类汇总是将大量的数据按某一字段的内容进行分类，并对每一类统计出相应的结果数据。汇总方式可以是求和、平均值、计数、最大值及最小值等。创建分类汇总之前，首先要对工作表中的数据进行排序。排序的目的是将同类数据分在一起，然后才可以指定汇总方式及汇总项。

（一）建立分类汇总

例如统计"药品销售清单"中各类药品的数量之和。

1．打开"药品销售清单 .xlsx"工作簿。

2．对"药品类别"进行排序（升序降序都可以），此处选择升序（图 5-75）。

3．单击"数据"选项卡中"分级显示"组的"分类汇总"按钮，在弹出的"分类汇总"对话框设置分类字段为"药品类别"，汇总方式为"求和"，选定汇总项为"数量"（图 5-76）。

4．单击"确定"（图 5-77）。

药品条码	药品名称	药品规格	药品类别	药品单位	零售价	数量	金额
A690006	新天使	12只	非药品	盒	20	120	
A690017	可宁润肤霜	50克	非药品	盒	10	60	
A690007	丙谷胺片	50片	化学药品	瓶	3	18	
A690014	保泰松片	100片	化学药品	瓶	3	18	
A690002	洗脚皂	70克	外用药品	盒	5	30	
A690005	万通筋骨贴	6贴/盒	外用药品	盒	10	60	
A690009	精制狗皮膏	4贴/袋	外用药品	袋	1.5	9	
A690011	金达宁喷脚王	35毫升	外用药品	盒	13	78	
A690015	达克宁乳膏	20克	外用药品	盒	13	78	
A690001	黄连上清片	48片/盒	中成药	盒	2.5	15	
A690003	痛经宝	10袋	中成药	盒	28	168	
A690004	冰硼散	10支/盒	中成药	盒	5	30	
A690008	西藏男宝	6+6	中成药	盒	28	168	
A690010	地奥心血康	20片	中成药	盒	8	48	
A690012	清开灵软胶囊	12粒/盒	中成药	盒	16	96	
A690013	维C银翘片	24片	中成药	盒	2	12	
A690016	鼻炎康片	50片	中成药	盒	11	66	

图 5-75 对"药品类别"进行排序

图 5-76 "分类汇总"对话框

 图 5-77 "分类汇总"结果

在"分类汇总"对话框在选择"替换当前分类汇总",表示分类汇总的结果替换已存在的分类汇总结果。选择"每组数据分页"表示如果数据较多,可分页显示。选择"汇总结果显示在数据下方",表示汇总结果显示在数据的下方。

（二）取消分类汇总

当不需要分类汇总时,可以在"分类汇总"对话框单击"全部删除"按钮。

知识拓展

数据透视表是一种对大量数据快速汇总和建立交叉列表的交互式动态表格,能够帮助用户分析、组织既有数据,是 Excel 中的数据分析利器。数据透视图是数据透视表中的数据图形表示形式。创建数据透视图时,数据透视图将筛选显示在图表区中,以便排序和筛选数据透视图的基本数据。相关联的数据透视表中的任何字段布局更改和数据更改将立即在数据透视图中反映出来。

第六节 图 表

案例

医院里各种各样的业务考核,会形成大量的数据。在 Excel 中,是否能提供给我们这样一种功能,将大量的数据用直观化的图形方式表示出来,以观看数据之间的关系和变化情况。

请问:1. 怎样制作图表?
　　　2. 怎样编辑及格式化图表?

图表可以将工作表中大量抽象、烦琐的数据以图形的形式直观表示出来,可以方便地对比与分析数据,以便查看数据之间的关系和变化情况。Excel 所创建的图表与工作表的数据是相互联系的,当工作表中数据源发生变化时,图表中对应的数据也会随之而改变。

一、了解图表

(一) 图表的构成元素

图表主要由图表区、绘图区、图表标题、坐标轴、图例、数据表、数据标签和背景等组成。在 Excel 中,指向任何一个图表选项,即可显示该图表选项的名称(图 5-78)。

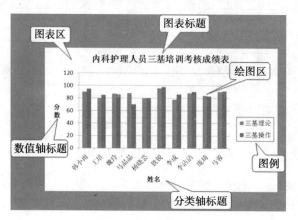

图 5-78 "图表"构成

(二) 图表类型

Excel 2010 内置了 11 种图表类型,每一种图表类型又包括若干个子类型。还可以自定义图表。在图表上可以增加数据源,使图表和表格双向结合,更直观地表达含义。常用的图表类型有柱形图、折线图、饼图、条形图、面积图及散点图等(图 5-79)。

图 5-79 常用图表类型

二、创建图表

创建图表的方法很多,大致有三种:

1. 使用快捷键创建图表；

2. 使用功能区创建图表；

3. 使用图表向导创建图表。

例如，将"内科护理人员三基培训考核成绩表"工作簿中 sheet 1 工作表中所有学生的"三基理论"和"三基实践"成绩建立簇状柱形图。

1. 打开"内科护理人员三基培训考核成绩表 .xlsx"工作簿。

2. 选定要建立图表的数据区域 B2: D12。

3. 单击"插入"选项卡中"图表"组"柱形图"按钮，在展开的下拉列表单中选择"簇状柱形图"即可创建一张图表（图 5-80）。

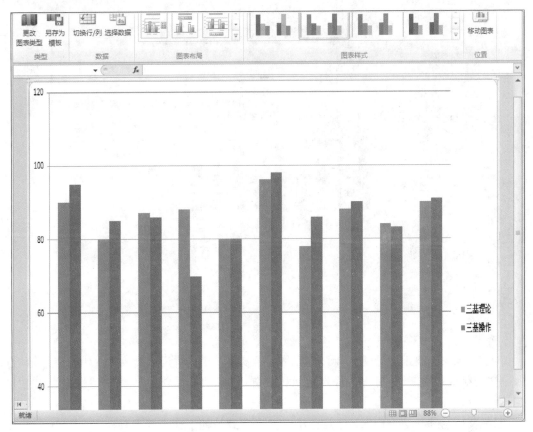

图 5-80　创建图表

三、编辑图表

Excel 中可以对图表进行相应的编辑。编辑图表主要包括移动、复制、缩放和删除图表，更改图表类型，添加、删除数据系列，格式化图表等。编辑前先单击图表中的任何一个图表项，该项即被选中，同时选项卡上会增加"设计""布局"及"格式"3 个"图表工具"项。用户可以通过这些选项卡里的命令按钮设置图表中各个图表项的布局和样式。

（一）移动、复制、缩放和删除图表

1. 移动图表　在同一张工作表移动，先单击图表将其选中，然后按住鼠标左键拖动到指定位置，松开鼠标即可。

把图表移动到其他工作表或成为独立图表,先单击图表将其选中,然后单击"图表工具—设计"选项卡中"位置"组的"移动图表"按钮,弹出"移动图表"对话框,单击"对象位于"按钮,在下拉列表框中选择目标工作表名即可移动其他工作表中;单击"新工作表"按钮,单击"确定"按钮,即可变成独立图表(图5-81)。

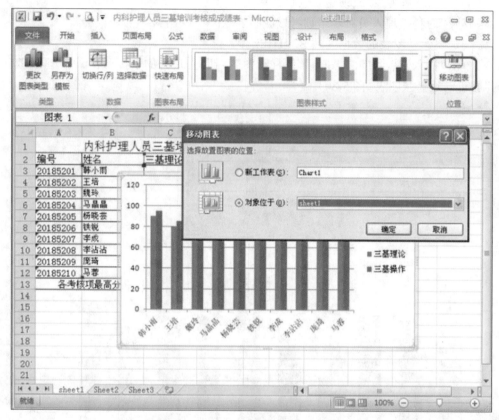

图5-81 "移动图表"对话框

2. 复制图表 把图表复制到同一张工作表,先单击图表将其选中,然后单击"开始"选项卡中"剪贴板"组的"复制"按钮,选定目标位置后单击"开始"选项卡中"剪贴板"组的"粘贴"按钮即可。

把图表复制到其他工作表,用上述方法"粘贴"到其他工作表即可。

3. 缩放图表 单击图表将其选中,鼠标指向图表四角并且指针变成双向箭头,按住鼠标左键拖动即可调整图表的大小(图5-82)。

4. 删除图表 单击图表将其选中,按"Delete"键即可将其删除。

（二）更改图表类型

若要对已建立的图表更改类型,首先选定该图表,选择"设计"选项卡中"类型"组的"更改图表类型"按钮,然后在弹出的"更改图表类型"对话框中选择所需要的图表类型即可(图5-83)。

（三）添加、删除图表中的数据系列

创建图表后,图表就与工作表中的数据源区域建立了联系。当工作表的数据源发生变化时,图表中对应的数据也会相应发生改变。

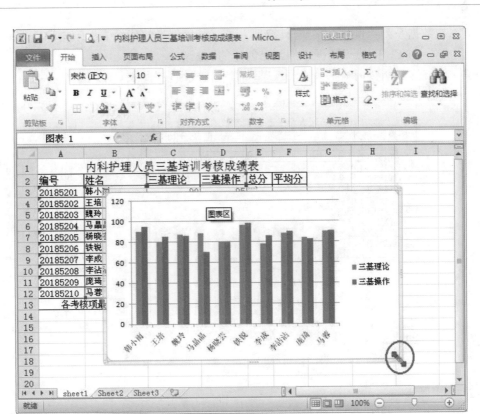

图 5-82　图表大小调整

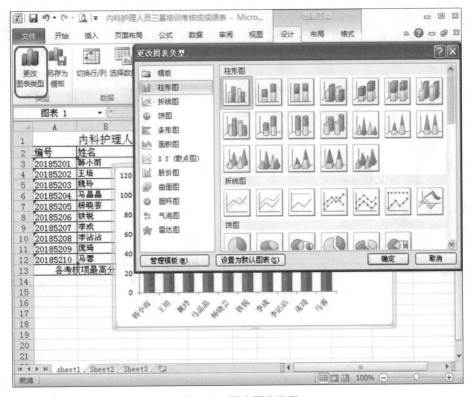

图 5-83　更改图表类型

1. 添加数据系列 例如，将"内科护理人员三基培训考核成绩表"工作簿中 sheet 1 工作表中所有学生的"平均分"数据添加到已创建的图表中。

（1）打开已创建的"内科护理人员三基培训考核成绩表"图表（图 5-84）。

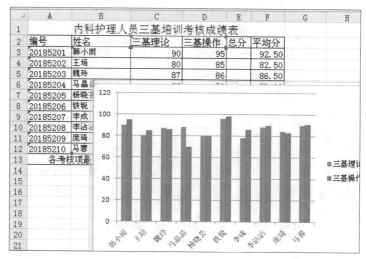

图 5-84 打开"内科护理人员三基培训考核成绩表"图表

（2）单击图表。

（3）单击"图表工具—设计"选项卡中"数据"组的"选择数据"按钮，弹出"选择数据源"对话框（图 5-85）。

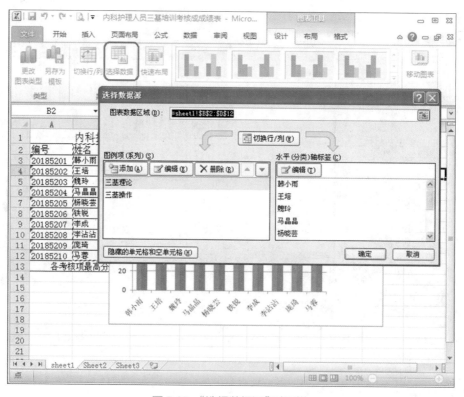

图 5-85 "选择数据源"对话框

（4）单击"图例"项中的"添加"按钮,在弹出的"编辑数据系列"对话框中的"系列名称"输入框中输入或选择指定字段名的单元格区域,在"系列值"输入框中输入或选择指定字段名值的单元格区域(图5-86)。

图 5-86　编辑数据系列对话框

（5）单击"确定",即可完成数据系列的添加(图5-87)。

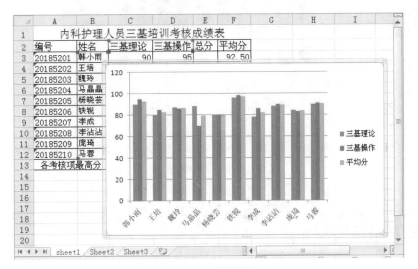

图 5-87　效果图

　　除了使用"选择数据源"对话框添加数据系列,还可以借助组合键来添加。如果要添加的数据区域是连续的,只需选中该区域,按"Ctrl+C"复制,然后单击图表,按"Ctrl+V"粘贴即可。

　　2. 删除数据系列　首先选定图表中要删除的数据系列,然后按"Delete"键即可完成删除操作。

（四）设置标题或数据标签

　　为了更好地理解图表中的有关内容,可以单击"图表工具—布局"选项卡,在"标签"组中设置图表标题、坐标轴标题、图例、数据标签及模拟运算表等(图5-88),在"坐标轴"组中设置坐标轴和网格线。

（五）更改图表布局和图表样式

　　创建图表后,可以向图表应用预定义布局和样式,通过"图表工具—设计"选项卡中"图表布局"组和"图表样式"组的相应命令按钮可快速实现(图5-89)。

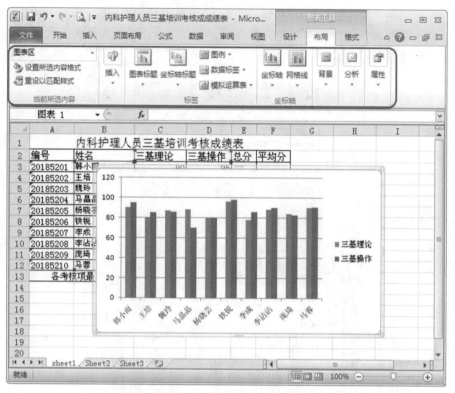

图 5-88 "图表工具 - 布局"选项卡

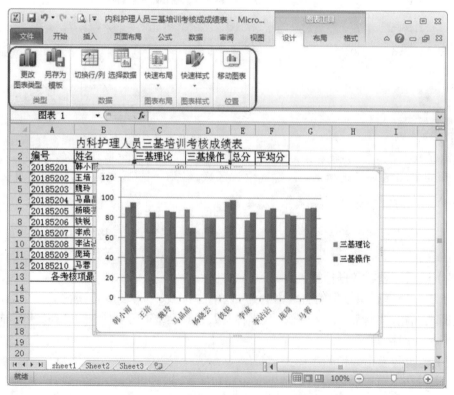

图 5-89 "图表工具 - 设计"选项卡

四、美化图表

为了使图表美观，可以设置图表的格式。图表的格式化是指对图表中的图表区、绘图区、图例、数据系列、坐标轴等各图表项进行字体、颜色和外观等格式的设置。

图表格式设置可以通过两种方式实现，一是使用"图表工具—格式"选项卡中的"形状样式""艺术字样式""排列"及"大小"组中的相应命令按钮进行设置（图5-90）；二是双击各图表项，在弹出的对话框中进行相应的设置。

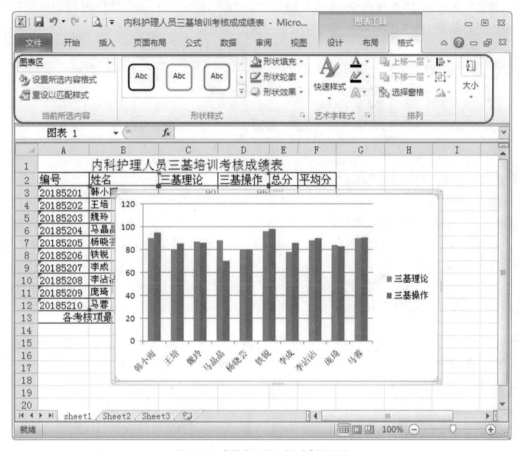

图 5-90 "图表工具-格式"选项卡

第七节 打印工作表

 案例

工作表制作完后，有时我们需要将内容打印出来，当表格很大时，超出了一页。

请问：1. 怎样进行页面设置？

   2. 怎么保证标题行和标题列在每页上都显示？

   3. 怎样进行打印预览？

为了使工作表打印出来更加美观、大方,在打印之前还需要对其进行页面设置。然后可以利用打印预览功能查看打印页面的设置效果。

一、页面设置

页面设置包括对工作表的方向、纸张大小、页边距、页眉和页脚、打印区域等。页面设置有两种操作方法。

(一)利用功能区设置

通过"页面布局"选项卡中"页面设置"组页边距、纸张方向、纸张大小及打印区域等命令按钮进行设置(图5-91)。

图 5-91 "页面设置"命令按钮

(二)利用"页面设置"对话框设置

通过单击"页面布局"选项卡中"页面设置"组右下角的对话框启动器按钮,在弹出的"页面设置"对话框中进行设置(图5-92)。

1. "页面"选项 通过此选项卡可以设置纸张的方向、缩放、纸张大小等。"缩放比例"用于放大或缩小打印的工作表。

2. "页边距"选项 页边距设置同 Word 类似,这里就不再赘述。页眉页脚在文中的位置可以在这修改,设置的值应该小于上下页边距,否则会与正文重合(图5-93)。

图 5-92 "页面设置"对话框

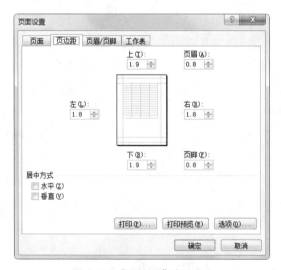

图 5-93 "页边距"选项卡

3. "页眉/页脚"选项 若要添加或更改页眉或页脚文本,单击"自定义页眉"或"自定义页脚"按钮,弹出"页眉"或"页脚"对话框,在"左""中""右"框中的所需位置可以插入相应的页眉或页脚信息(图5-94)。

图 5-94 "页眉"对话框

4."工作表"选项 当工作表的内容很多时,无法在一页内打印,将会自动分页,此时标题行只会在第一页显示,那么查看数据很不方便。对此可通过设置"顶端标题行"或者"左端标题行"的标题行单元格区域,使得每一页都能打印重复标题行(图 5-95)。

图 5-95 "工作表"选项卡

二、打印预览及打印

打印工作表的页面设置完成后,可单击"快速访问工具栏"上的"打印预览和打印"按钮,浏览文件的外观,也可选择"文件"选项卡中的"打印"命令来查看打印效果。如果设置符合要求,工作表就可以打印了(图 5-96)。

默认情况下,打印份数为一份,打印页码范围为全部打印,如需修改可在各相应数据框内重新设定即可。

图 5-96　打印预览和打印

 本章小结

　　通过本章学习，我们认识了 Excel 的工作界面，掌握了 Excel 的基本操作，学会了如何美化工作表，熟悉和掌握了数据的输入和编辑操作，对 Excel 的公式与函数也进行了深入的学习，理解了数据的管理、学会创建图表及如何对工作表进行打印等。

（郭松勤　张　莉）

 目标测试

一、选择题

1. Excel 2010 的主要功能是
　　A. 电子表格　　　　　　　　　B. 文字处理
　　C. 图表　　　　　　　　　　　D. 数据库

2. Excel2010 文档的文件扩展名是
　　A. XLS　　　　　　　　　　　B. DOC
　　C. XLSX　　　　　　　　　　D. PPT

3. 下列选项中不属于 Excel 编辑栏的是
　　A. 名字框　　　　　　　　　　B. 取消按钮
　　C. 确定按钮　　　　　　　　　D. 函数指定按钮

4. 对工作表内容进行编辑操作时,第一步应当是

    A. 使用"编辑"菜单中的"填充"   B. 使用"插入"菜单中的"单元格"

    C. 使用"格式"菜单中的"单元格"   D. 选取单元格或单元格区域

5. Excel 2010 中正在处理的单元格称为

    A. 活动单元格   B. 非活动单元格

    C. 激活单元格   D. 单元格区域

6. 下面有关 Excel 工作表、工作簿的说法中,正确的是

    A. 一个工作簿可包含多个单元格   B. 一个工作簿可包含多个工作表

    C. 一个工作表可包含多个工作簿   D. 一个工作表可包含三个工作簿

7. Excel 2010 中,在单元格中输入数值时,缺省的对齐方式是

    A. 左对齐   B. 右对齐

    C. 居中对齐   D. 两端对齐

8. 在 Excel 中,要选定 B2:E6 单元格区域,可以先选择 B2 单元格,然后

    A. 按住鼠标左键拖动到 E6 单元格

    B. 按住 Shift 键并按向下向右光标键,直到 E6 单元格

    C. 按住鼠标右键拖动到 E6 单元格

    D. 按住 Ctrl 键并按向下向右光标键,直到 E6 单元格

9. 在 Excel 2010 中,利用填充功能可以方便地实现_____的填充

    A. 等差数据   B. 等比数列

    C. 多项式   D. 方程组

10. 在 Excel 中输入的数字如果作为字符处理应先输入_____符号

    A. =   B. ,

    C. '   D. -

11. 在 Excel 中,若单元格 C1 中公式为 =A1+B2,将其复制到 E5 单元格,则 E5 中的公式是

    A. =C3+A4   B. =C5+D5

    C. =C3+D4   D. =A3+B4

12. 在 Excel 2010 中单元格地址引用中没有

    A. 活动引用   B. 绝对引用

    C. 混合引用   D. 相对引用

13. 要在数据清单中筛选介于某个特定值段的数据,可使用_____筛选方式

    A. 按列表值   B. 按颜色

    C. 按指定条件   D. 高级

14. 在 Excel 2010 中,排序对话框中的"升序"和"降序"指的是

    A. 数据的大小   B. 排列次序

    C. 单元格的数目   D. 以上都不对

15. 在 Excel 中有一个数据非常多的成绩表,从第二页到最后均不能看到每页最上面的行表头,应如何解决

    A. 设置打印区域   B. 设置打印标题行

    C. 设置打印标题列   D. 无法实现

二、填空题

1．系统默认一个工作簿包含_____张工作表。

2．电子表格由行列组成的_____构成，行与列交叉形成的格子称为_____，_____是 Excel 中最基本的存储单位，可以存放数值、变量、字符、公式等数据。

3．_____又称为存储单元，是工作表中_____的基本单位。

4．单击工作表，左上角的_____，则整个工作表被选中。

5．每个存储单元有一个地址，由_____与_____组成，如 A2 表示_____列第_____行的单元格。

6．如果单元格宽度不够，无法以规定格式显示数值时，单元格用_____填满。只要加大单元格宽度，数值即可显示出来。

7．公式被复制后，参数的地址不发生变化，叫_____。

8．函数的一般格式为_____，在参数表中各参数间用_____分开，输入函数时前面要首先输入_____。

9．在 Excel 2010 中，工作簿文件的扩展名是_____。

10．Excel 中分类汇总的默认汇总方式是_____。

三、操作题

制作表格（图 5-97）：

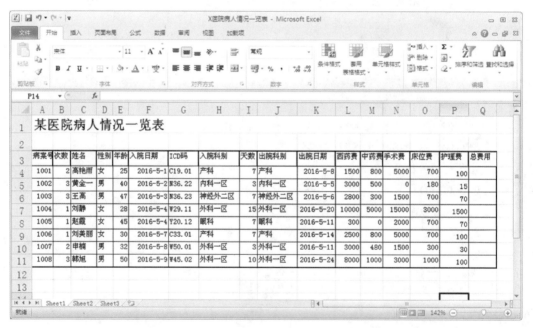

图 5-97　操作题表格

操作要求：

1．单元格中所有数据都居中显示。

2．表头数据字体为黑体、加粗、16 磅、居中显示。

3．西药费用、中药费用、手术费、床位费、护理费用、总费用显示到小数点后两位，使用货币符号￥，并用千位分隔符。

4. 表栏内容设置为楷体、红色、底纹为黄色。

5. 设置边框线：外粗、内细，表栏与表体之间用双线。

6. 将 Sheet 1 工作表重命名为"某医院病人情况一览表"。

7. 计算总费用。

8. 将"姓名""总费用"两列数据制作一个簇状柱形图图表。

9. 将"某医院病人情况一览表"复制到 Sheet 2 中。

10. 计算西药费、中药费、手术费、床位费和护理费的平均费用，制作三维饼图。

第六章 演示文稿软件 PowerPoint 2010

学习目标

1. 掌握：演示文稿的创建、主题的选用和幻灯片背景的设置；掌握幻灯片切换、动画的设置和幻灯片的放映。
2. 熟悉：PowerPoint 2010 模板的应用。
3. 了解：演示文稿 PowerPoint 2010 的基本概念以及打包处理。

PowerPoint 2010 是微软公司集成办公软件 Office 2010 中的重要组件，它集文字、图片、声音、视频、动画等多媒体元素于一身，能设计出具有超强震撼力的演示文稿。目前，演示文稿已经成为人们工作学习的重要组成部分，并广泛应用于学术交流、公司宣传、新产品发布、演讲、庆典和教育教学等场所。

第一节 PowerPoint 2010 基本操作

案例

现在越来越多的公司企业和个人喜欢用 PPT 进行展示，不仅是它便于制作，更重要的是它具有专业的布局设计、华丽的转场效果、强大的音频、视频功能。毕业时你是否想设计一个图文并茂的电子求职简历放在网上，为自己赢得更多的就业机会呢？让我们从学习 PowerPoint 2010 的基础操作开始吧。

请问：1. 什么是演示文稿，它有什么用途？

2. PowerPoint 2010 的视图方式有几种？如何切换？

一、PowerPoint 2010 的启动、保存与退出

（一）PowerPoint 2010 的启动

Office 2010 在 Windows 7 系统中安装成功之后，可以采取以下 2 种方法之一启动 PowerPoint 2010 程序。

1. 从"开始"菜单启动 单击"开始"按钮，选择"开始"菜单中的"所有程序"选项，在 "Microsoft Office"子菜单内单击"Microsoft PowerPoint 2010"（图 6-1）。

图 6-1 启动 PowerPoint 2010

2. 双击文件名启动 如果用户电脑中已经存在 PowerPoint 2010 演示文稿文件（扩展名为".pptx"），双击该文件，则在启动 PowerPoint 2010 的同时也打开了该文件。

 知识拓展

除上述启动 PowerPoint 2010 的方法外，用户还可以通过桌面快捷图标来启动。Office 2010 安装之后并不会在桌面上创建程序的快捷方式，为方便使用，我们可以创建桌面快捷图标，方法如下：

1. 单击"开始"菜单，指向"所有程序"，单击"Microsoft Office"，然后指向 Microsoft PowerPoint 2010 程序。

2. 右键单击该程序的名称，指向"发送到"，然后单击"桌面快捷方式"。

（二）PowerPoint 2010 的保存

演示文稿制作完成后，需要对其进行保存，方便以后打开使用。第一次进行保存操作时，会弹出"另存为"对话框，在"文件名"文本框中输入演示文稿的名字，再选择保存位置，然后单击"保存"按钮（图 6-2）。

在演示文稿的制作过程中，为了减少意外损失，也可以设置演示文稿的自动保存。单击"文件"选项卡的"选项"按钮，弹出"PowerPoint 选项"对话框，选择"保存"命令，勾选"保存自动恢复信息时间间隔"，设置自动保存时间间隔为自己需要的时间（图 6-3）。

（三）PowerPoint 2010 的退出

退出 PowerPoint 2010 程序常用的方法有以下 2 种：

1. 单击"文件"选项卡中的"退出"命令。

2. 单击窗口标题栏右侧的"关闭"按钮。

图 6-2　保存演示文稿

图 6-3　设置自动保存演示文稿

二、PowerPoint 2010 的工作界面

PowerPoint 2010 采用了全新的工作界面，与之前版本相比，工作界面更加简洁美观，也更方便操作。PowerPoint 2010 的工作界面主要包括标题栏、快速访问栏、选项卡、功能区和幻灯片编辑区等部分（图 6-4）。

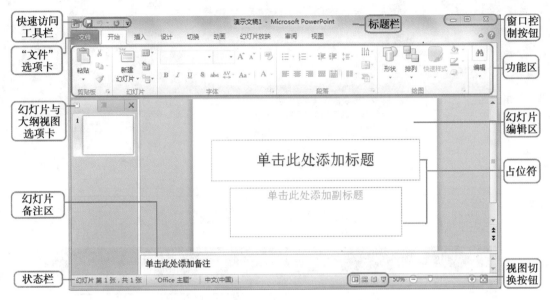

图 6-4　PowerPoint 2010 工作界面

（一）快速访问工具栏

快速访问工具栏列出了工作中使用频率比较高的几个命令，用户也可以单击该栏右侧的"自定义快速访问工具栏"按钮来选择需要的命令添加到此处（图 6-5）。

（二）"文件"选项卡

"文件"选项卡包含了保存、另存为、打开、关闭、新建、打印等常用的命令和常规设置选项（图 6-6）。

（三）窗口控制按钮

窗口控制按钮包括"最小化""向下还原（最大化）"和"关闭"三个按钮。

（四）功能区

功能区在"窗口标题栏下方"，由"开始""插入""设计""切换""动画"等多个选项卡组成，选项卡又集成了多个功能组，通过这些选项卡，用户可以更容易地查找和使用所需命令，从而轻松自如地执行某类操作（图 6-7）。

图 6-5　自定义快速访问工具栏

（五）幻灯片与大纲视图选项卡

通过单击"幻灯片"和"大纲"选项卡可以实现两种模式之间的切换。幻灯片视图显示幻灯片的整体布局，是编辑幻灯片的最佳显示模式；大纲视图侧重于显示幻灯片的文字内容。

图 6-6 "文件"选项卡

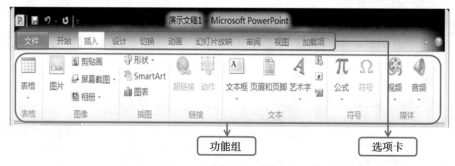

图 6-7 选项卡与功能组

（六）幻灯片编辑区

幻灯片编辑区是制作和显示演示文稿的主要区域，并且以幻灯片为单位呈现。

（七）幻灯片备注区

备注区可供幻灯片制作者或演讲者查阅幻灯片信息或播放演示文稿时对需要的幻灯增加说明和注解。

（八）占位符

占位符就是先占住一个固定的位置，等着用户向里面添加内容的虚框。占位符共有五种类型：分别是标题占位符、文本占位符、数字占位符、日期占位符和页脚占位符。

（九）状态栏

状态栏用于显示演示文稿当前幻灯片以及总幻灯片的张数、幻灯片采用的模板类型、视图切换按钮和页面显示比例等。

（十）视图切换按钮

分别单击此处的 4 个按钮，可以实现相应模式间的切换，4 种视图模式为普通视图、幻灯片浏览视图、阅读视图和幻灯片放映视图。

三、PowerPoint 2010 的视图方式

视图是演示文稿在屏幕上的显示方式。PowerPoint 2010 为用户提供了普通视图、幻灯片浏览视图、阅读视图、幻灯片放映视图和备注页视图 5 种视图模式,在"视图切换按钮"组中提供了前 4 种视图按钮,而备注页视图按钮可以在"视图"选项卡的演示文稿视图组中看到(图 6-8)。

图 6-8 备注页视图按钮

(一)普通视图

普通视图是 PowerPoint 2010 的默认视图,在该视图方式下,屏幕的左边是演示文稿中各幻灯片的大纲情况,右上方是当前幻灯片,右下方是幻灯片的备注区。在该视图中可以看到整张幻灯片,主要用于编辑幻灯片中的内容及调整演示文稿的结构。

(二)幻灯片浏览视图

在幻灯片浏览视图中,每张幻灯片将按次序排列,方便用户浏览演示文稿的整体效果。在该视图下,用户可以改变幻灯片的背景和配色方案、重新排列幻灯片、添加和删除幻灯片,但不能编辑幻灯片中的具体内容(图 6-9)。

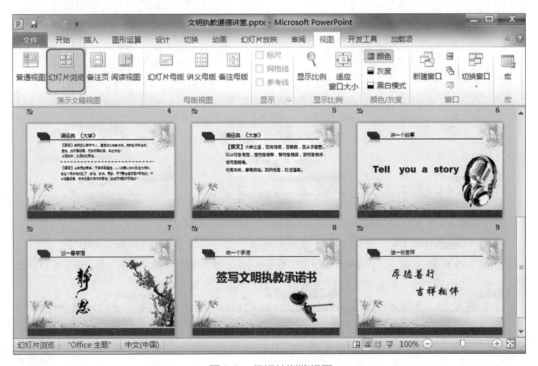

图 6-9 幻灯片浏览视图

（三）阅读视图

阅读视图仅显示标题栏、阅读区和状态栏，在该视图下演示文稿中的幻灯片将以全屏的方式放映。

（四）幻灯片放映视图

幻灯片放映视图是以全屏的模式动态放映演示文稿中的幻灯片。该模式主要用于预览幻灯片在制作完成后的放映效果，以便发现不满意的地方及时进行修改，按"ESC"键可退出放映。

（五）备注页视图

备注页视图与普通视图相似，只是没有"幻灯片 / 大纲"窗格，在此视图下，幻灯片下方显示幻灯片的注释页，可在该处为幻灯片创建演讲者注释（图6-10）。

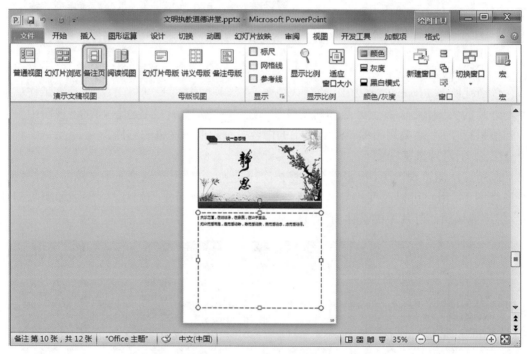

图6-10　备注页视图

四、演示文稿的基本操作

演示文稿的基本操作包括创建演示文稿和打开演示文稿。

（一）创建演示文稿

为满足各种办公需求，PowerPoint 2010 提供了多种创建演示文稿的方法，如创建空白演示文稿、利用模板创建演示文稿以及使用主题创建演示文稿等。

1. 创建空白演示文稿　PowerPoint 2010 启动后，系统会自动新建一个只包含一张幻灯片的空白演示文稿，并以"演示文稿1"命名。除此之外，用户也可以单击"文件"选项卡，选择"新建"命令，在"可用的模板和主题"栏中单击"空白演示文稿"选项，再单击"创建"按钮，即可创建一个空白演示文稿（图6-11）。

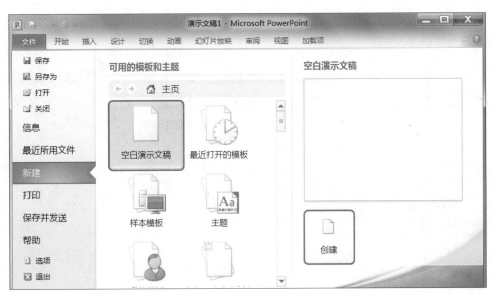

图 6-11　创建空白演示文稿

2．利用模板创建演示文稿　为了提高工作效率，用户也可以使用 PowerPoint 2010 内置的模板来创建演示文稿。单击"文件"选项卡，选择"新建"命令，在"可用的模板和主题"栏中单击"样本模板"选项，在打开的"可用的模板和主题"中选择需要的模板选项，再单击"创建"按钮（图 6-12）。

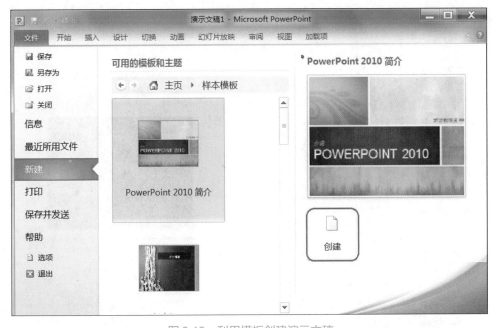

图 6-12　利用模板创建演示文稿

3．利用 Office.com 上的模板创建演示文稿　如果 PowerPoint 2010 内置的模板不能满足用户的需求，可以利用 Office.com 上的模板快速创建演示文稿。其方法是：单击"文件"选项卡，选择"新建"命令，在"Office.com 模板"栏中单击"演示文稿"选项（图 6-13），在打开的页面中选择需要的模板样式,再单击"下载"按钮(图6-14),下载完成后,将自动根据下载的模板创建演示文稿。

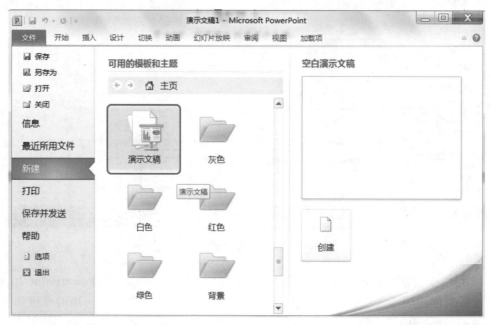

图 6-13   选择"演示文稿"

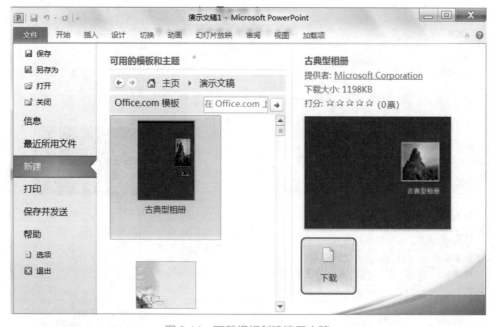

图 6-14   下载模板创建演示文稿

(二) 打开演示文稿

当需要查看现有的演示文稿或者对其进行编辑时,需要将其打开。如果未启动
PowerPoint 2010,用户可双击需要打开的演示文稿图标,启动 PowerPoint 2010 程序,同时打

开该演示文稿。在启动 PowerPoint 2010 后，可分以下几种情况打开演示文稿。

1. 通过"文件选项卡"打开演示文稿　PowerPoint 2010 启动后，单击"文件"选项卡，选择"打开"命令，弹出"打开"对话框，在其中选择需要打开的演示文稿，单击"打开"按钮即可。

2. 以只读方式打开演示文稿　以只读方式打开演示文稿只能进行浏览，不能对其进行编辑。打开方法：单击"文件"选项卡中的"打开"命令，弹出"打开"对话框，单击"打开"下拉按钮，在其下拉列表中选择"以只读方式打开"选项（图 6-15），此时，打开的演示文稿窗口标题栏中将显示"只读"字样（图 6-16）。

图 6-15　选择打开方式

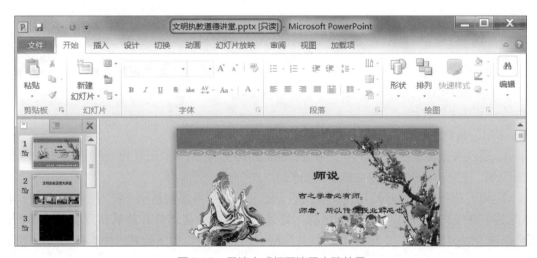

图 6-16　只读方式打开演示文稿效果

209

3．打开最近使用的演示文稿 PowerPoint 2010 提供了最近打开演示文稿保存路径的功能。如果想打开最近使用过的演示文稿，可单击"文件"选项卡中的"最近所用文件"命令，在"最近使用的演示文稿"列表中单击需要的演示文稿名称即可打开（图 6-17）。

图 6-17　最近使用的演示文稿

 知识拓展

　　Microsoft PowerPoint 2010 安装之后，Windows 操作系统会为扩展名为".ppt""．pptx"的演示文稿自动建立文件关联。PowerPoint 2010 关联的文档主要有以下 6 种：
　　扩展名为".ppt"（PowerPoint97—2003 格式演示文稿）、".pptx"（PowerPoint2007—2010 格式演示文稿）、".pot"（PowerPoint97—2003 格式演示模板）、".potx"（PowerPoint2007—2010 格式演示模板）、".pps"（PowerPoint97—2003 格式只读播放文档）、".ppsx"（PowerPoint2007—2010 格式只读播放文档）。

五、幻灯片的基本操作

　　幻灯片是演示文稿的重要组成部分，一个演示文稿可以包含多张幻灯片。幻灯片的基本操作包括新建幻灯片、选择幻灯片、复制和移动幻灯片等。

（一）新建幻灯片

　　常用的新建幻灯片的方法主要有以下两种：

　　1．通过快捷菜单新建幻灯片 PowerPoint 2010 启动后，在"幻灯片 / 大纲"窗格空白处右击鼠标，在弹出的快捷菜单中选择"新建幻灯片"命令（图 6-18）。

　　2．通过选择版式新建幻灯片 版式用于定义幻灯片内容的显示位置，用户可以根据需要向其中添加文本、图片和表格等内容。通过选择版式新建幻灯片的具体步骤是选择"开始"选项卡"幻灯片组"，单击"新建幻灯片"下拉按钮，在弹出的下拉列表中选择需要的幻灯片版式（图 6-19）。

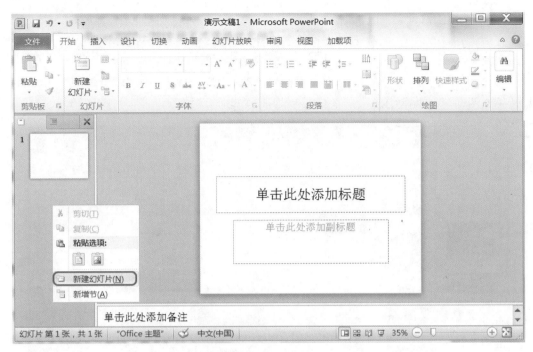

图 6-18 新建幻灯片

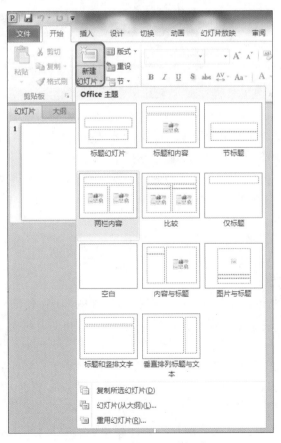

图 6-19 选择幻灯片版式

（二）选择幻灯片

在编辑幻灯片之前，首先要掌握选择幻灯片的方法，根据实际情况，选择幻灯片主要有以下4种方法：

1. 选择单张幻灯片　在"幻灯片／大纲"窗格或幻灯片浏览视图中，单击需要选择的幻灯片缩略图即可（图6-20）。

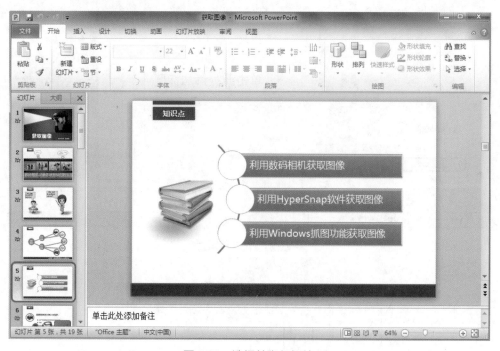

图6-20　选择单张幻灯片

2. 选择多张连续幻灯片　在"幻灯片／大纲"窗格或幻灯片浏览视图中，单击需要选择的第1张幻灯片，按住"Shift"键不放，再单击需要选择的最后一张幻灯片，释放"Shift"键后，两张幻灯片之间的所有幻灯片均被选中（图6-21）。

3. 选择多张不连续幻灯片　在"幻灯片／大纲"窗格或幻灯片浏览视图中，单击需要选择的第1张幻灯片，按住"Ctrl"键不放，再依次单击需要选择的幻灯片，即可选择多张不连续的幻灯片（图6-22）。

4. 选择全部幻灯片　在"幻灯片／大纲"窗格或幻灯片浏览视图中，按"Ctrl+A"组合键，即可选择当前演示文稿中的所有幻灯片。

（三）移动和复制幻灯片

在编辑演示文稿的过程中，经常需要调整幻灯片的顺序，使演示文稿更符合逻辑性。在制作幻灯片时，如果某几张内容相近，可以采用先复制再对其进行编辑的方法，可以提高演示文稿的制作效率。

1. 使用鼠标移动和复制幻灯片　选择需要移动的幻灯片，按住鼠标左键不放，拖动到目标位置后，释放鼠标，即可完成幻灯片的移动操作。选择幻灯片后，按住"Ctrl"键，再拖动幻灯片到目标位置，即可实现幻灯片的复制操作。

2. 使用菜单命令移动和复制幻灯片　选择需要移动或复制的幻灯片，右击鼠标，在弹出的快捷菜单中选择"剪切"或"复制"命令，然后将鼠标定位在目标位置，右击鼠标，在弹出的快捷菜单中选择"粘贴"命令，完成幻灯片的移动或复制操作。

图 6-21 选择多张连续幻灯片

图 6-22 选择多张不连续幻灯片

3. 在不同文档间复制幻灯片　在某一演示文稿中选中需要复制的幻灯片,右击鼠标,在弹出的快捷菜单中选择"复制"命令,在另一演示文稿中的目标位置右击鼠标,选择"粘贴选项"中的"使用目标主题"命令(图6-23)。

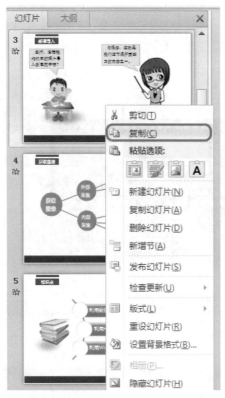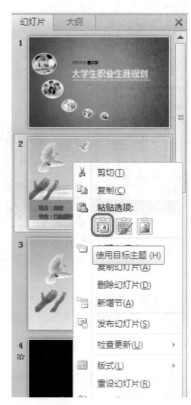

图6-23　在不同文档间复制幻灯片

(四)删除幻灯片

在"幻灯片/大纲"窗格或幻灯片浏览视图中可对多余的幻灯片进行删除。其方法是:选中需要删除的幻灯片后,按键盘上的"Delete"键或者右击鼠标,在弹出的快捷菜单中选择"删除幻灯片"命令。

第二节　插入对象

 案例

　　随着数字处理技术的不断升级,一部智能手机也能拍出质量极佳的照片和视频片段。生活中很多同学都喜欢拍照,用手机记录生活中的点点滴滴,有的同学可能会问能不能把这些照片和视频配上轻柔的音乐制作成电子相册呢?老师告诉你,利用PowerPoint 2010就可以实现你的愿望。那么,我们怎样利用PowerPoint 2010来帮助我们制作出漂亮的电子相册呢?一起来学习吧!

请问：1．在幻灯片中可以插入哪些对象？

　　　2．如何在幻灯片中插入文本框并对其快速应用样式？

　　　3．如何在幻灯片中插入艺术字并对其进行编辑？

　　　4．如何对插入到幻灯片中的自选图形进行"组合"？

　　　5．如何在幻灯片中插入 SmartArt 图形并对其进行编辑？

　　　6．如何对幻灯片中的图片进行裁剪和去除背景？

　　　7．如何在幻灯片中插入音频和视频？

在 PowerPoint 2010 插入对象有很多，主要包括文本框、艺术字、自选图形、图像、表格、SmartArt 图形、音频和视频等。不同的对象表达方式不同，侧重点不同，表现力也不一样。这些对象可以通过"插入"选项卡中的相关命令按钮添加。

一、插入文本框

文本框是一种可移动、可调大小的文字或图形容器。与 Word 程序中输入文本不同，在 PowerPoint 2010 中，幻灯片上要添加的文本都要通过输入到文本框中来实现。

（一）插入文本框并输入文本

1．单击"插入"选项卡"文本"组的"文本框"按钮，在列表中选择"横排文本框"或"竖排文本框"（图 6-24）。

图 6-24　选择插入文本框样式

2．此时鼠标指针变成向下箭头形状，拖动鼠标，画出一个长方形文本框，释放鼠标左键，光标出现在文本框中就可以输入所需要的文本了。我们以"横排文本框"为例，输入"欢迎使用 PowerPoint 2010"（图 6-25）。

图 6-25　插入文本框并输入文字

（二）文本框的编辑与设置

1. 调整文本框的大小　选中文本框，将鼠标移至文本框的 8 个控点（空心圆圈或方框）中的任一控点上，当光标变成双向箭头时，按下鼠标左键拖曳鼠标，可调整文本框的大小（图 6-26）。

图 6-26　调整文本框的大小

2. 文本框的旋转　选中文本框，将鼠标移至上端中间绿色控制点，控制点周围出现一个圆弧状箭头，按住鼠标左键移动鼠标，即可对文本框进行旋转调整（图 6-27）。

图 6-27　文本框的旋转

3. 文本框应用快速样式　快速样式是 PowerPoint 2010 预置的文本框效果样式，可以实现将普通的文本框快速转换为具有一定专业水准的文本框效果。其操作方法是：选中文本框，单击"开始"选项卡"绘图"组中的"快速样式"命令按钮或单击"绘图工具→格式"选项卡"形状样式"的"其他"下拉按钮，在下拉预置的样式列表中，选择一种需要的样式，即可快速完成文本框样式的修改（图 6-28）。

4. 文本框的移动与删除　选中文本框，将鼠标移至文本框边框上，当光标变成双向十字箭头形状时，拖动鼠标至目标位置，即可实现移动；对于不需要的文本框，选中后按下键盘上的"Delete"键即可删除。

图 6-28 文本框应用快速样式

二、插入艺术字

艺术字是美化幻灯片文本常用的方法,在演示文稿中通常用于制作幻灯片的标题,以达到醒目、美观的目的。

(一)艺术字的插入方法

单击"插入"选项卡"文本"组中的"艺术字"下拉按钮,在弹出的下拉列表中选择一种艺术字样式(图 6-29),在"请在此放置您的文本"文本框中输入所需要的文字(图 6-30)。

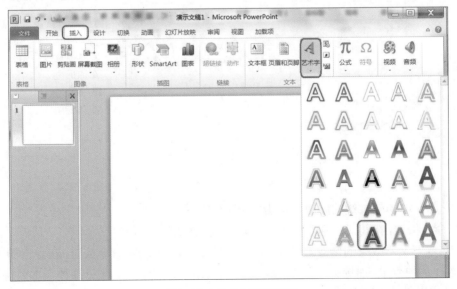

图 6-29 艺术字下拉列表

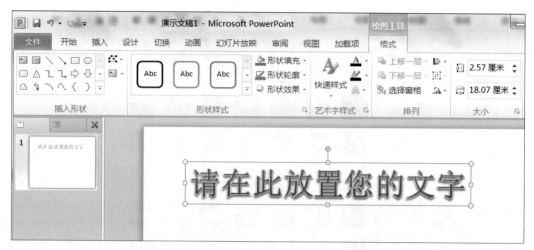

图 6-30 插入艺术字

（二）编辑艺术字

1. 艺术字文本填充色的修改　单击"绘图工具→格式"选项卡"艺术字样式"组中的"文本填充"命令按钮，在其下拉列表中选择合适的填充颜色（图 6-31）。

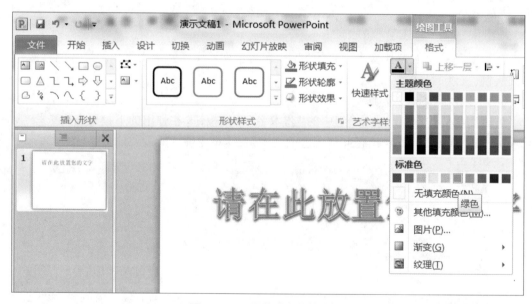

图 6-31 设置艺术字的填充色

2. 艺术字文本轮廓线的修改　单击"绘图工具→格式"选项卡"艺术字样式"组中的"文本轮廓"命令按钮，在其下拉列表中可设置轮廓线的粗细（图 6-32）。

3. 艺术字文本效果的修改　选中艺术字，单击"文本效果"命令按钮，在弹出的下拉列表中，选择某种效果，如选择"转换"项，在弹出的子样式列表中，选择某种文本效果，即可将该效果应用于艺术字上（图 6-33）。

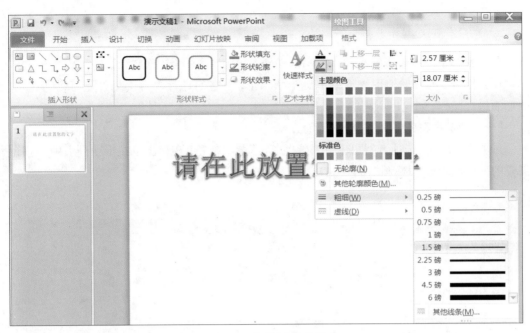

图 6-32 设置艺术字的轮廓

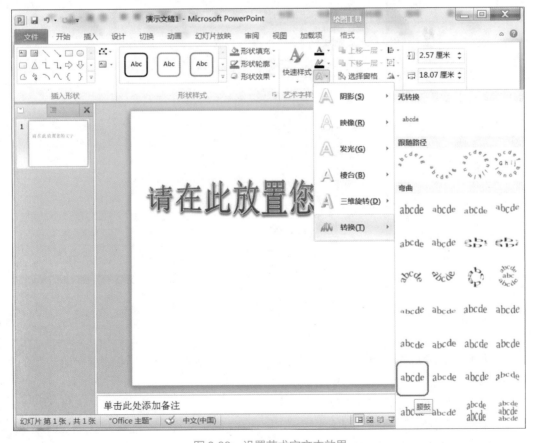

图 6-33 设置艺术字文本效果

三、插入自选图形

自选图形是一组现成的形状,在 PowerPoint 2010"插图"组"形状"命令中提供了丰富的形状样式图库,可方便地用来绘制基础形状图形,丰富幻灯片内容。另外还可以通过形状图形的组合操作,创建出所需的形状图形。

(一)自选图形的插入方法

1. 单击"插入"选项卡"插图"组中的"形状"命令按钮,在弹出下拉形状列表中,选择所需要的形状,如选择"椭圆"(图 6-34)。

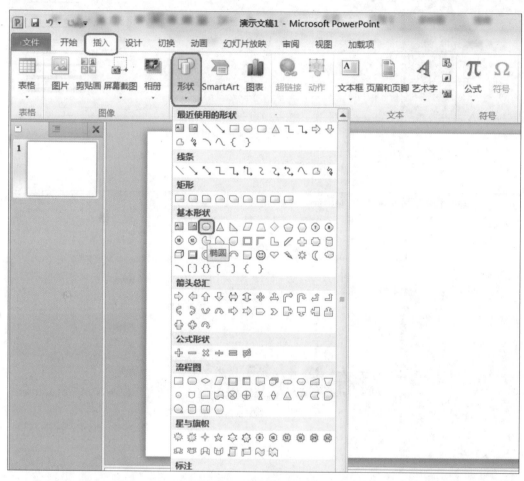

图 6-34 选择需要的形状

2. 此时鼠标变成"+"字形,在幻灯片上的目标位置拖动鼠标,即可绘制出所需要的形状(图 6-35)。

(二)在自选图形中添加文字

鼠标右击形状对象,在弹出的快捷菜单中,选择"编辑文字"命令,即可在创建的形状中添加文字内容,如输入"绘制椭圆"(图 6-36)。

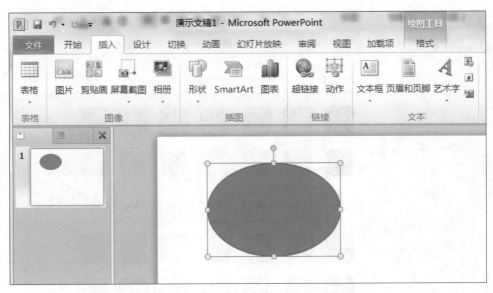

图 6-35　绘制椭圆

图 6-36　在图形中添加文字

（三）快速设置形状效果

如果需要快速设置形状效果，可单击"绘图工具→格式"选项卡"形状样式"组中"其他"按钮，在弹出的列表中选择所需的效果（图 6-37）。如果需要更多、更详细的形状格式的设置，可右击该形状，在弹出的快捷菜单中选择"设置形状格式"命令，在该对话框中可进行更详细的设置。

（四）形状的组合

如果需要的形状未出现在形状列表中，我们可以将几个简单的形状通过"组合"命令来制作，步骤如下：

1. 利用前面所讲的插入"形状"命令，绘制出一个长方形、两个椭圆形（图 6-38）。

221

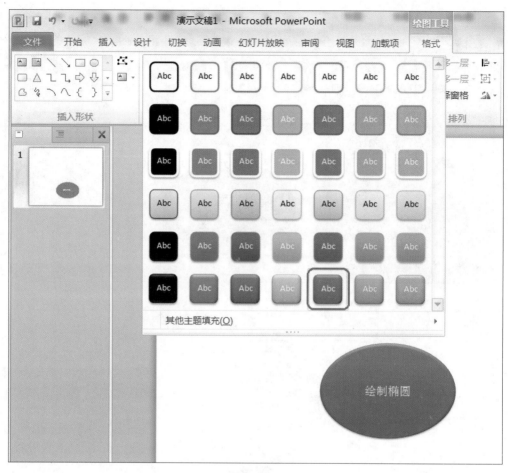

图 6-37　快速设置图形效果

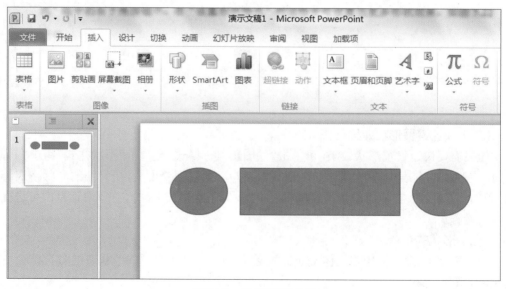

图 6-38　绘制所需图形

2．将两个椭圆形移动到合适的位置，按住"Ctrl"键或"shift"键，用鼠标选中三个图形（图6-39）。

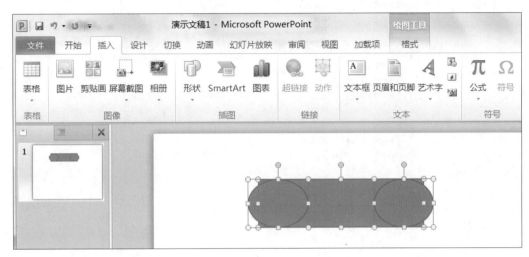

图 6-39 选中三个图形

3．选中全部图形，并在其上右击鼠标，在弹出的快捷菜单中选择"组合"选项下级菜单中的"组合"命令（图6-40）。

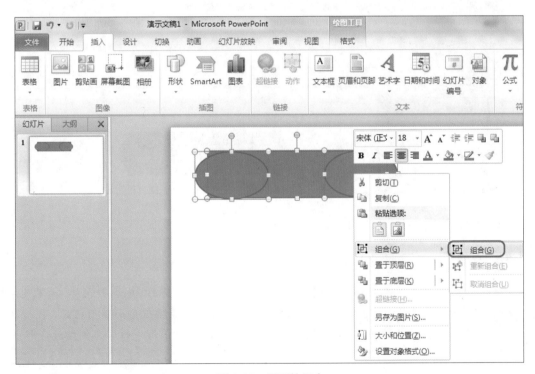

图 6-40 图形的组合

4．在该图形上右击鼠标，在弹出的快捷菜单中选择"设置形状格式"命令，打开"设置形状格式"对话框，在"线条颜色"列表中选择"无线条"（图6-41）。

5．单击"关闭"按钮，即可看到自己创作的图形效果（图6-42）。

图 6-41 设置图形形状格式

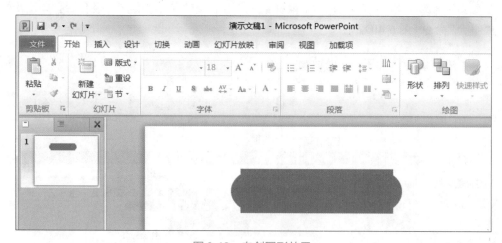

图 6-42 自创图形效果

 知识拓展

1. 在绘制大多数几何形状的图形时,如矩形、椭圆、三角形、梯形等形状,大家可以先按住"Shift"键再进行绘制,可以绘制出正方形、圆形、等腰三角形等形状。

2. 按住"Shift"键的同时,拖动图形对角控制点,即可对图形进行等比例缩放。

四、插入 SmartArt 图形

SmartArt 图形是信息和观点的视觉表示形式,常用于表达标题文字间的层次或逻辑结构关系。PowerPoint 2010 中预置了 80 余种图形模板,利用这些图形模板可以设计出各式各样的专业图形,并且能够添加动画效果。

（一）SmartArt 图形的插入方法

1. 在普通视图下，单击"插入"选项卡"插图"组中的"SmartArt"命令按钮，打开"选择 SmartArt 图形"对话框。

2. 在左侧的列表框中选择 SmartArt 图形类型，在中间列表框中选择一种 SmartArt 图形子类型。单击"确定"按钮即可创建一个 SmartArt 图形。本例中我们选择"列表"类型中的"垂直 V 形列表"（图 6-43）。

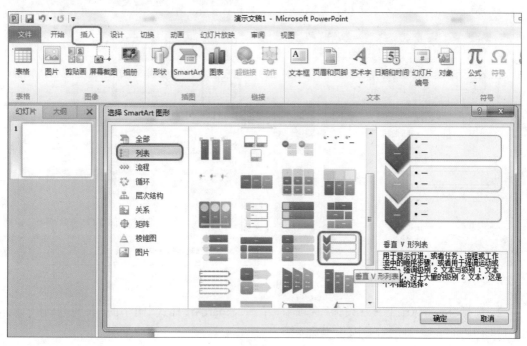

图 6-43　选择 SmartArt 图形

（二）SmartArt 图形中文字的输入

"在此处键入文字"的列表框中，如果项目不够用，按 Enter 键增加项目；如果项目输错了，按 Backspace 键可删除项目。在 SmartArt 图形的文本窗格中输入文字，此时对应图形中会同时显示该文字（图 6-44）。

图 6-44　输入项目文字

（三）SmartArt 图形的修饰

1. 单击"SmartArt 工具→设计"选项卡中的"更改颜色"命令按钮，弹出下拉列表，在其中选择"彩色→强调文字颜色"命令（图 6-45）。

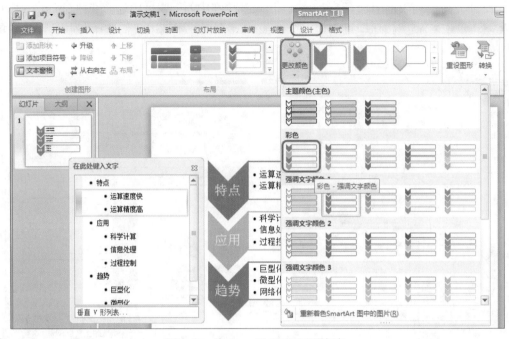

图 6-45　为 SmartArt 图形设置颜色

2. 选择"SmartArt 工具→设计"选项卡，单击"SmartArt 样式"组中的"其他"按钮，在弹出的列表中选择"三维"选项中的"优雅"样式（图 6-46）。

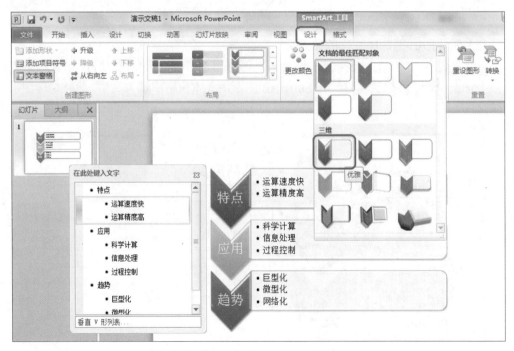

图 6-46　设置 SmartArt 样式

3．修饰后的 SmartArt 图形效果（图 6-47）。

图 6-47　修饰后的 SmartArt 图形效果

五、插入表格

表格相比文字而言，更加简洁明了、高效快捷，更能体现内容的对应性及内在联系。

（一）创建表格

单击"插入"选项卡"表格"组中的"表格"按钮，用鼠标拖动相应的行和列，释放鼠标左键，即可快速插入表格，也可以通过单击下拉列表中的"插入表格"命令，设定表格的行数和列数即可（图 6-48）。

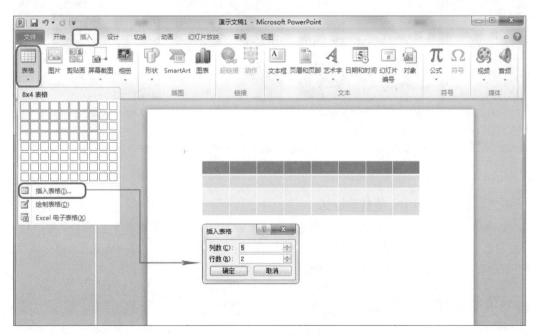

图 6-48　创建表格的方法

（二）表格的其他设置

插入表格后，单击表格，在选项卡区域会出现一个"表格工具"选项卡，在"设计"选项卡中包括"表格样式选项""表格样式""艺术字样式"和"绘图边框"4个功能组；在"布局"选项卡中包括"表""行和列""合并""单元格大小""对齐方式"和"表格尺寸"6个功能组，用户可以使用这些功能组对表格进行各种设置，使用方法与 Word 一致，在此不再重复。

六、插入图片

在 PowerPoint 2010 中插入图片，不仅可以增加演示文稿的视觉效果，而且还可以形象地表现幻灯片的主题和中心思想。

（一）插入图片

选择"插入"选项卡，单击"图像"组中"图片"命令按钮，打开"插入图片"对话框，选定指定的图片，单击"插入"按钮即可将图片插入到幻灯片中（图 6-49）。

图 6-49　插入图片

（二）调整图片大小、位置与旋转

1. 如果需要调整图片的大小，首先选中图片，此时图片四周出现 8 个控制点，将鼠标置于控制点上，通过拖动操作可以调整图片的大小；也可以在"图片工具→格式"选项卡的"大小"组中对图片的高度、宽度进行精确设置（图 6-50）。

图 6-50　调整图片大小

2．如果需要移动图片的位置，首先选中图片，当光标变成双向十字箭头时，直接拖动即可移动图片的位置；当需要旋转图片时，则可以通过旋转绿色控制点对图片进行旋转（图 6-51）。

图 6-51　旋转图片

（三）图片的裁剪

1．选定图片，单击"图片工具→格式"选项卡"大小"组中的"裁剪"命令按钮，此时图片四条边上会出现 8 个裁剪控点（图 6-52）。

图 6-52　裁剪控点

2．若要裁剪某一侧，请将该侧的中心裁剪控点向里拖动至需要的位置（图 6-53）。

3．鼠标单击空白位置，图片多余的部分被裁剪掉（图 6-54）。

图 6-53　裁剪图片

图 6-54　图片裁剪后的效果

（四）设置图片效果

1. 快速应用图片样式　选择图片，单击"图片工具→格式"选项卡"图片样式"组中的"其他"按钮，在下拉图片样式列表中，选择某种效果，如"金属椭圆"效果，即可将该效果应用于选中的图片上（图 6-55）。

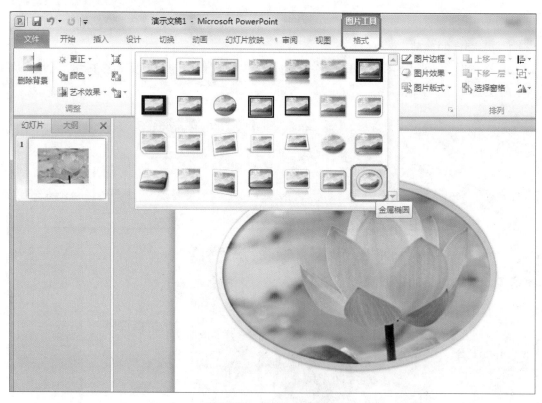

图 6-55　选择图片样式

2. 删除图片背景　首先选中图片，选择"图片工具→格式"选项卡，单击"调整"组中的"删除背景"命令按钮，此时图片就会有一部分变成紫红色，紫红色部分就是需要删除的部分，另外，图片中还显示了一个方框，我们可以通过调整这个方框来改变删除区域的大小（图 6-56）。

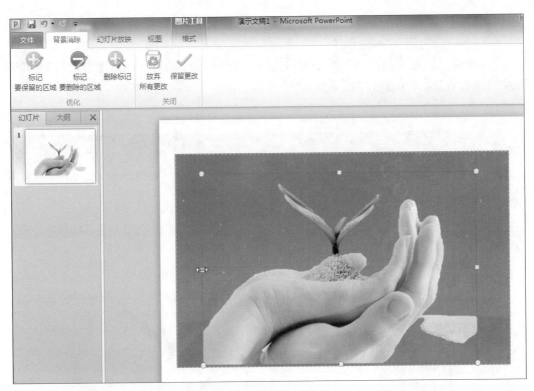

图 6-56　删除图片背景

　　如果发现图片中还有需要删除的部分，可以单击左上角的"标记要删除的区域"命令，此时鼠标箭头会变成画笔形状，在需要删除的区域上划一下即可（图 6-57）。

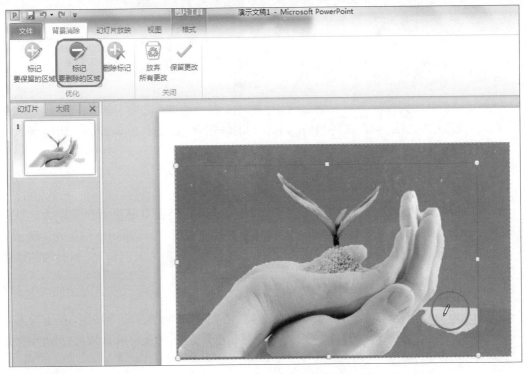

图 6-57　删除图片多余的背景

如果删除的区域中有需要保留的部分，可以单击左上角的"标记要保留的区域"命令，此时鼠标箭头同样会变成画笔形状，在需要保留的区域上划一下即可。

最后在需要保留的与需要删除的部分都标记好后，点击左上角的"保留更改"命令按钮，完成图片背景的删除操作（图6-58）。

图6-58　删除图片背景后的效果

另外，对于插入的图片还可以通过使用"图片工具→格式"选项卡的"调整"组中的命令，对图片亮度、对比度、颜色进行调整。丰富的图像效果，展现了 PowerPoint 2010 强大的图像处理功能。

七、插入音频与视频

音频和视频通常用来为演示文稿创建情景、营造气氛、增强其感染力和表现力。默认情况下，PowerPoint 可以将来自文件的音频和视频直接嵌入到演示文稿中，使其成为演示文稿文件的一部分。这样在移动演示文稿时不再出现音频、视频丢失的情况，但会增加演示文稿文件大小。

（一）插入音频

1. 插入音频的方法　单击"插入"选项卡"媒体"组中的"音频"命令按钮，在下拉菜单中选择"文件中的音频"命令，打开"插入音频"对话框。选择列表中的音频文件，单击"插入"按钮即可（图6-59）。

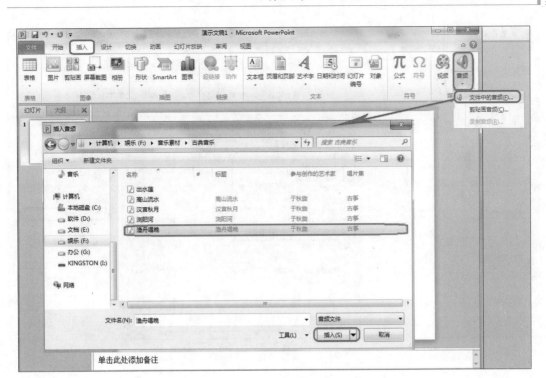

图 6-59 插入音频文件

2. 音频播放效果设置　单击幻灯片中的小喇叭音频图标,通过"音频工具→播放"选项卡中相关的命令,可对音频进行简单的剪裁、淡入、淡出效果以及播放方式的设置,如想让背景音乐从第 1 张开始播放,到第 5 张停止,设置方法:

首先在"音频选项"中的"开始"选项中选择"跨幻灯片播放"(图 6-60)。

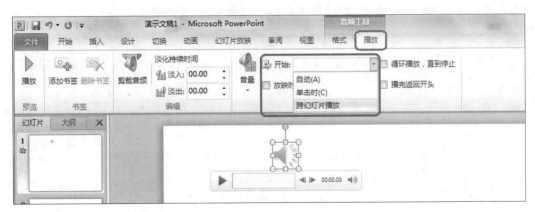

图 6-60 设置音频选项

然后,选择"动画"选项卡,单击"高级动画"组中的"动画窗格"命令按钮,在右侧弹出"动画窗格"任务窗口,在该任务窗口中,单击音频文件后面的下拉按钮,在下拉列表中单击"效果选项",弹出"播放音频"对话框,"开始播放"选择"从头开始","停止播放"设置成"在3 张幻灯片后"即可(图 6-61)。

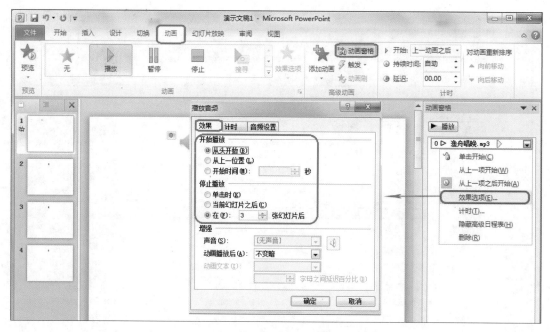

图 6-61　设置播放音频选项

（二）插入视频

PowerPoint 2010 在视频功能的支持上较以前版本有了较大改进，可以完全嵌入视频，不必担心在传递演示文稿时丢失文件。PowerPoint 2010 支持的视频格式有 swf、avi、mpg、wmv 等，其他格式的视频需转化格式才能插入到幻灯片中。如果视频文件较大，可以链接到本地驱动器上的视频文件。

1. 插入视频的方法　单击"插入"选项卡"媒体"组中的"视频"命令按钮，在"插入视频"对话框中。选择要嵌入的视频文件，单击"插入"按钮即可（图 6-62）。

图 6-62　插入文件中的视频

2. 从演示文稿链接到视频文件　单击"插入"选项卡"媒体"组中的"视频"命令按钮，在"插入视频文件"对话框中，选择要嵌入的视频文件，单击"插入"按钮的下拉箭头，在下拉列表中选择"链接到文件"（图 6-63）。

3. 视频播放的设置　"视频工具→播放"选项卡中还提供了视频播放的设置，如简单的视频剪辑、视频的淡入淡出、循环播放等设置（图 6-64）。

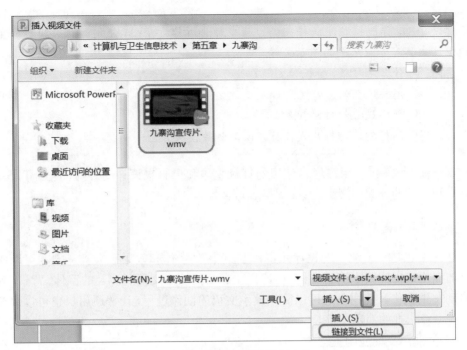

图 6-63　链接到本地视频文件

图 6-64　视频播放设置

知识拓展

Microsoft PowerPoint 2010 较以前版本在以下方面做了改进：

1. 能够完全嵌入音频格式，以前版本只能支持 Wav 格式文件的嵌入。
2. PowerPoint 2010 可以直接内嵌 MP3 文件。
3. 随意剪裁音频文件，可以设置为淡入淡出，使音频不会感到突兀。

第三节　幻灯片主题及母版

案例

国庆节快到了，医学影像系 15-1 班要召开迎国庆主题班会，班主任张老师分配给宣传委员小明一个重要任务：制作一个以爱国主义教育为主题的演示文稿，两天内完成。

如果你是小明，你能按时完成任务吗？让老师告诉你方法吧，使用幻灯片模板和主题就能设计出具有专业水平的演示文稿。

　　请问：1. 什么是母版、模板和主题？

　　　　　2. 怎样改变幻灯片主题以及更改主题颜色？

　　　　　3. 怎样设置幻灯片背景？

　　　　　4. 怎样创建幻灯片模板及修改幻灯片模板？

在制作演示文稿时，用户经常使用幻灯片主题和母版来设计幻灯片，使幻灯片具有统一的风格和一致的外观，以增加其美观性和可视性。

一、幻灯片主题

幻灯片主题是一组统一的设计元素，包括颜色、字体和效果三大类。主题可以作为一套独立的美化方案应用于演示文稿中，应用主题后的演示文稿所涉及的字体、背景、效果等都会自动发生变化。使用主题可以简化演示文稿的创作过程，让普通用户也可以快速地制作出具有专业水准的演示文稿。

（一）为演示文稿应用主题

PowerPoint 2010 预置了多种主题样式供用户选择使用，这样可以快速为演示文稿设置统一的外观。其方法是：打开演示文稿，在"设计"选项卡"主题"组中选择需要的主题样式（图 6-65）。

图 6-65　应用主题样式

在各种主题中有一个"Office 主题"，它是不包含任何修饰效果的空白主题，可以用它来删除演示文稿中已经存在的主题（图 6-66）。

图 6-66　Office 主题

（二）设置主题颜色

PowerPoint 2010 为每种设计模板提供了几十种内置的主题颜色，这些颜色是预先设置好的协调色，用户可以根据需要来选择不同的颜色来设计演示文稿。

设置幻灯片主题颜色的方法如下：演示文稿应用主题样式后，在"设计"选项卡中单击"主题"组中的"颜色"按钮，在其下拉列表中选择合适的颜色组（图 6-67）。

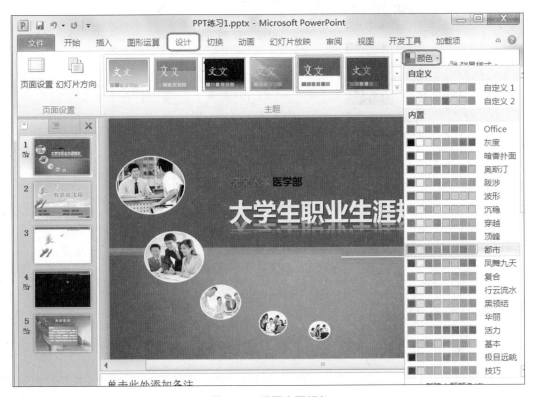

图 6-67　设置主题颜色

二、幻灯片版式

幻灯片的布局格式称为幻灯片的版式，通过幻灯片版式的应用可以对文本框、图片等对象更加合理、简洁、快速地完成布局。PowerPoint 2010 中已经内置了很多常用的幻灯片版式，如标题幻灯片、标题和内容幻灯片、两栏内容幻灯片等。究竟每张幻灯片应该使用哪种版式，我们可以按照自己对幻灯片的实际需求，灵活选择版式设计。

在新建幻灯片时，在"开始"选项卡"幻灯片"组中，单击"新建幻灯片"下拉按钮，从中选择需要的版式（图 6-68）。

图 6-68　选择幻灯片版式

此外，用户右击幻灯片的空白区域，在弹出的快捷菜单中选择"版式"，在其子菜单中也可以选择需要的版式。

三、幻灯片母版

幻灯片母版是幻灯片层次结构中的顶层幻灯片，用于存储有关演示文稿的主题和幻灯片版式信息，包括背景、颜色、字体、效果、占位符的大小和位置。用户可以设置母版来创建一个别具风格的幻灯片模板。母版可以分为幻灯片母版、备注母版以及讲义母版 3 种,其中,最常用的母版为幻灯片母版。

幻灯片母版影响下属所有幻灯片的格式,当更改母版格式时,所有幻灯片的格式也将同时被更改,编辑幻灯片母版时,要在"幻灯片母版"视图下操作。

(一) 查看幻灯片母版

启动 PowerPoint 2010 后,切换到"视图"选项卡,单击"母版视图"组中的"幻灯片母版"按钮(图 6-69),打开幻灯片母版视图。

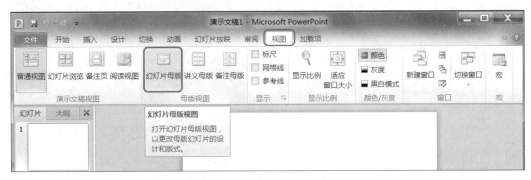

图 6-69　选择幻灯片母版

幻灯片母版由一个主母版和 11 个幻灯片版式母版组成,其中主母版的格式规定了所有版式母版的基本格式(图 6-70)。

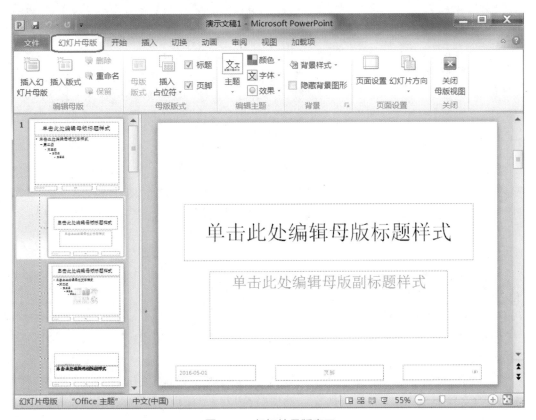

图 6-70　幻灯片母版窗口

（二）编辑幻灯片母版

在母版中显示的所有对象都是占位符，用来规划幻灯片中各种对象的布局。

1. 添加 Logo 图标　进入幻灯片母版视图，单击左侧第一张幻灯片母版，单击"插入"选项卡的"图像"组中的"图片"按钮，在"插入图片"对话框中选择文件"PPT 图标 .jpg"，图片插入后，调整其大小放入版面右上角（图 6-71），单击"关闭母版视图"按钮。

图 6-71　为幻灯片母版添加 Logo 图标

2. 设置背景　进入幻灯片母版视图，单击"背景样式"按钮，在其下拉列表中选择"设置背景格式"命令（图 6-72），在弹出的"设置背景格式"对话框中，选择"图片或纹理填充"选项，单击"文件（F）"按钮，选择"淡雅背景 .jpg"，单击"关闭"按钮，单击"关闭母版视图"按钮。

四、创建与使用幻灯片模板

幻灯片模板是演示文稿的一种特殊格式，扩展名为".potx"。用于提供样式文件的格式、配色方案、母版样式以及字体样式等。

（一）创建幻灯片模板

为演示文稿设置好统一的风格和版式后，就可以将其保存为模板文件，以方便以后制作演示文稿时使用。

打开制作好的演示文稿，单击"文件"选项卡的"保存并发送"按钮，在"文件类型"栏中选择"更改文件类型"选项，在"更改文件类型"栏中双击"模板"选项（图 6-73），弹出"另存为"对话框，选择模板保存位置，单击"保存"按钮。

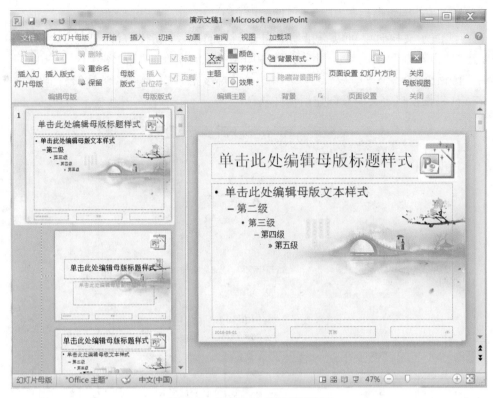

图 6-72 为幻灯片母版设置背景

图 6-73 保存为模板

（二）使用自定义模板

在新建演示文稿时就可以直接使用自己创建的模板，使用方法：单击"文件"选项卡的"新建"按钮，在"可用的模板和主题"栏中单击"我的模板"按钮（图 6-74），弹出"新建演示文稿"对话框，在"个人模板"选项卡中选择所需要的模板（图 6-75），单击"确定"按钮，PowerPoint 将根据自定义模板创建演示文稿。

图 6-74 选择"我的模板"

图 6-75 使用自定义模板

第四节　幻灯片的动画设置与放映

案例

　　现在越来越多的公司企业和个人喜欢用PPT进行展示,不仅是因为它便于制作,更重要的是它具有专业的布局设计、华丽的转场效果、强大的音频、视频功能。毕业时你是否想设计一个图文并茂的电子求职简历放在网上,为自己赢得更多的就业机会呢?让我们从学习PowerPoint动画的基础操作开始吧。

　　请问:1.演示文稿的动画效果是通过什么实现的?

　　　　 2.如何设置幻灯片的切换效果?

　　　　 3.如何为幻灯片中的对象添加动画?

　　　　 4.如何为幻灯片添加排练计时?

　　　　 5.如何为演示文稿添加超级链接?

一、幻灯片切换效果的设置

　　为了使幻灯片更具趣味性,在演示文稿放映过程中,可以在两张幻灯片之间设置一种动态转换,即幻灯片切换效果。

(一)设置幻灯片切换效果的操作步骤

1.选中要设置切换效果的幻灯片。

2.单击"切换"选项卡,从"切换到此幻灯片"组中选择一种切换效果(图6-76)。

图6-76　设置切换效果

3．使用"切换"选项卡"计时"组中的"持续时间"和"声音"命令，可以设置切换速度和声音（图6-77）。

图6-77　设置切换速度和声音

（二）设置切换效果选项

为幻灯片选择不同的切换方式会出现不同的效果选项，单击"切换到此幻灯片"组中的"效果选项"按钮，在弹出的下拉菜单中选择不同的效果选项（图6-78）。

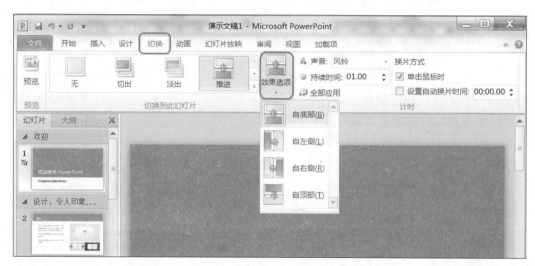

图6-78　设置效果选项

二、幻灯片的动画效果设置

PowerPoint 2010 动画可以给对象添加特殊的视觉效果。动画可以吸引人的注意力，恰当地利用动画可以将观众引向问题的关键点。幻灯片动画包括4种基本类型，它们分别是进入、强调、退出和动作路径动画。

（一）添加进入动画

进入动画是指文本、图形图片、声音、视频等对象从无到有出现在幻灯片上的动态过程，包括出现、淡出、飞入、绽放、旋转等多种形式。

以给文本设置"翻转式由远及近"动画为例，具体操作步骤如下：

选中需要设置动画的文本框，选择"动画"选项卡，单击"动画"组中的"其他"按钮（图6-79），弹出下拉菜单，选择"进入"选项中的"翻转式由远及近"动画效果（图6-80）。单击"动画"选项卡"预览"组的"预览"命令可以查看动画效果。

图 6-79　打开动画列表

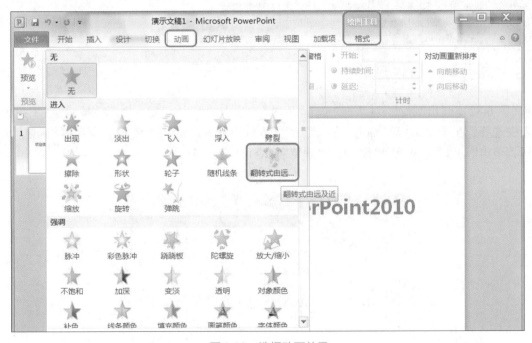

图 6-80　选择动画效果

（二）设置强调动画效果

强调动画用来定义对象进入画面以后以什么样的方式进行活动，从而引起观众的注意。下面以设置文本"脉冲"强调效果为例，具体操作步骤如下：

1. 接上例，选中文本框，在"动画"选项卡中单击"添加动画"按钮，弹出下拉列表，在"强调"选项中选择"脉冲"效果（图 6-81）。

2. 设置第二个动画在上一个动画结束之后自动播放，并且闪烁 2 次。操作方法：在右侧"动画窗格"任务窗口中，单击第二个动画右侧的下拉按钮，在下拉列表中单击"计时"选

245

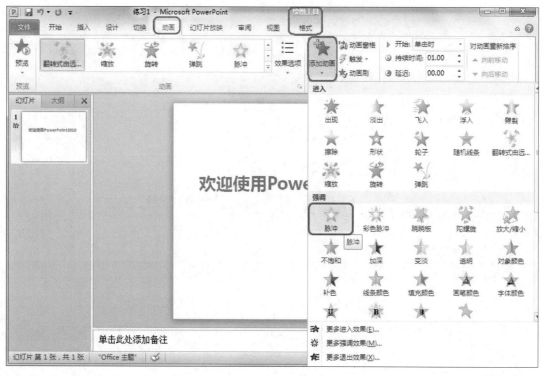

图 6-81　选择"脉冲"动画效果

项（图 6-82），弹出"脉冲"对话框，单击"计时"选项卡的"开始"文本框下拉按钮，在下拉列表中选择"上一动画之后"命令，在"重复"文本框中输入数值"2"（图 6-83），单击"确定"按钮。单击"动画"选项卡"预览"组的"预览"命令可以查看动画效果。

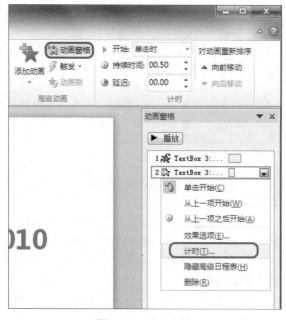

图 6-82　动画窗格

图 6-83 设置"脉冲"动画对话框

（三）设置退出动画效果

退出动画与进入动画正好相反，用来定义对象如何从播放画面中消失。这里以设置"基本缩放"的退出效果为例，具体操作步骤如下：

1. 接上例，选中文本框，在"动画"选项卡中单击"添加动画"按钮，弹出下拉列表，选择"更多退出效果"（图 6-84）。

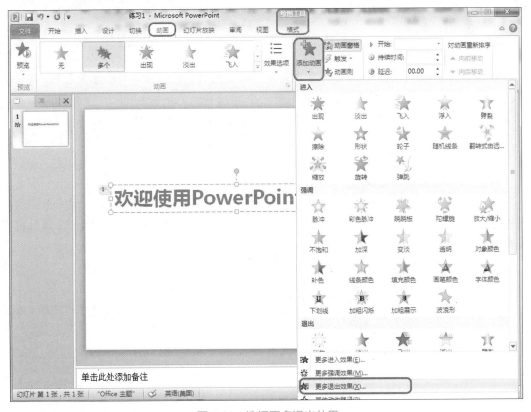

图 6-84 选择更多退出效果

2. 在弹出的"添加退出效果"对话框中,选择"温和型"中的"基本缩放"选项(图 6-85),单击"确定"按钮。

图 6-85 选择退出效果

3. 设置第三个动画在上一个动画结束之后自动播放,消失的时间设置为 2 秒,操作方法:在右侧"动画窗格"任务窗口中,单击第三个动画右侧的下拉按钮,在下拉列表中单击"计时"选项,弹出"基本缩放"对话框,单击"计时"选项卡的"开始"文本框下拉按钮,在下拉列表中选择"上一动画之后"命令,在"期间"文本框中输入数值"2",单击"确定"按钮。单击"动画"选项卡"预览"组的"预览"命令可以查看动画效果。

(四)设置动作路径动画效果

动作路径动画是指使用线条在幻灯片上画出对象的运动轨迹作为引导线,在幻灯片播放时使对象沿着引导线运动,但并不显示引导线。下面以"飘落的花瓣"为例,具体操作步骤:

1. 启动 PowerPoint 2010 后,选择"插入"选项卡,单击"图像"组中的"图片"按钮,弹出"插入图片"对话框,选择"花瓣.jpg",单击"插入"按钮(图 6-86)。

2. 调整图片大小,放置在幻灯片左上角,单击"动画"选项卡中"添加动画"按钮,弹出下拉列表,在"动作路径"组中选择"自定义路径"选项(图 6-87)。

3. 发挥你的想象,从"花瓣"图片处开始绘制一条曲线,在曲线结束处双击鼠标(图 6-88)。

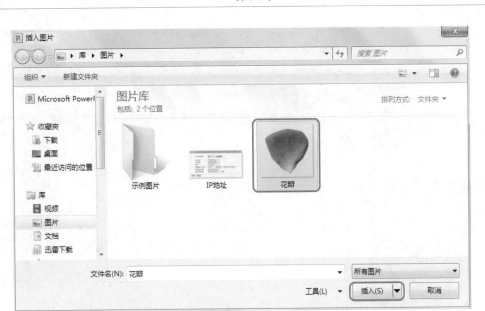

图 6-86 插入图片

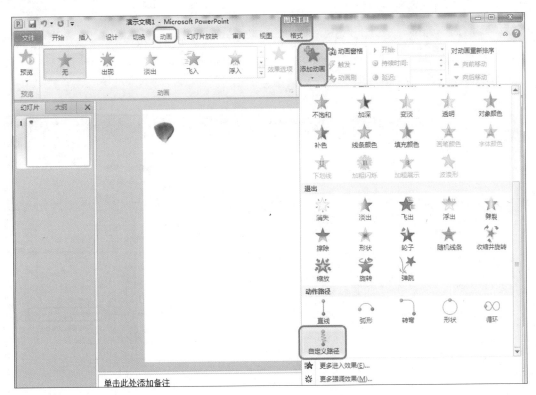

图 6-87 选择"自定义路径"

4. 设置花瓣飘落的速度,单击"高级动画"组中的"动画窗格"按钮,在右侧"动画窗格"任务窗口中,单击动画的下拉按钮,在下拉列表中单击"计时"选项,弹出"自定义路径"对话框,在"期间"文本框下拉列表中选择"非常慢(5 秒)",在"重复"右侧文本框中输入数值"2"(图 6-89),单击"确定"按钮。单击"动画"选项卡"预览"组的"预览"命令可以查看动画效果。

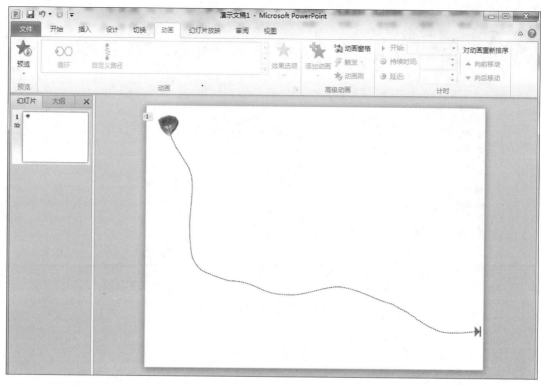

图 6-88　绘制飘落曲线

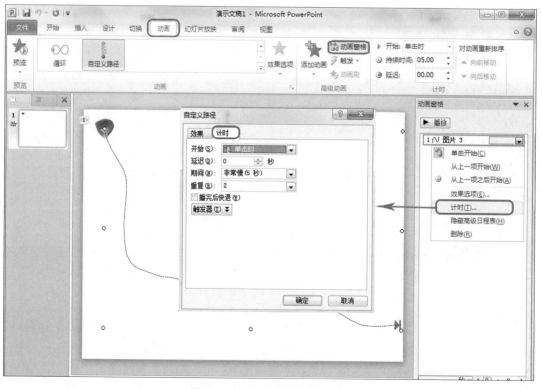

图 6-89　设置自定义路径动画

（五）调整动画顺序

在 PowerPoint 2010 演示文稿中设置好动画以后，默认情况下系统会按照添加动画的先后顺序播放，如果发现播放效果不理想，还可以更改动画的播放顺序，操作步骤如下：

在"动画窗格"任务窗口中选中要调整的动画效果，单击"向下"或"向上"按钮进行调整（图6-90）。

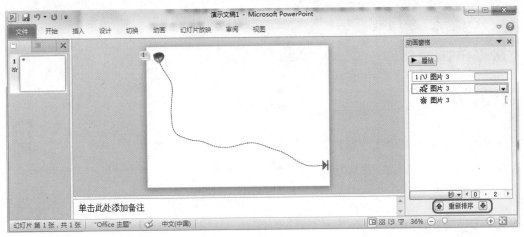

图 6-90　调整动画播放顺序

　知识拓展

　　"动画刷"是 PowerPoint 2010 中的新增工具，类似于以前我们学过的"格式刷"，"动画刷"主要用于动画格式的复制应用。如果要让多个对象应用相同的动画效果，只需双击"动画刷"按钮，用鼠标分别单击这些对象，这样就实现了动画效果的快速复制。如果要取消"动画刷"的使用，再次单击"动画刷"按钮即可。

三、演示文稿中的超级链接

PowerPoint 2010 演示文稿在放映幻灯片的过程中，正常播放是按照幻灯片排列次序顺序线性播放，当然也可以通过设置超链接来实现由一张幻灯片跳转到另一张幻灯片的操作，从而增加人机交互。给对象添加超级链接的步骤如下：

1. 选中要添加超级链接的对象，如文字、图片、形状等。

2. 单击"插入"选项卡中"链接"组的"超级链接"按钮，弹出"插入超级链接"对话框，选择需要链接的目标，如选择"本文档中的位置"，选择需要跳转的幻灯片（图6-91）。

3. 单击"确定"按钮，完成超级链接的设置。

"超级链接"对话框允许用户制作四大类的超链接类型，分别是"现有文件或网页""本文档中的位置""新建文档"和"电子邮件地址"。

四、幻灯片放映

演示文稿制作完成以后是为了在各种设备上进行播放，PowerPoint 2010 为用户提供了从头开始、从当前幻灯片开始和自定义幻灯片放映3种放映方式。

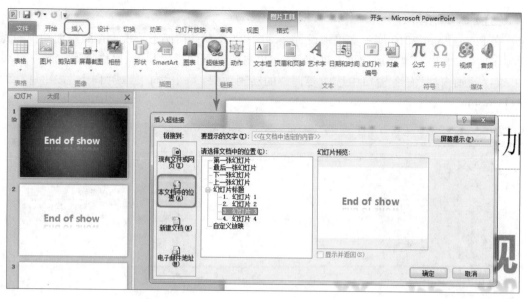

图 6-91 插入超级链接

（一）放映幻灯片

1. 从头开始放映　选择"幻灯片放映"选项卡的"从头开始"按钮，从第一张幻灯片开始放映，快捷键是按"F5"，按 Esc 键终止放映（图 6-92）。

图 6-92 放映幻灯片

2. 从当前幻灯片开始放映　选择"幻灯片放映"选项卡的"从当前幻灯片开始"按钮，从当前幻灯片开始放映，快捷键是按"Shift+F5"。

3. 自定义放映　选择"幻灯片放映"选项卡的"自定义幻灯片放映"按钮，选择"自定义放映"命令（图 6-93）。

图 6-93 选择"自定义放映"

在弹出的"自定义放映"对话框中单击"新建"按钮,弹出"定义自定义放映"对话框中,输入自定义放映的名称,如"演示 1",从左侧窗口选择需要添加的幻灯片(图 6-94),添加完毕,单击"确定"按钮。

图 6-94 设置"自定义放映"

最后,单击"自定义幻灯片放映"按钮,选择"演示 1",此时演示文稿就会按照用户自定义的顺序进行播放。

 知识拓展

触发器是 PowerPoint 中的一项功能,它可以是一个图片、图形、按钮,甚至可以是一个段落或文本框,单击触发器时它会触发一个操作,该操作可以是声音、影片或动画。可以简单地将触发器理解为一个开关,通过它可以控制已设定好的动画。

利用触发器可以更灵活多变的控制动画或声音视频等对象,实现许多特殊效果,让 PPT 具有一定的交互功能,极大地丰富了 PPT 的应用领域。

(二)设置放映时间

设置放映时间的目的是为了使演示文稿脱离人工自动播放,通常在使用演示文稿配合演讲时,用户通过 PowerPoint 2010 的排练计时功能对演讲活动进行演练,指定演示文稿的播放进程。操作步骤如下:

1. 打开制作完成的演示文稿,选择"幻灯片放映"选项卡,在"设置"组中单击"排练计时"按钮(图 6-95)。

图 6-95 选择"排练计时"按钮

2. 进入放映模式,同时,屏幕上会出现一个"录制"工具栏,对每张幻灯片的播放时间和总时间进行计时(图 6-96)。

3. 放映结束,系统会提示对刚才的计时进行保存,单击"是"按钮,返回到在幻灯片预览视图中,可以看到每张幻灯片排练播放的时间(图 6-97)。

 → 排练计时工具栏

第二篇 运动系统

图 6-96 "排练计时"工具栏

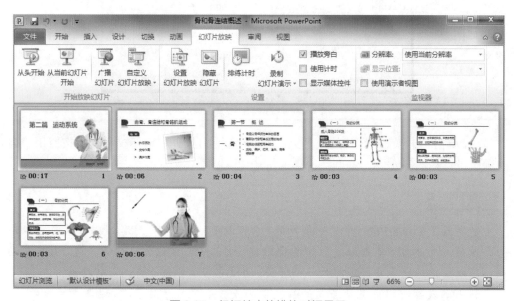

图 6-97 幻灯片中的排练时间显示

第五节 打印演示文稿和演示文稿打包

 案例

　　郭明用 PowerPoint 2010 为同学制作了一个电子贺卡,同学说无法播放,于是郭明就去向老师请教。老师告诉他,可以利用 PowerPoint 提供的"打包成 CD"功能,将演示文稿和所有支持的文件打包,这样即使对方计算机中没有安装 PowerPoint 程序也可以播放演示文稿了,让我们开始学习吧。

　　请问:1. 怎样设置演示文稿的打印?
　　　　　2. 演示文稿如何打包?

一、打印演示文稿

　　演示文稿制作完成以后,用户可以将演示文稿打印到纸张中,从而达到快速交流与传递的目的。

　　首先,设置打印范围,选择"文件"选项卡,单击"打印"命令,在展开的列表中单击"打印全部幻灯片"下拉按钮,在下拉列表中选择相应的选项即可(图 6-98)。

图 6-98　选择打印范围

其次，设置打印版式，选择"文件"选项卡，单击"打印"命令，在展开的列表中单击"打印整页幻灯片"下拉按钮，在下拉列表中选择相应的选项即可（图6-99）。

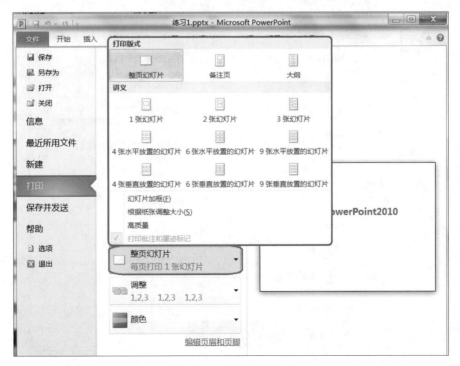

图 6-99　设置打印版式

最后，在"打印"份数文本框中输入要打印的份数，单击"打印"按钮确定打印（图6-100）。

图 6-100　打印幻灯片

二、打包演示文稿

演示文稿制作完成以后，当用户将演示文稿拿到其他计算机中播放时，如果对方计算机中没有安装 PowerPoint 2010 程序，或者没有演示文稿中所链接的文件以及所采用的字体，那么演示文稿将不能正常放映，"打包"功能可以很好地解决这一问题。

"打包"就是通过幻灯片的播放器（PowerPoint Viewer 2010）实现幻灯片脱离编辑环境的放映。"打包"操作步骤如下：

单击"文件"选项卡"保存并发送"命令，选择"将演示文稿打包成 CD"命令，在右面窗格中单击"打包成 CD"按钮（图6-101）。

图 6-101　单击"打包成 CD"按钮

此时,弹出"打包成 CD"对话框,在"将 CD 命名为"文本框中输入文件名称,单击"添加"按钮添加需要打包的演示文稿(图 6-102)。

图 6-102 "打包成 CD"对话框

单击"选项"按钮,在选项对话框中勾选"链接的文件"和"嵌入的 TrueType 字体"复选框,可在打包时链接所需的文件并且嵌入字体,保证演示字体的效果,同时,还可以为打开演示文稿设置密码。单击"确定"按钮,关闭"选项"对话框(图 6-103)。

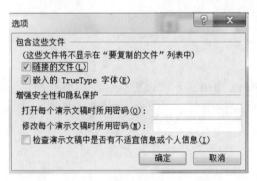

图 6-103 设置"打包成 CD"选项

如果要将演示文稿复制到本地磁盘驱动器上,请单击"复制到文件夹"按钮,输入文件夹名称并选择保存位置后,单击"确定"按钮即可完成打包操作。可以查看打包文件(图 6-104)。

图 6-104 查看打包文件

在播放打包演示文稿前，一定要注意目标计算机是否已经有 Microsoft PowerPoint Viewer 2010 播放器，如果没有请及时下载安装。该打包文件中不包括播放器。

 本章小结

　　本章主要讲解了演示文稿的基本概念和基本操作，如演示文稿的创建、保存以及演示文稿的视图模式。在幻灯片制作方面，着重介绍了文本框、艺术字、自选图形、图像、表格、SmartArt 图形、音频和视频等对象的插入与编辑方法。通过幻灯片主题与母版的学习，会利用幻灯片母版的设计，制作出具有统一风格的演示文稿。通过幻灯片动画效果的学习，掌握添加动画的基本设置，能够熟练地对幻灯片的切换及幻灯片中的对象添加动画效果。利用幻灯片超级链接制作出简单交互式的演示文稿。熟练掌握演示文稿的放映方法并可以对其进行排练计时，了解演示文稿的打包步骤。

　　总之，通过本章的学习，要求同学们掌握 PowerPoint 2010 的各项功能并灵活运用到实际工作中去。

（安海军　代令军）

目标测试

一、选择题

1. 下列属于 PowerPoint 2010 演示文稿默认的视图模式是

　　A. 备注视图　　　　　　　　　　　B. 普通视图

　　C. 幻灯片浏览视图　　　　　　　　D. 幻灯片放映视图

2. 制作成功的幻灯片，如果为了以后打开时自动播放，应该在制作完成后保存的文件类型为

　　A. PPTX　　　　　　　　　　　　　B. PPSX

　　C. DOC　　　　　　　　　　　　　D. XLS

3. 若将 PowerPoint 文档保存只能播放不能编辑的演示文稿，操作方法是

　　A. 保存对话框中的保存类型选择为"演示文稿"

　　B. 保存对话框中的保存类型选择为"网页"

　　C. 保存对话框中的保存类型选择为"演示文稿设计模板"

　　D. 保存对话框中的保存类型选择为"PowerPoint 放映"

4. 表示当前动画与前一动画同时开始播放为

　　A. 单击时　　　　　　　　　　　　B. 与上一动画同时

　　C. 上一个动画之后　　　　　　　　D. 上一个动画之前

5. 关于打包说法不正确的是

　　A. 可打包到文件夹或打包到 CD

　　B. 一次只能打包一个演示文稿

　　C. 可以将超链接文件、字体一同打包

　　D. 一次可以打包多个演示文稿

6. 在"幻灯片浏览视图"下,右击当前幻灯片,快捷菜单中选择"新建幻灯片",则正确的是

    A. 在当前幻灯片前面插入新幻灯片

    B. 在当前幻灯片后面插入新幻灯片

    C. 插入的幻灯片位置不固定

    D. 该视图不能插入新幻灯片

7. 为了使演示文稿中的所有幻灯片中具有相同的对象(如在相同的位置都有一个徽标),则可以使用

    A. 母版   B. 配色方案

    C. 主题   D. 版式

8. 将演示文稿中的某张幻灯片版式更改为"垂直排列文本",应修改

    A. 幻灯片母版   B. 主题配色方案

    C. 幻灯片主题   D. 幻灯片版式

9. 在 PowerPoint 2010 中,幻灯片通过大纲形式创建和组织

    A. 标题和正文   B. 标题和图形

    C. 正文和图片   D. 标题和多媒体

10. PowerPoint 2010 中,把文本从一个地方复制到另一个地方的顺序是

(1)按"复制"按钮;(2)选定文本;(3)将光标置于目标位置;(4)按"粘贴"按钮

    A. (1)(2)(3)(4)   B. (3)(2)(1)(4)

    C. (2)(1)(3)(4)   D. (2)(3)(1)(4)

11. 进入幻灯片母版视图的操作步骤是

    A. 单击"切换"选项卡中的"幻灯片母版"按钮

    B. 单击"视图"选项卡中的"幻灯片母版"按钮

    C. 单击"视图"选项卡中的"幻灯片预览"按钮

    D. 以上都不对

12. 下列哪个操作可以实现在演示文稿的放映中幻灯片的跳转

    A. 自定义动画   B. 添加动作按钮

    C. 幻灯片切换   D. 以上 3 种都正确

13. 幻灯片中占位符的作用是

    A. 表示文本的长度   B. 限制插入对象的数量

    C. 表示图形的大小   D. 为文本、图形预留位置

14. PowerPoint 2010 母版有几种类型

    A. 3   B. 4

    C. 5   D. 6

15. 如果将演示文稿置于另一台不带 PowerPoint 系统的计算机上放映,那么应该对演示文稿进行

    A. 复制   B. 打包

    C. 移动   D. 打印

二、填空题

1. 关于 PowerPoint 2010 的"自定义动画"的添加效果有_____、_____、_____、
_____。

2. PowerPoint 2010 中,快速复制一张同样的幻灯片,快捷键是_____。

3. PowerPoint 2010 中,如果一组幻灯片中的几张暂时不想让观众看见,最好使用_____方法。

4. 如果要实现从一张幻灯片"溶解"到下一张幻灯片效果,应使用"幻灯片放映"菜单中的命令是_____。

5. 要终止幻灯片的放映,可以按_____快捷键。

6. 在幻灯片浏览视图中,删除幻灯片可以使用的快捷键是_____。

7. PowerPoint 2010 演示文稿默认的扩展名是_____。

8. 占位符是一种_____的框,在框内可以输入标题、正文、图片等对象。

9. 在 PowerPoint 2010 中,新建演示文稿的快捷键为_____,插入幻灯片的快捷键为_____。

10. 要在 PowerPoint 2010 中插入表格、图片、艺术字、视频、音频时,应在_____选项卡中进行操作。

三、判断题

1. PowerPoint 2010 母版中插入图片对象后,在普通幻灯视图中可以根据需要对图片进行编辑。(　　)

2. 在 PowerPoint 2010 中,默认的视图模式是幻灯片浏览视图。(　　)

3. 超级链接在幻灯片浏览视图中也可以被激活。(　　)

4. 按"Alt+F4"组合键,不能退出 PowerPoint 2010 工作界面。(　　)

5. PowerPoint 2010 中,从当前幻灯片开始放映的快捷键是 F5。(　　)

6. PowerPoint 2010 中,单击格式刷后,可将格式传递给多处文本。(　　)

7. 幻灯片母版设置可以起到统一整套幻灯片的风格作用。(　　)

8. 在 PowerPoint 2010 的中,"动画刷"工具可以快速设置相同动画。(　　)

9. 在幻灯片中可以将图片文件以链接的方式插入到演示文稿中。(　　)

10. 在 PowerPoint 2010 中创建的一个文档就是一张幻灯片。(　　)

四、操作题

1. 新建一个空白的演示文稿,标题为"我的学校",副标题为"白衣天使的摇篮",并以"My First.pptx"名字命名,保存于 D:\ppt 文件夹中。

2. 编辑幻灯片。

(1) 打开 D:\ppt\My first.pptx,为演示文稿新增 4 张幻灯片,输入文本(图 6-105)。

(2) 将第 4 幻灯片移动到第 3 张幻灯片前;第 5 张幻灯片复制一份成为第 6 张幻灯片。

(3) 将第 3 张幻灯片正文文字字体设置修改字体为黑体、字号为 28 磅字,字的颜色为蓝色(RGB 模式:红色 5,绿色 5,蓝色 100);段前、段后间距为 6 磅,行间距为 40 磅。

(4) 保存演示文稿文件。

3. 演示文稿对象的插入与编辑。

(1) 打开 D:\ppt\My first.pptx 演示文稿,第一张幻灯片标题文字修改艺术字字体为隶书、艺术字的填充颜色为蓝色,并设定艺术字效果样式为"朝鲜鼓"。

(2) 插入图片文件"图片 1.png",放置在幻灯片右面。在第 3 张幻灯片中插入 3 张图片,图片高度都设置为 5 厘米,图片应用"简单框架,白色"效果。

(3) 插入"直线"形状样式,直线粗细为 3 磅,添加形状样式为"粗线→强调颜色 1"。

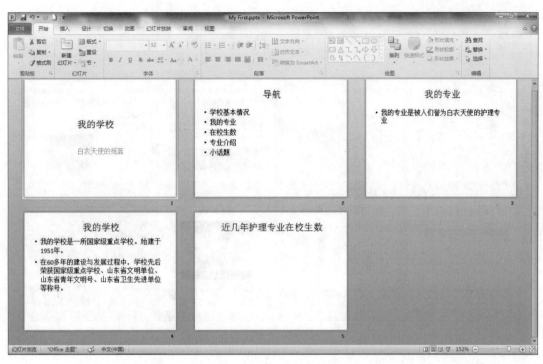

图 6-105　输入文本内容

（4）在第 2 张幻灯片中插入一幅名字为"空白路标"剪贴画，添加"棱台左透视，白色"效果样式。

（5）在第 5 张幻灯片中插入一个表格并录入指定的数据，表格高度和宽度分别修改为 10 厘米和 20 厘米，单元格数据垂直居中。

（6）根据第 5 张幻灯片表格内容，以柱形图图表的样式添加到第 6 张幻灯片中。

（7）修改第 4 张幻灯片的版式，将"标题和内容"版式修改为"两栏内容"版式；在两栏右面占位符中插入图片。

（8）在最后一张幻灯片后面插入一张"标题和内容"版式幻灯片；标题内容为"健康小话题"；将视频文件"健康小话题 .wmv"文件插入到内容区，视频添加"映像圆角矩形"效果（图 6-106）。

（9）保存演示文稿文件。

4．演示文稿的外观修饰。

（1）打开 D:\ppt\My first.pptx 演示文稿，为幻灯片应用内置的"平衡"主题样式，使用主题统一幻灯片外观。对比一下前后效果，保存文件。

（2）演示文稿应用"聚合"配色方案。对比一下前后效果，保存文件。

（3）修改该母版中的标题文字样式为艺术字"填充→红色，强调文字颜色 2，粗糙棱台"样式，母版中"双栏内容"版式左文本框位置做下移调整。对比一下前后效果，保存文件（图 6-107）。

5．幻灯片动画效果的设置

（1）打开 D:\ppt\My first.pptx 演示文稿，第一张幻灯片艺术字对象动画设置为"进入""擦除"，效果选项为"自左侧"；直线形状对象动画是在"上一动画之后"呈现"展开"动画效果，动画持续时间设为 1 秒。

图 6-106　完成后效果

图 6-107　修改后效果

（2）使用"动画刷"工具，将艺术字对象动画效果应用于人物图片对象和副标题对象以及其他幻灯片图片对象。

（3）调整第一张幻灯片人物对象和副标题对象的动画播放次序。

（4）设置所有的幻灯片切换效果为"溶解"效果。

（5）除首页幻灯片以外，每页幻灯片均添加"上弧形箭头"形状，并为其形状设定动作；实现在放映时单击该形状即可跳转到第2张幻灯片。

（6）为第2张幻灯片中的各项目标题建立起与之相关的幻灯片超链接。

（7）保存演示文稿文件。

第七章　多媒体技术及常用软件

学习目标

1. 掌握：多媒体的概念以及多媒体包含的基本要素。
2. 熟悉：多媒体技术及其特点。
3. 了解：多媒体计算机系统的组成。
4. 了解：Adobe Audition、Adobe Photoshop、会声会影等常用多媒体软件的基本操作。
5. 了解：制作多媒体作品的基本流程。

多媒体技术是一种覆盖面很宽的技术，是多种技术特别是计算机、通信设备和广播电视技术发展、融合、渗透的结果，它使得计算机具有综合处理声音、文字、图形、图像和视频信息的能力。目前，多媒体技术已经渗透到人类生活的各个领域，它正在改变着人类的学习、工作方法和生活方式。

第一节　多媒体技术

案例

音频、视频、图像是深受人们喜爱的信息载体，利用计算机进行多媒体信息的处理，极大地扩大了多媒体信息的应用领域。那么多媒体是怎样改变我们生活的呢？让我们从学习多媒体的基础知识入手吧。

请问：1. 什么是多媒体？
　　　2. 什么是多媒体技术？
　　　3. 多媒体技术有哪些特点？

多媒体与因特网（Internet）一起，成为推动20世纪末、21世纪初信息化社会发展两个最重要的技术动力之一。在网络技术迅速发展的今天，网络的信息都是以多媒体的形式呈现给用户。

一、多媒体概述

20世纪以来，随着信息技术的飞速发展，作为信息技术发展的重要方向之一，计算机多媒体技术的应用和发展也处于高速发展的过程中。多媒体技术是以计算机技术为核心，综

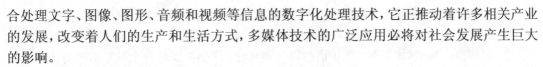

合处理文字、图像、图形、音频和视频等信息的数字化处理技术,它正推动着许多相关产业的发展,改变着人们的生产和生活方式,多媒体技术的广泛应用必将对社会发展产生巨大的影响。

（一）媒体的概念

所谓媒体（medium）是指承载信息的载体。按照国际电信联盟（ITU-T）建议的定义,媒体有以下 5 种类型：

1. 感觉媒体 直接作用于人的感觉器官,使人产生直接感觉的媒体。如图像、声音、文字等。

2. 表示媒体 是为了处理和传输感觉媒体而人为地研究、构造出来的媒体,其目的是有效地传输感觉媒体,如图像编码（JPEG、MPEG 等）、文本编码和声音编码等,都是表示媒体。

3. 显示媒体 显示媒体是通信中用于使电信号和感觉媒体之间产生转换的媒体,如键盘、鼠标器、显示器、打印机、音箱等。

4. 存储媒体 用于存储表示媒体的物理介质,如硬盘、光盘、U 盘等。

5. 传输媒体 用于传输表示媒体的物理介质,如电话线、电缆、光纤等。

媒体的核心是指表示媒体,因为作为多媒体技术来说,主要研究的还是各种各样的媒体表示和表现技术。

（二）多媒体及其信息表达元素

所谓多媒体（multimedia）是指在计算机系统中,组合两种或两种以上媒体的一种人机交互式信息交流和传播媒体。使用的媒体包括文字、图片、照片、声音、视频,以及程序所提供的互动功能。多媒体信息表达元素主要有以下 4 类：

1. 文本 文本信息是由文字编辑软件生成的文件,由英文、汉字和其他文字符号构成。文本是进行信息交换的最基本的媒体,可以准确、严谨地传递信息。

2. 图形图像 图形图像是多媒体软件中最重要的信息表现形式之一,它是决定一个多媒体软件视觉效果的关键因素。

3. 音频信息 声音是人们用来传递信息、交流感情最方便、最熟悉的方式之一。在多媒体课件中,按其表达形式,可将声音分为讲解、音乐、效果三类。

4. 视频信息 连续的随时间变化的图像称为视频图像,视频信息具有直观和生动的特点。

二、多媒体技术的特点和应用

多媒体技术的概念起源于 20 世纪 80 年代初期,但真正蓬蓬勃勃发展起来是在 90 年代。多媒体并不是新的发明,从某种意义上说,它是信息技术与应用发展的必然产物。

（一）多媒体技术

多媒体技术（multimedia technology）是以计算机为核心,对文本、图形、图像、声音、动画、视频等多种信息综合处理、建立逻辑关系和人机交互作用的技术。多媒体技术已经成为推动现代社会进步的关键技术,是进入信息社会的重要标志之一。

（二）多媒体技术的特点

基于计算机为核心的多媒体技术有以下 4 个主要特点：

1. 集成性 多媒体的集成性包括两方面,一是多种信息媒体的集成,二是处理这些媒体的设备和系统的集成。多种信息媒体的集成包括信息多通道统一获取、存储、组织与合成。

2．多样性 所谓"多样性"是指信息媒体多样化，这是多媒体一个最基本的特征。这些信息媒体包括文字、声音、图形、图像、动画、活动影像等。多样性将计算机处理信息空间范围扩展，使得计算机更加人性化、人类能得心应手地处理各种信息，人类与计算机的交互具有更广阔的、更自由的空间。

3．交互性 交互性是多媒体技术的关键特征。交互性是指用户可以和计算机的多种信息媒体进行交互操作，从而为用户提供更加有效地控制和使用信息的手段。当引入多媒体技术后，借助交互性，用户可以获得更多的信息，提高对信息的注意力和理解，延长信息保留的时间。

4．实时性 由于多媒体系统需要处理各种复合的信息媒体，决定了多媒体技术必然要支持实时处理。接收到的各种信息媒体在时间上必须是同步的，比如语音和活动的视频图像必须严格同步，因此要求实时性，甚至是强实时（hard real time）。例如电视会议系统的声音和图像不允许存在停顿，必须严格同步，包括"唇音同步"，否则传输的声音和图像就失去意义。

（三）多媒体技术的应用

多媒体技术的发展使计算机的信息处理在规范化和标准化的基础上更加多样化和人性化，特别是多媒体技术与网络通信技术的结合，加速了多媒体技术在经济、科技、教育、医疗、文化、传媒、娱乐等各个领域的广泛应用。

1．多媒体技术在教育中的应用 教育培训是多媒体计算机最有前途的应用领域之一，世界各国的教育学家们正努力研究用先进的多媒体技术改进教学与培训。计算机多媒体教学已在较大范围内替代了基于黑板的教学方式，从以教师为中心的教学模式，逐步向学生为中心、学生自主学习的新型教学模式转移。

2．多媒体技术在商业中的应用 多媒体技术在商业中的应用主要体现在商业广告、产品展示、商务培训、多媒体商品管理、电子商务等方面，为广大商家及时地赢得商机。

3．多媒体技术在医疗中的应用 多媒体技术可以帮助远离服务中心的病人通过多媒体通信设备、远距离多功能医学传感器和微型遥测接受医生的询问和诊断，为医生抢救病人赢得宝贵的时间，并充分发挥名医专家的作用，节省各种费用开支。

4．多媒体技术在娱乐中的应用 交互式电视将来会成为电视传播的主要方式，用户看电视将可以使用点播、选择等方式随心所欲地找到自己想看的节目，还可以通过交互式电视实现家庭购物、多人游戏等多种娱乐活动。

5．多媒体技术在其他领域中的应用 多媒体还广泛应用于工农业生产、通信业、旅游业、军事、航空航天业、自动化办公等领域。

三、多媒体计算机系统

多媒体计算机系统是把音频、视频等媒体与计算机系统融合起来，并对各种媒体进行数字化处理的一个完整的计算机系统。与计算机系统类似，多媒体计算机系统也是由硬件和软件两大部分组成。

1．多媒体硬件系统 多媒体计算机系统除了需要较高配置的计算机主机外，还包括表示、捕获、存储、传递和处理多媒体信息所需要的硬件设备。

2．多媒体软件系统　　多媒体软件系统包括多媒体驱动软件、多媒体操作系统、多媒体数据处理软件、多媒体创作工具软件和多媒体应用软件。

 知识拓展

多媒体技术的发展趋势：一是网络化发展趋势，与宽带网络通信等技术相互结合，使多媒体技术进入科研设计、企业管理、办公自动化、远程教育、远程医疗、检索咨询、文化娱乐、自动测控等领域；二是多媒体终端的部件化、智能化和嵌入化，提高计算机系统本身的多媒体性能，开发智能化家电。

第二节　多媒体软件应用

 案例

以前我们听到的歌曲大都由唱片公司制作发行，现在涌现出很多网络歌手，自己用电脑就可以制作出效果很好的专辑。如果你是一个音乐"发烧友"，也想制作自己的"翻唱专辑"，有没有可能？或者你正在为找不到某首歌曲的伴奏音乐而发愁呢？有些同学可能会问什么软件可以帮助我们做到这一点呢？其实，借助音频编辑软件Adobe Audition 就可以解决上述问题。

请问：1．常用的计算机多媒体软件有哪些？

2．怎样使用 Adobe Audition 进行录音、降噪以及多音轨合成等操作？

3．怎样用 Adobe Photoshop 进行简单的图像处理以及图像格式转换？

4．怎样用会声会影 X7 进行简单的视频编辑？

5．怎样使用数码大师软件制作简单的电子相册？

在多媒体制作与应用过程中，首先要进行多媒体素材的采集与处理，而在多媒体素材当中，音频、视频与图像是使用最多的素材，也是制作、编辑最困难的素材。从本节开始，我们将学习几种素材的采集与编辑方法。

一、音频编辑软件

获取音频素材的途径有多种，可以来自 CD 光盘、视频文件、网络下载，也可以利用专业软件采集创作。用计算机采集声音需要配备声卡、麦克风和录音软件。本节我们使用专业音频编辑软件 Adobe Audition CS6 来采集、编辑所需要的音频素材。

Adobe Audition（前身是 Cool Edit Pro）是 Adobe 公司开发的一款功能强大、效果出色的多轨录音和音频处理软件。它是一个非常出色的数字音乐编辑器和 MP3 制作软件。并且可以在 AIF、AU、MP3、Raw PCM、SAM、VOC、VOX、WAV 等文件格式之间进行转换，不少人把它形容为音频"绘画"程序。

（一）录制声音前的准备

1．检查硬件连接，确认麦克风已经正确插入声卡的音频输入插孔。

2．设置采样率，将电脑实录采样率与软件识别采样率进行匹配，如果硬件录制采样率与软件采样率不一致，软件将无法录音。设置方法如下：

首先，鼠标右击任务栏右侧"扬声器"图标，在弹出的快捷菜单中单击"声音"选项（图 7-1），弹出"声音"对话框。

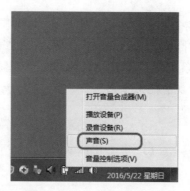

图 7-1　选择"声音"选项

然后选择"播放"选项卡，双击默认播放设置"扬声器"，打开"扬声器属性"对话框，选择"高级"选项卡，设置采样率为 24 位，48 000Hz（录音室音质），单击"确定"按钮。（图 7-2）。

在"声音"对话框中，选择"录制"选项卡，双击默认播放设置"麦克风"，打开"麦克风属性"对话框，选择"高级"选项卡，设置采样率 48 000Hz，单击"确定"按钮（图 7-3）。

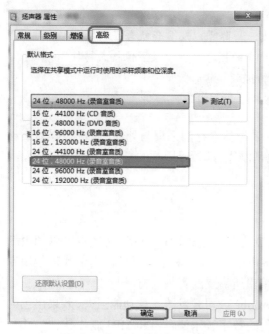

图 7-2　"扬声器属性"对话框

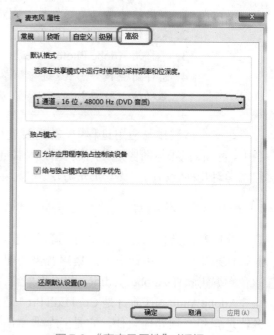

图 7-3　"麦克风属性"对话框

（二）录制声音

在 Adobe Audition 中获取素材的方法很多，录制声音是最基础也是最常用的方法之一。

1. 启动 Adobe Audition CS6 软件，显示软件主界面（图 7-4）。

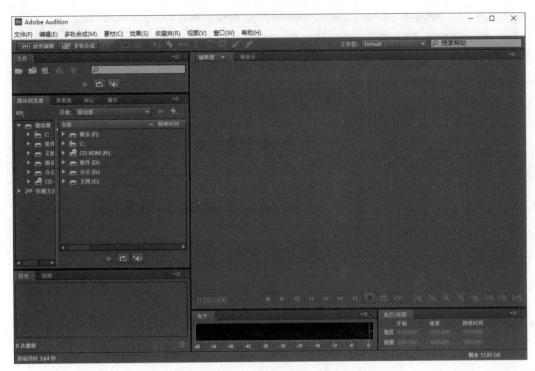

图 7-4　Adobe Audition CS6 软件主界面

2. 选择"文件"→"新建"→"音频文件"命令，在弹出的"新建音频文件"对话框中输入"文件名"为"test"，根据自己录音的需要，设置采样率和分辨率，单击"确定"按钮（图 7-5）。

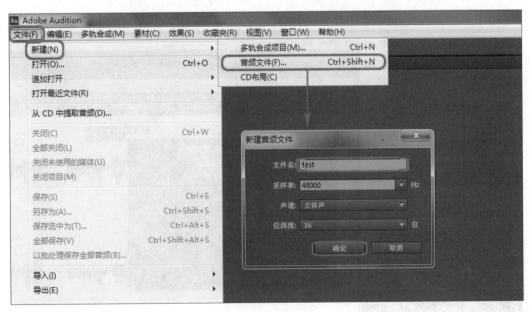

图 7-5　新建音频文件

3. 进入录音界面，单击下方"走带"面板上的"录制"键就可以开始录音了，在录音的同时可以从工作区看到声音的波形（图 7-6）。

图 7-6　录制音频文件

4. 录音完毕的时候，再次单击"录制"键即可停止录音。这时可按"空格键"或单击"走带"面板上的"播放"键，听听录制的效果。如果满意的话，选择"文件"→"另存为"对话框，选择保存位置和文件格式，单击"确定"即可（图 7-7）。

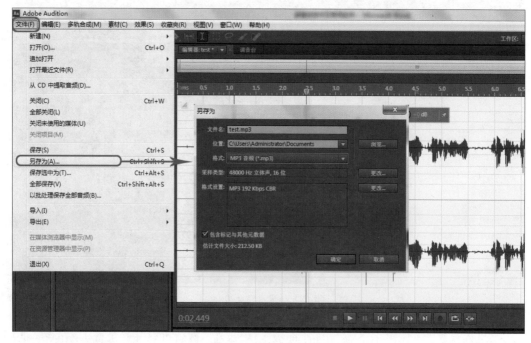

图 7-7　保存音频文件

知识拓展

MP3 音频格式：MP3 格式诞生于 20 世纪 80 年代的德国，所谓的 MP3 也就是指的是 MPEG 标准中的音频部分，也就是 MPEG 音频层。根据压缩质量和编码处理的不同分为 3 层，分别对应"*.mp1"/"*.mp2"/"*.mp3"这 3 种声音文件。需要提醒大家注意的地方是：MPEG 音频文件的压缩是一种有损压缩，MPEG3 音频编码具有 10:1 的高压缩率，相同长度的音乐文件，用 *.mp3 格式来储存，一般只有 *.wav 文件的 1/10，因而音质要次于 CD 格式或 WAV 格式的声音文件。由于其文件尺寸小，音质好，直到现在，这种格式还是很流行，作为主流音频格式的地位难以被撼动。

（三）音频的降噪

对于录制完成的音频，由于硬件设备和环境的制约，总会有噪声生成，所以，我们需要对音频进行降噪，以使得声音干净、清晰。Adobe Audition 就提供了采样、滤波等多种降噪功能。在这几种功能中，采样降噪能够有效地消除噪声，但使用采样降噪需要有一段与想消除的噪声一样的声音以供采样。

1. 启动 Adobe Audition CS6 软件，导入需要做降噪处理的音频文件，点击"文件"下拉菜单中的"导入"里的"文件"命令，在对话框中选择要处理的文件，点击"打开"按钮，（图 7-8）需要处理的文件就导入到文件区域了（主界面的左上角），同时主界面编辑区出现声音波形显示。（图 7-9）

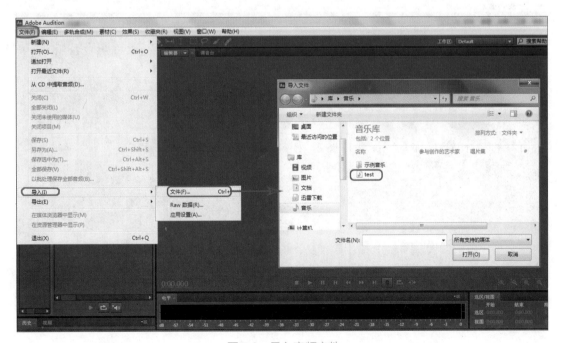

图 7-8　导入音频文件

2. 点击下方波形显示的第一个和第三个按钮，（图 7-10）波形会被放大，被红框选中的部分就是我们录制时产生的噪声。

图 7-9　完成音频文件的导入

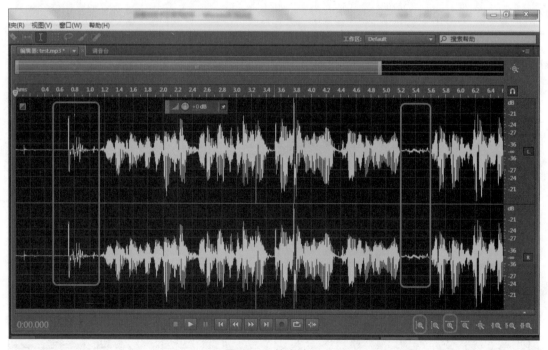

图 7-10　放大波形

　　3. 拖动鼠标选中波形中的噪声部分，此时该区域会变成白色背景，说明已经处于选中状态。（图 7-11）

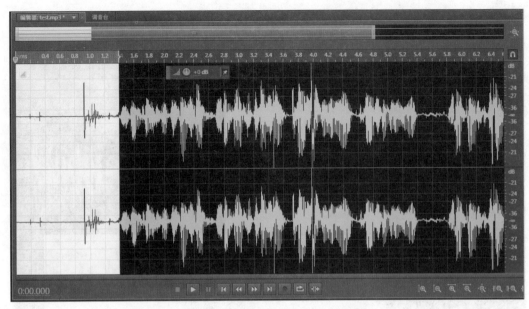

图 7-11　选择噪声样本

4. 点击菜单中的"效果"，在其下拉菜单中，单击"降噪／修复"选项中的"采集噪声样本"命令，（图 7-12）在弹出的对话框中单击"确定"按钮，完成噪声样本的采集。

图 7-12　选择"采集噪声样本"命令

5. 单击菜单中的"效果"，在其下拉菜单中，选择"降噪／修复"选项中的"降噪（破坏性处理）"命令，（图 7-13）出现"降噪 - 效果"对话框，单击"选中整个文件"按钮，在下面降噪比例一项中，拖拽降噪滑块至 90% 位置，单击"应用"按钮（图 7-14）。

图 7-13 选择"降噪（破坏性处理）"命令

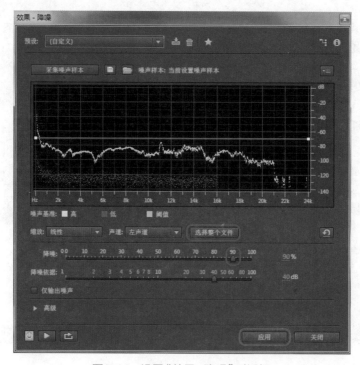

图 7-14 设置"效果 - 降噪"对话框

6. 在 Adobe Audition CS6 软件的主界面，从波形上可明显地看到噪声部分已经被处理掉（图 7-15）。单击"播放"按钮，噪声部分几乎听不到了，降噪效果非常理想。

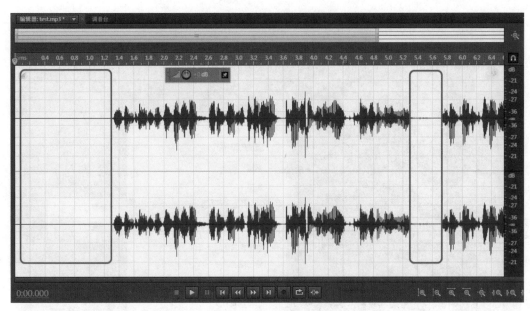

图 7-15 降噪后的波形

（四）多个音频的编辑

多个音频的编辑需要进入到多轨模式下进行。

1. 打开软件后，点击"文件"→"新建"→"多轨合成项目"命令，在弹出的"新建音频文件"对话框中输入"项目名称"为"上善若水配乐朗诵"，采样率、位深度和主控采用默认值即可，单击"确定"按钮。（图 7-16）

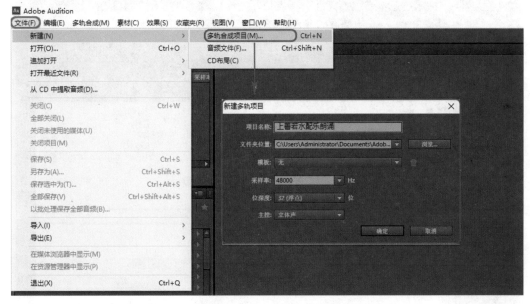

图 7-16 新建多轨合成项目

2. 插入一首背景音乐，在"轨道 1"上右击鼠标，在弹出的快捷菜单中选择"插入"→"文件"命令。（图 7-17）

275

图 7-17　插入音频文件

3. 弹出"导入文件"对话框，选择"渔舟唱晚"音频文件，单击"打开"按钮（图 7-18）。

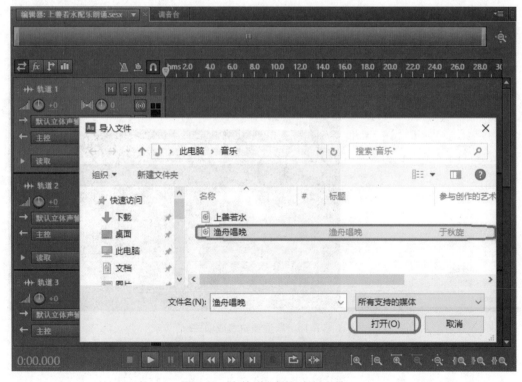

图 7-18　在轨道 1 插入音频文件

4. 重复上两步，在"轨道2"上插入"上善若水"音频文件（图7-19）。

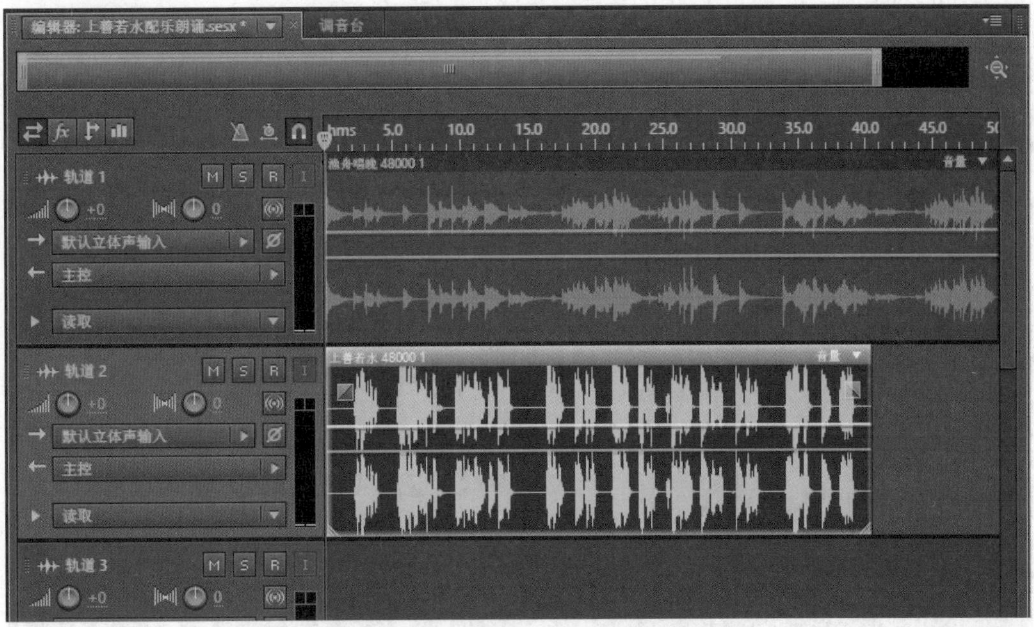

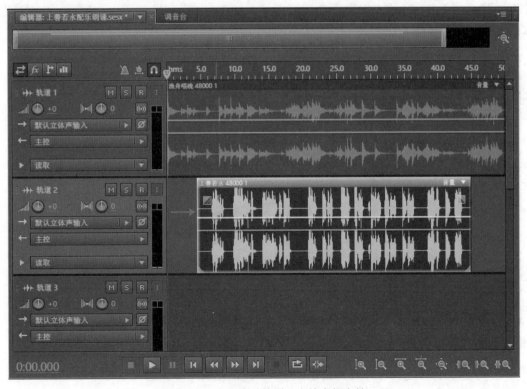

图7-19　在轨道2插入音频文件

5. 将光标移至"轨道2"上的波形上，向右拖动，使"轨道2"上的音频文件比"轨道1"延迟4秒（图7-20）。

图7-20　向右拖动轨道2上的音频文件

6. 按"空格"键或单击"走带"面板上的"播放"按钮,试听一下效果,如果觉得背景音乐声音大,可以向下拖动"轨道1"上的黄色音量线(图7-21)。

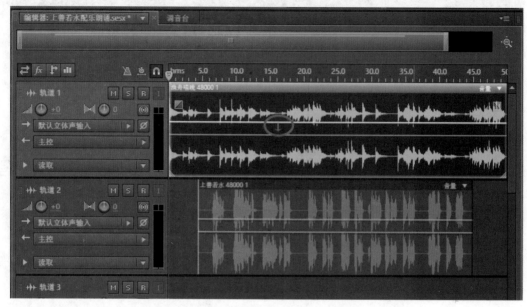

图 7-21 调整轨道 1 的音量

7. 添加淡入淡出效果,在"轨道1"波形的左上角有一个"淡入"图标,向右拖动该图标,我们可以发现在该波形左侧出现一条黄色曲线(图7-22),单击"走带"面板上的"播放"按钮,试听一下淡入效果,如果不合适可以接着调整,一直到满意为止。同理,添加淡出效果。

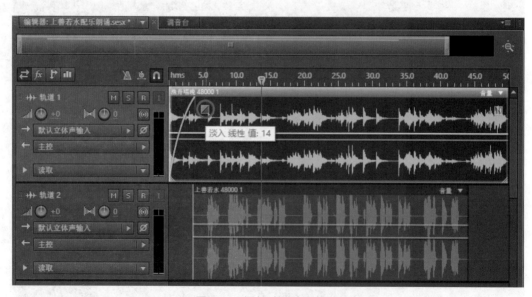

图 7-22 添加淡入淡出效果

8. 导出文件,在多轨合成界面中,编辑好声音之后,如果想要将多个轨道的声音混缩成一个独立的声音文件,可以通过导出命令来实现。选择"文件"→"导出"→"多轨缩混"→"整个项目"命令,弹出"导出多轨缩混"对话框,在对话框中进行设置,(图7-23)设置好之后,单击"确定"按钮,即可输出为单个音频文件。

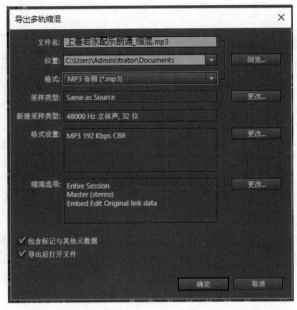

图7-23 导出文件

(五)制作伴奏音乐(消除人声)

在很多情况下我们都需要用到歌曲伴奏,有些冷门歌曲的伴奏可能一时找不到,简单快捷的方法就是自己动手制作歌曲的伴奏。

1. 启动软件后,点击"文件"→"打开"命令,在弹出的"打开文件"对话框中选择需要做伴奏的歌曲,单击"打开"按钮(图7-24)。

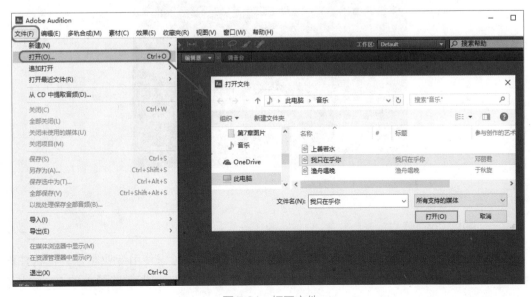

图7-24 打开文件

2. 点击"效果"→"立体声声像"→"提取中置声道"命令，弹出"中置声道提取"对话框，在"预设"下拉列表中选择"移除人声"（图7-25）。

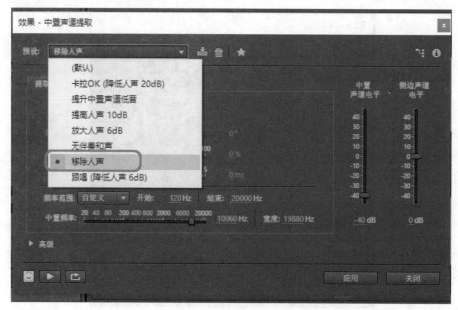

图7-25　移除人声

3. 点击下方"预演播放／停止"键试听，试听满意后，点击下方"应用"按钮保存修改。

4. 导出伴奏音乐，点击"文件"→"导出"→"文件"命令，弹出"导出文件"对话框，输入文件名，选择自己想要的音质以及导出位置，单击"确定"按钮，伴奏音乐制作完成（图7-26）。

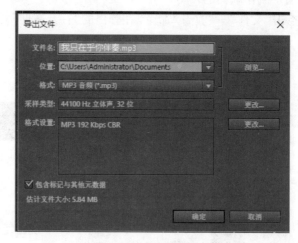

图7-26　导出伴奏文件

二、图片处理软件

如果拍摄的照片因质量不高而不能满足应用需求，可以考虑使用专业图像编辑软件进行处理。Photoshop 是一款功能强大的、专业的图片处理软件，掌握一些简单的 Photoshop 使用技能在日常生活中有很大的用处。

（一）处理曝光不足或曝光过度的照片

1. 打开 Adobe Photoshop CS6 软件，进入其操作界面（图 7-27）。

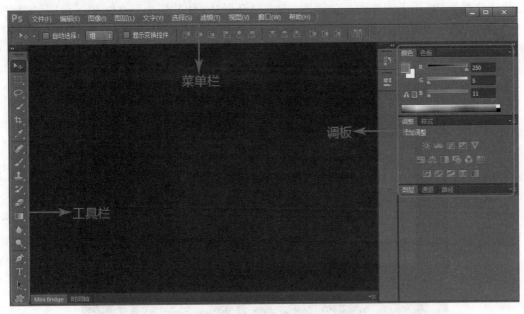

图 7-27　Photoshop CS6 操作界面

2. 单击"文件"→"打开"命令，在弹出的"打开"对话框中选择素材中的"花朵"图片，单击"打开"按钮（图 7-28）。

图 7-28　打开图片

3. 这是一张曝光不足的照片，在菜单栏中选择"图像"→"调整"→"曝光度"命令，打开"曝光度"对话框，在"曝光度"下方拖动滑块或输入相应数值可以调整图像的高光。正值增加图像曝光度,负值降低图像曝光度(图7-29)。

4.在"曝光度"下方拖动滑块使数值为"+2",正值为增加图像曝光度,负值降低图像曝光度;"位移"选项用于调整图像的阴影,向右拖动滑块,使数值为"+0.0040",使阴影变亮;"灰度系数校正"选项用于调整图像的中间调,向左拖动滑块使数值为"+1.11",使图像的中间调变亮,单击"确定"按钮完成图片曝光度处理(图7-30)。

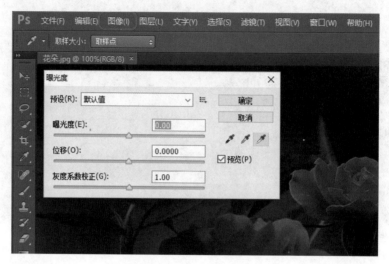

图7-29 "曝光度"对话框

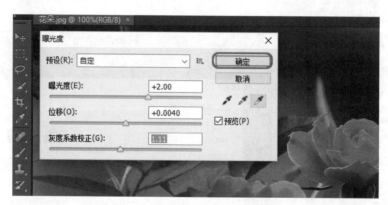

图7-30 设置"曝光度"对话框参数

5.照片调整前后效果对比(图7-31)。

图7-31 调整前后对比

（二）图像更换背景

图像更换背景，首先要将图像中需要的部分从画面中精确地提取出来，称之为去除背景，俗称"抠图"，抠图是后续图像处理的重要基础。

1. 打开 Adobe Photoshop CS6 软件，单击"文件"→"打开"命令，在弹出的"打开"对话框中选择素材中的"儿童 3"图片，单击"打开"按钮（图 7-32）。

图 7-32　打开素材图片

2. 在左侧的工具栏中，选取"快速选择工具"，调整选区模式为加选模式，设置画笔直径为"20"。画笔直径大小可以根据需要随时进行调整（图 7-33）。

图 7-33　选取并设置"快速选择工具"

3. 将鼠标放在图像上，按住鼠标左键不放沿人像轮廓边缘进行涂抹，被涂抹的部分就会自动出现由"蚁线"围成的选区（图 7-34），直到将人像全部围成选区（图 7-35）。

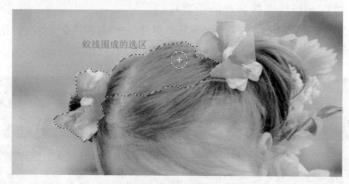

图 7-34 "蚁线"围成的选区

图 7-35 选取的人像部分

4. 对于多选的部分可以按住 Alt 键，将画笔移到多选区域上进行涂抹，就可以去除多余的选区（图 7-36）。

图 7-36 去除多选的部分

5. 选择快速选择工具栏的"调整边缘",进行相关参数设置,使边缘更加平滑,在"输出到"下拉列表中选择"新建图层"(图 7-37)。

图 7-37 设置"调整边缘"

6. 单击"确定"按钮,背景部分被去除,人像被成功提取出来(图 7-38)。

图 7-38 成功去除背景

7. 单击"文件"→"打开"命令,打开"紫色背景"图片,点击左侧工具栏中的移动工具,将上一步提取出来的小女孩,拖拽到背景图片上(图 7-39)。

285

图 7-39　拖拽对象到背景图片上

8. 单击"编辑"→"自由变换"命令，或按快捷键"Ctrl+T"调出，拖动边框对角点调整其大小（图 7-40），最后将其移动到合适位置，完成背景图片的更换（图 7-41）。

图 7-40　调整对象的大小和位置

图 7-41　更换背景后的效果

 知识拓展

在使用 Photoshop 进行抠图时,我们要先打开图片进行观察,例如直接对要抠出的图像进行选择比较困难时,这时我们可以先选择背景作为选区,然后进行反向选择,再进行抠图就会简单很多。

使用 Photoshop cs6 抠图的方法还有很多种,如魔术棒抠图、色彩范围抠图、磁性索套法抠图、钢笔工具抠图、快速蒙版抠图、图层蒙版抠图等。

三、视频编辑软件

视频编辑软件是将视频、图片、声音等媒体素材经过编辑加工后,再生成视频的工具,编辑中除了将各种媒体素材合成视频,通常还具有给视频、图片添加转场、字幕、特效等功能。

会声会影是加拿大 Corel 公司制作的一款功能强大的准专业级的视频编辑软件,具有操作简单、易学易用的特点。下面就以"会声会影 X7"为例,简单介绍使用该软件制作视频的操作方法。

双击桌面"会声会影 X7"快捷方式启动软件,显示程序主界面(图 7-42)。

(一) 主要面板

1. 播放器面板包含预览视窗和浏览区域,可在显示播放器窗口中浏览媒体素材或浏览正在编辑的视频效果。面板中提供播放和修剪的操作按钮,可完成简单媒体素材的剪辑(图 7-43)。

2. 素材库面板包含媒体素材库和选项区域,用于组织、管理所使用的原始片段,包括范例视频、图片和音乐素材,以及导入的素材等。此外,还包括模板、转场、标题、图形、滤镜和路径,选项区域会在素材库面板中打开(图 7-44)。通常,只有输入到此窗口的片段,才能在后期编辑制作过程中使用。

图 7-42 会声会影 X7 程序主界面

图 7-43 播放器面板

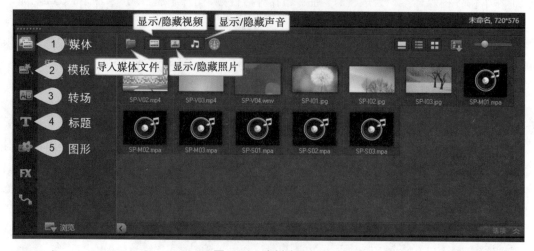

图 7-44 素材库面板

3. 时间轴面板包含工具行和时间轴,时间轴是按照时间线排列的组织各媒体素材的编辑窗口,是影片剪辑、合成的主要区域。它包括视频轨、覆盖轨、标题轨、声音轨、音频轨,用来分类放置相关素材(图7-45)。

图 7-45 时间轴面板

(二)视频编辑的操作流程

通常视频编辑的操作流程是导入素材→剪辑素材→特效处理→字幕制作(标题)→添加音乐→视频发布。

1. 导入素材 将制作视频用到的素材,如视频、图片、音乐等导入到素材库中(图7-46)。

图 7-46 导入素材对话框

2．剪辑素材 无论视频、图片都需要进行编辑，以适合影片正片的主题要求。一般流程是素材浏览→编辑点定位及长度调整→素材的组接。

素材浏览是指通过播放器窗口浏览编辑的素材。

编辑点定位及长度调整：一是在播放器窗口，通过设定入点、出点完成视频剪辑；（图7-47）

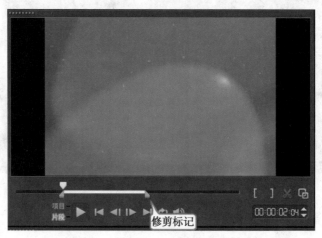

图 7-47　播放器窗口剪辑素材

二是在时间线上通过鼠标拖动素材两端调整素材长度，或通过剪刀工具裁剪视频片段。例如需要将素材视频3-4片段删除的话，可通过播放器面板中的剪刀工具实现（图7-48）。在时间线上添加视频素材（图7-49），在时间线上编辑视频片段（图7-50和图7-51）。

图 7-48　删除 3-4 视频片段操作示意图

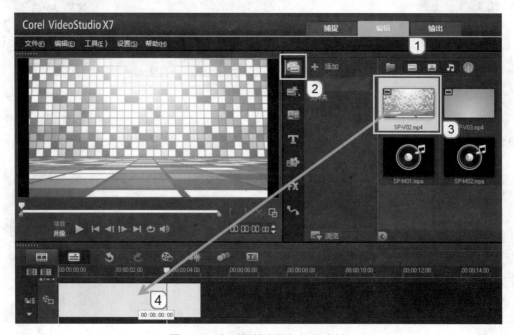

图 7-49　在时间线上添加视频素材

图 7-50 时间轴上鼠标调整素材操作示意图

图 7-51 时间线上剪辑视频示意图
①剪刀工具；②③剪刀剪辑点；④删除区域

说明：在时间线上编辑视频片段时，如果视频素材带有声音的话，有时需要先将视频素材画面和声音分离。
操作方法：在时间线上选择视频，右击选择分离音视频命令即可将素材视频和音频分离

　　三是素材的组接，经过剪辑的素材按照播放顺序在时间线上依次排列。当然也可以在任意视频片段间增加新的视频片段，或通过鼠标拖动视频片段调整视频先后排列顺序，即完成视频的初步编辑。

　　3. 套用转场　指一个视频片段以某种效果过渡到另一个视频片段，类似 PPT 幻灯片之间的切换。为了使切换衔接自然或更加有趣，系统预制了一些赏心悦目的过渡效果，供用户使用，以增强作品的艺术感染力（图 7-52）。

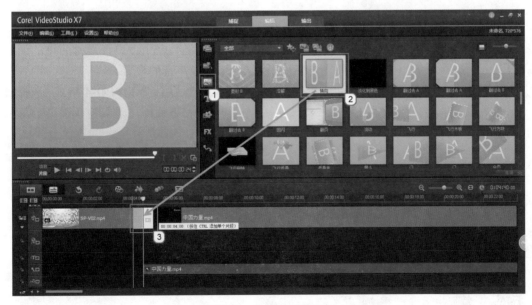

图 7-52 转场效果的添加

操作方法：在素材库分类窗口中单击"转场"按钮，素材窗口中将显示系统预制的若干个转场效果，转场效果可实时预览，通过鼠标直接拖动预设的转场效果到视频轨上的两个素材之间即可应用转场效果。

4. 添加字幕（标题） 字幕是视频编辑中一种重要的视觉元素。会声会影系统同样提供了许多美观的标题模板，可以直接使用。

操作方法：在素材库分类窗口中单击"标题"，素材窗口中将显示系统预制若干标题字幕效果，标题字体可实时预览字体效果，鼠标拖动预设的标题效果到标题轨上，双击标题轨上文字，输入文本，编辑文本，调整标题素材文字的长度，以适合视频内容长度。即可完成标题的添加（图 7-53）。

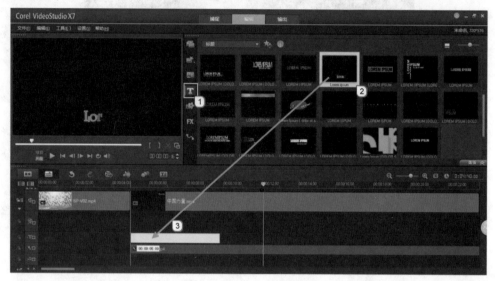

图 7-53　标题文字的添加

5. 添加音乐 一个好的影片离不开一段好的背景音乐，音乐和声音的效果会为影片增添色彩。

操作方法：在素材库分类窗口中选择"媒体"，然后在素材库窗口中选定指定的声音文件，拖动到音乐轨或声音轨上（图 7-54）。还可以通过鼠标拖动音乐、声音素材两端的调整柄，裁剪、调整声音素材的长度，使之与影片长度匹配，完成声音的设置。

6. 视频发布 选择"输出"标签项，设置所需视频类型，默认为 MPEG-4 格式，选择输出视频配置文件，选择保存路径，输入文件名后，单击"开始"按钮即可进入视频渲染（编码）进度条（图 7-55），按"ESC"键放弃渲染。

 知识拓展

　　会声会影软件还具有采集视频素材，如录屏、录像采集等；另外还具有丰富的预制视频特效效果，可以让影片更具感染力。

　　除了会声会影软件之外，"Windows Movie Maker""视频编辑专家"等都能够进行视频编辑，使用更简单，但功能相对单一；如果要求编辑效果更好、功能更强大，就需要选用专业的视频（非线性）编辑软件，如 Adobe Premiere CC、After Effects（特效）、Edius 等专业非线编视频编辑软件。

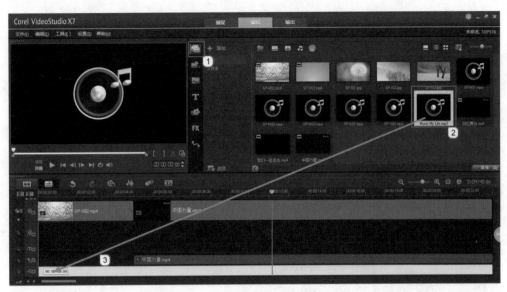

图 7-54　声音、音乐的添加

图 7-55　输出视频对话框

四、电子相册软件

　　制作电子相册，是当前炫照片最具创意的方式，它使我们的照片摆脱了传统的静态浏览方式，以动感、绚丽的方式更灵动地呈现，如制作毕业纪念册、婚纱照电子相册、宝宝成长纪念册、旅游纪念册、表白视频等，都是绝佳的方式。以前制作电子相册是专业人士的特权，现在随着信息技术的普及，即便是一个"菜鸟"，利用电子相册制作软件，也可以制作出具有大师风范的电子相册。制作电子相册的软件有很多种，数码大师就是其中之一，下面就让我们一起来体验一下吧！

（一）数码大师操作界面

　　双击桌面上的"数码大师 2013 白金版"快捷方式，即可启动数码大师（图 7-56）。数码大师具有五大相册功能：本机相册、礼品包相册、视频相册、锁屏相册和网页相册。本机相册可在本机直接播放，无需导出，具有预览的功能。

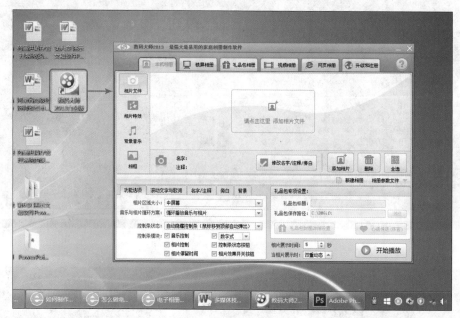

图 7-56　启动数码大师

（二）导入照片

1. 单击"添加相片"按钮（图 7-57），弹出"请选择要添加的照片"对话框，挑选需要的照片，单击"打开"按钮导入照片（图 7-58），如果需要调整相片的播放顺序，可以通过鼠标点击拖拽相片调整顺序。

图 7-57　图片导入按钮

图 7-58　选择要添加的图片

2. 点击"修改名字 / 注释 / 旁白"按钮，可以为每张相片添加名字、注释字幕和旁白，每修改一张照片，都要单击"确认修改"进行保存。全部修改完之后，点击上方的"返回到数码大师"按钮（图 7-59）。

图 7-59　修改图片名字和注释

（三）为照片添加转场特效

选择"相片特效"选项卡，在右侧列表中，有各种常规特效和 3D 转场特效。软件默认随机相片特效，如果要为每张相片手动设置特效，可以点击"应用特效到指定相片"按钮，在"常规相片特效"选项卡的列表中选择需要的特效，单击"应用特效到该相片"按钮即可。全部相片设置完之后，点击上方的"返回到数码大师"按钮（图 7-60）。

图 7-60　设置相片特效

（四）设置背景音乐

选择"背景音乐"选项卡，然后单击"添加媒体文件"按钮，导入已准备好的背景音乐；单击"插入歌词"按钮，导入该背景音乐的同步 LRC 字幕，可以使制作的电子相册声色并茂。制作 MTV 字幕所需的 LRC 歌词文件可以直接从网上下载，十分方便（图 7-61）。

图 7-61　导入背景音乐和字幕

（五）选择相框

选择"相框"选项卡，点击"我的相框"按钮，进入"我的相框"对话框，为相册添加主题相框（图 7-62），点击"点击这里下载更多相框"按钮，还可以下载更多精美的相框主题。

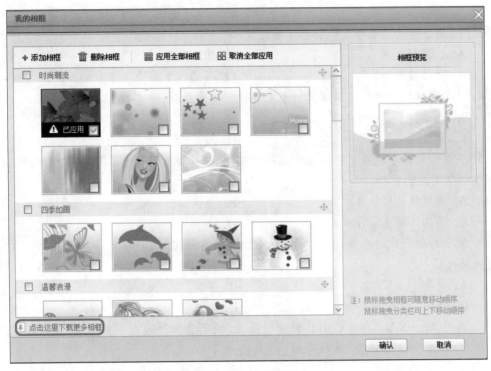

图 7-62　选择相框

至此电子相册已经制作完成，点击"开始播放"按钮即可欣赏自己的作品。如果想把作品上传到视频网站与朋友分享，可以切换到"礼品包相册"功能，选择保存路径，单击"开始导出"按钮，即可将电子相册导出为 exe 礼品包相册，分享给朋友观看。

本章小结

　　本章主要介绍了多媒体的概念以及多媒体包含的基本要素、多媒体技术的特点和应用领域。并结合实例学习了 Adobe Audition CS6、Adobe Photoshop CS6、会声会影 X7、数码大师等软件进行多媒体创作的过程及方法。

（安海军　代令军）

目标测试

一、选择题

1. 与因特网（Internet）一起，_____成为推动 20 世纪末、21 世纪初信息化社会发展两个最重要的技术动力之一

　　A. 物联网　　　　　　　　　　B. 计算机

　　C. 多媒体　　　　　　　　　　D. 自媒体

2. 下列哪种媒体是为了处理和传输感觉媒体而人为地研究、构造出来的媒体

　　A. 感觉媒体　　　　　　　　　B. 表示媒体

　　C. 显示媒体　　　　　　　　　D. 存储媒体

3. 多媒体技术是以_____为核心，对文本、图形、图像、声音、动画、视频等多种信息综合处理、建立逻辑关系和人机交互作用的技术

　　A. 计算机技术　　　　　　　　　B. 图形图像

　　C. 通信技术　　　　　　　　　　D. 视频信息

4. 基于计算机为核心的多媒体技术主要特点有集成性、多样性、实时性和

　　A. 同步性　　　　　　　　　　　B. 普遍性

　　C. 交互性　　　　　　　　　　　D. 延迟性

5. 多媒体软件系统主要包括多媒体驱动软件、多媒体操作系统、多媒体数据处理软件、多媒体创作工具软件和

　　A. 多媒体传输软件　　　　　　　B. 多媒体应用软件

　　C. 多媒体集成软件　　　　　　　D. 多媒体控制软件

6. 对于录制完成的音频，由于硬件设备和环境的制约，总会有噪声生成，所以，我们需要对音频进行

　　A. 净化　　　　　　　　　　　　B. 降噪

　　C. 合成　　　　　　　　　　　　D. 监听

7. 利用 Adobe Audition CS6 软件进行降噪，我们首先要点击菜单中的"效果"，在其下拉菜单中，单击"降噪/修复"选项中的_____命令

　　A. 采集样本　　　　　　　　　　B. 采集录音效果

　　C. 采集噪声样本　　　　　　　　D. 采集降噪

8. 在 Adobe Audition CS6 软件对多个音频的编辑，我们首先要新建

　　A. 单轨合成项目　　　　　　　　B. 多轨合成项目

　　C. 立体声合成项目　　　　　　　D. 单声道合成项目

9. 利用 Adobe Audition CS6 软件制作伴奏音乐，我们经常使用_____命令

　　A. 提取中置声道　　　　　　　　B. 提取左声道

　　C. 提取右声道　　　　　　　　　D. 衰减中置声道

10. 利用 Adobe Photoshop CS6 软件处理曝光不足或曝光过度的照片，我们可以使用命令_____令进行调整

　　A. 对比度　　　　　　　　　　　B. 明暗度

　　C. 色彩度　　　　　　　　　　　D. 曝光度

二、填空题

1. 利用 Adobe Photoshop CS6 软件进行"抠图"，常用魔棒工具、套索工具、钢笔工具、图层蒙版和_____。

2. 利用会声会影制作视频时，只有输入到_____窗口的片段，才能在后期编辑制作过程中使用。

3. 利用会声会影制作视频，通常视频编辑的操作流程是导入素材、剪辑素材、特效处理、字幕制作、添加音乐和_____。

4. 数码大师具有五大相册功能：本机相册、礼品包相册、视频相册、锁屏相册和_____。

5. 数码大师中_____可在本机直接播放，无需导出，具有预览的功能。

三、操作题

1. 利用音频编辑软件 Adobe Audition CS6 制作配乐诗朗诵《再别康桥》。要求：从网上

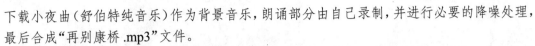

下载小夜曲（舒伯特纯音乐）作为背景音乐，朗诵部分由自己录制，并进行必要的降噪处理，最后合成"再别康桥.mp3"文件。

2. 利用会声会影或者数码大师软件为同学制作一份电子生日贺卡。要求：有背景音乐、有转场效果、有字幕（或照片注释），素材可以从网上下载。

第八章　医学信息学基础

08章

 学习目标

1. 掌握：信息和医学信息的概念，医院信息系统的概念、功能和组成。
2. 熟悉：医院信息的类型，功能和组成，HMIS 与 CIS 区别。
3. 了解：电子病历系统、护理信息系统、实验室信息系统和图像存储与通信系统的功能及其业务流程。

计算机科学和信息技术的发展取得了卓越的成就，信息技术在医学研究和医疗卫生服务领域的应用，数字化医院、医院信息系统的建设，先进的数字诊疗技术的普及和应用，推动着医学技术的进步。区域医疗、移动医疗、远程会诊、医疗健康云等新兴应用的发展，极大地推动了以电子病历为核心的医院信息平台和以电子健康档案为核心的区域卫生信息平台的建设和发展。

第一节　医学信息学概述

 案例

小刘前不久因病需要动手术，家人陪他去一所三甲医院就诊。诊疗中，医生非常方便地在网上打开了他的档案，以前的门诊处方、住院病历、检验报告等相关信息一一呈现。医生省去了再次化验检查环节，简单会诊后，即刻安排了手术。

请问：1. 什么是信息？

2. 什么是医学信息？

3. 医学数据有哪些种类？

一、信息和医学信息

1. **信息的含义**　信息是指与客观事物相联系，反映客观事物的运动状态，通过一定的物质载体被发出、传递和感受，对接受对象的思维产生影响并用来指导接受对象的行为的一种描述。

信息是数据经过加工后产生的结果；信息是描述客观世界的形式；信息是通信的数据和知识；信息是管理和决策的重要依据；信息是人们获取知识的基础。

2. 信息与数据 数据是记录信息并使之按照一定规则排列组合的物理符号。它可以是数字、文字、图像、声音、视频数据,也可以是计算机代码。人们对信息的接受始于对数据的接收,例如一个病人的体温是39℃,则传递了病人发热、体内有炎症等信息。

信息和数据是有区别的:数据是独立的尚未加工的事实的集合,信息是对数据进行加工和处理后产生的结果的描述。只有经过加工和处理或换算成人们想要的数据,才能称为信息。

3. 数据、信息和知识的联系与区别 人们在研究信息时,往往离不开数据和知识这两个概念。数据是散在的、无关的,或按一定规律排列组合的事实、数字或符号,是潜在的信息。信息则是记录数据的内容,对于同一信息,其数据表现形式可以多种多样。例如,你可以打电话告诉某人某件事(利用语言符号),也可以写信告诉某人同一件事(利用文字符号),或者干脆画一个图(利用图形符号)。而知识是与用户的能力和经验相结合并用于解决问题或产生新知识的信息。由此可见,数据是信息的原料,而信息则是知识的原料。

4. 医学信息 医学信息指一切与生命健康科学有关的情况,它来源于人类对生命科学的研究、发明和理论创见等。医学信息涉及的学科包括基础学科、临床学科、预防医学与公共卫生、临床专科与辅助学科等。

医学数据则是与医疗活动有关的数据集合。根据医学数据的表现形式,可将它们分成如下几种:

叙述:即由医生记录的内容,如主诉、现病史等。

测量数值:如血压、体温、化验值等。

编码数据:对医学活动中的概念、事物经过编码之后得到的数据。如利用疾病分类法给疾病标上分类号,以方便统计各种疾病发生情况。

文本数据:某些以文本形式报告的结果,如病理回报单、放射线回报单等。

记录的信号:对机器自动产生的信号记录后的数据,如心电图、脑电图等。

图像:X线图像、超声波图像、CT图像等。

5. 医学信息学 医学信息学(medical informatics)是一门以医学信息为主要研究对象,以医学信息的运动规律及应用方法为主要研究内容,以现代计算机为主要工具,以解决医药工作人员在处理医学信息过程中的各种问题为主要研究目标的一门新兴学科,是一门介于医学、计算机科学与信息学之间的交叉学科,是应用性强又不乏自身基础理论研究的学科。

医学信息学研究对象的特点在于:不确定性、难于度量,以及复杂成分之间复杂的相互作用。医学信息学随着计算机技术的兴起而发展,在半个多世纪的发展中渗透到医疗领域的各方面,如电子病历、生物信号分析、医学图像处理、临床支持系统、医学决策系统、医院信息管理系统和卫生信息资源等。

知识拓展

医学信息学是计算机、通信、信息技术等在医学的各个领域,包括医学护理、教学及科研中的应用。它是一门交叉性的学科,是计算机硬件、软件及科学理论飞速发展的产物。它来源于计算机科学的发展,但又并非单纯的普通意义上的计算机科学在医学领域的应用。其研究的主要内容是使用计算机管理医学信息和知识。由于医学信息学是一门交叉学科,所以它与其他的相关学科的关系也是相辅相成,互为所用。

二、医学决策和卫生信息标准

1. 医学决策 医学决策就是作出与治疗方案、医学处置和公共卫生政策等有关的一些重要决定。医学决策是复杂的，决策时不能仅凭经验和直觉，而是要在对相关医学信息的收集、整理、加工、分析的基础上，达到对对象客观规律的正确认识，然后作出决定。因此，决策的关键是充分掌握信息并根据信息作出正确判断。

2. 卫生信息标准 卫生信息标准是指在医疗卫生事务处理过程中，对其信息采集、传输、交换和利用时所采用的统一的规则、概念、名词、术语、代码和技术。卫生信息标准化是指围绕卫生信息技术的开发、信息产品的研制和信息系统建设、运行与管理而开展的一系列标准化工作。卫生信息标准化活动是在一定范围内，对医疗卫生信息的表达、采集、传输、交换和利用等内容，通过制定、发布和实施标准，达到规范统一，有利于对卫生信息进行准确、高效、科学的处理。

 知识拓展

> 卫生部信息化领导小组是我国卫生信息标准化工作的领导和组织机构，负责从国家卫生信息标准化框架研究到医院信息系统最小数据集标准的制定。目前，我国除了翻译出版了 ICD-9 和 ICD-10 中文版，并作为国家标准统一执行外，发布了《卫生信息数据元标准化规则》《卫生信息数据模式描述指南》《卫生信息数据集元数据规范》和《卫生信息数据集分类与编码规则》等卫生行业标准。在医院信息系统方面，出版发行了《中国医院信息基本数据集标准 1.0 版》草案、《医院信息系统功能规范》等。

第二节 医院信息系统

 案例

> 数字信息化时代，某大型综合医院在门诊和病房采取了以下措施：看名医，网上"约"；成立医生工作站，医生在联网的电脑上开具"电子处方"，病人到收费处刷卡付费；数字化拍片替代胶片；掌上电脑进入门诊及病房输液室；门诊实行条码化操作，优化诊疗管理，服务病患。
>
> 医院信息化程序不断提高，传统诊病模式得到改变。数字化、信息化的医院离不开医院信息系统的支持。
>
> 请问：1. 什么是医院信息系统呢？
>
> 　　　2. 医院信息系统主要有哪些应用？

一、医院信息系统概述

1. 医院信息系统（HIS） 医院信息系统（hospital information system，HIS）是指利用计算机软硬件技术、网络通信技术等现代化手段，对医院及其所属各部门对人流、物流、财流进行综合管理，对在医疗活动各阶段产生的数据进行采集、存储、处理、提取、传输、汇总，加工成各种信息,为医院的整体运行提供全面的自动化的管理及各种服务的信息系统。医院信息系统是现代化医院建设中不可缺少的基础设施与支撑环境。

 知识拓展

从发展的角度来看,医院信息系统的定义是:将先进的 IT 技术、医学影像技术等充分应用于医疗保健行业,应用于医院及相关医疗工作,实现医院内部诊疗和管理信息的数字化采集、处理、存储、传输及应用,以及各项业务流程数字化运作的医院信息体系,是由数字化医疗设备、计算机网络平台和医院业务系统所组成的三位一体的综合信息系统。

从狭义上说,医院信息系统其实是指医院管理信息系统(hospital management information system, HMIS)。针对医院人流、物流、财流进行经济管理和医疗事务管理,包括病人的出入院管理、费用管理、药品物资管理、医务人员管理等。HMIS 是医院信息系统的基础,一个医院建立 HIS 往往起步于 HMIS。

从广义上说,一个完整的医院信息系统包括 HMIS 和临床信息系统(clinical information system, CIS),这两者相互联系、相互依存。HMIS 是 CIS 的基础,CIS 是 HMIS 发展的必由之路。

 知识拓展

如何区分 HMIS 与 CIS

HMIS 目标:支持医院的行政管理与事务处理业务,减轻事务处理人员的劳动强度,辅助医院管理,提高领导层的决策,提高医院的工作效率。

CIS 目标:支持医院医护人员的临床活动,收集和处理病人的临床医疗信息,丰富和积累临床医学知识,并提供临床咨询、辅助临床决策,提高医护人员的工作效率,为病人提供更多、更快、更好的服务。

医院管理信息系统(HMIS)与临床信息系统(CIS)的分水岭是医嘱处理系统。一般来说,如果一个医院信息系统(HIS)包括了面向医疗的医嘱处理功能,就认为它已经进入了临床信息系统(CIS)的门槛。

2. 医院信息类型

(1) 按信息的主题划分:

医疗信息:病人自然信息、住院信息、诊断信息、手术信息、医嘱、检验结果和检查结果(含图像)、病程信息等。

费用信息:各个诊疗环节发生的检查、处置、手术、药品等各类费用。

物资信息:包括药品、消耗性材料和设备。

管理信息:是对于医院大量信息进行信息再利用得到的,如病人流动情况、平均住院天数、效益分析等。

(2) 按信息的内容和性质划分:

文本信息:患者病历。

生物信号信息:反映生物体的生命活动状态。

医学图像信息:可以直观反映人体的解剖结构和功能特征。

3. 医院信息系统功能与组成

（1）医院信息系统基本功能：医院信息系统本质上是一个信息管理系统，它具有信息的收集、存储、处理、传输和提供5个基本功能，满足所有授权用户对信息的需求，满足各种业务处理的功能需求。

信息采集功能：HIS中的任何处理、分析、决策都依赖于系统采集到的数据和信息。原始数据和信息的采集来自各项业务处理的第一线，在它最初出现的时间、地点一次性地采集。例如，在病人第一次门诊就诊时就采集其姓名、年龄、住址等个人信息，当他再次门诊就诊或转为住院时就不需要二次输入，以避免重复和差错。采集信息要方便、准确、完整、及时和安全，以适应医院治病救人的特点。

根据信息的性质和形式不同，采集的方法和手段有多种。最常见的是手工键盘录入、手写录入、鼠标选择、各种形式的卡（磁卡、IC卡、条码卡等）；借助于实验室系统（LIS）、图像存储与通信系统（PACS）等，HIS可直接从大型仪器的输出端采集病人的化验结果数据、医学图像信息；数码照相、缩微照相的图像也可以采集进来；还可以从互联网和医院局域网上直接下载信息。

信息存储功能：医院的数据和信息是非常宝贵的资源，对医疗、管理、科研和教学有不可估量的价值，需要长期保存。我国规定病人门诊病历必须保存15年，住院病历必须保存30年。医院的各项业务每天都在产生大量的数据，这些数据也要保存一定的时间。所以，HIS的信息量是巨大而且是每日剧增的，系统应该有完善的存储功能、措施和制度，保存信息时充分考虑储量、信息格式、存储方式、使用方式、调用速度、安全保密等问题。

信息处理功能：对数据和信息的加工处理，几乎囊括了从原始数据资料输入到最后结果输出的整个过程，是HIS的主体。HIS内各个部门、各个子系统承担的业务不同，对同一批数据加工处理的要求也不同。例如，对录入的同一病人的药品信息，药房子系统需要实现库存变化，计价收费子系统需要实现费用扣除，护理信息系统需要实现药品的配制、发放和使用。信息处理还要适应各部门和子系统的性能，例如，各事务处理的第一线（门诊挂号窗口、病房）对信息加工处理的速度要求就比较高。

信息传输功能：HIS是在整个医院范围内运行的系统，它包含了许多业务部门和子系统，各个部门和子系统在处理自身业务、实现自身功能的时候，需要利用来自其他部门和子系统的数据，同时又生成数据提供给其他部门和子系统使用，这就是信息的传输。HIS中海量的信息时刻在进行着传输，准确性与快速性是HIS正常运行的关键保障。

信息提供功能：HIS为医院各业务部门提供他们所需的信息，如临床医生需要的病人检查结果、财务部门需要的收支报表、院长需要的门诊和住院分析报表等。HIS通过准确、快速、明了地提供信息实现其自身价值。

根据信息种类和用户要求的不同，信息的表达方式和提供形式也不同。一般有文字、数值、表格、图形、图像等表达方式，屏幕显示、打印文档、电子文件等提供形式。

（2）医院信息系统的组成：医院自身的目标、任务和性质决定了医院信息系统是各类信息系统中最复杂的系统之一。根据数据流量、流向及处理过程，医院信息系统划分为以下五部分（图8-1）。

临床诊疗部分：该部分主要以病人信息为核心，将病人整个诊疗过程作为主线，医院中所有科室沿此主线展开工作。整个诊疗活动主要由各种与诊疗有关的工作站来完成，并将这部分临床信息进行整理、处理、汇总、统计、分析等。此部分包括门诊医生工作站、住院医生工作站、护士工作站、临床检验系统、输血管理系统、医学影像系统、手术室麻醉系统和电子病历系统等。

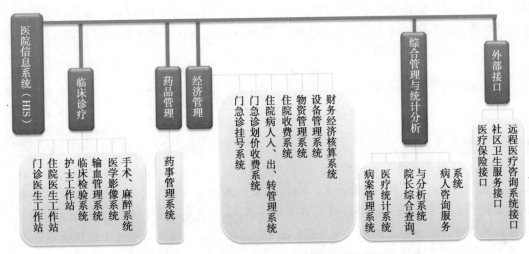

图 8-1 医院信息系统功能范围及组成示意图

药品管理部分：该部分主要包括药品的管理与临床使用。在医院中药品从入库到出库直到病人的使用，是一个比较复杂的流程，它贯穿于病人的整个诊疗活动中。这部分主要处理的是与药品有关的所有数据与信息，分为三部分，一部分是基本部分，包括药库、药房及发药管理；另一部分是临床部分，包括合理用药的各种审核及用药咨询与服务；第三部分是药价监控管理部分，包括药价调整、利润分析、统计报表等。

经济管理部分：该部分属于医院信息系统中的最基本部分，它与医院中所有发生费用的部门有关，处理的是整个医院中各有关部门产生的费用数据，并将这些数据整理、汇总、传输到各自的相关部门，供各部门分析、使用，并为医院的财务与经济收支情况服务。包括：门、急诊挂号，门、急诊划价收费，住院病人入、出、转，住院收费、卫生材料、物资、设备，科室核算以及财务核算等费用管理。

综合管理与统计分析部分：综合管理与统计分析部分主要包括病案的统计分析、管理，并将医院中的所有数据汇总、分析、综合处理供领导决策使用，包括病案管理、医疗统计、院长查询与分析、病人咨询服务。这一部分最能反映医院现代化管理的手段和管理的水平。全程数字化跟踪与控制是综合管理的目标，统计分析是现代化医院管理决策的基础。

外部接口部分：随着社会的发展及各项改革的进行，医院信息系统已不是一个独立存在的信息系统，它必须考虑与社会上相关系统的互连问题。因此，医院信息系统必须提供与医疗保险系统、社区医疗系统、远程医疗系统与上级卫生主管部门的接口。

4. 医院信息系统功能构架 医院应以服务病人为中心，优化、改进、完善或重组医院诊疗护理业务流程，重新设计医院信息管理系统的功能结构，以适应社会医疗服务模式、社会医疗保险服务模式的转变。该种转变以流程优化、服务改进、百姓满意为核心。

经过多年的探索，目前常见的医院信息系统是以电子病历为基础，以病人信息为中心的较全面的医院信息管理系统，大致包括：临床信息系统（CIS）、实验室信息系统（LIS）、图像存储与传输系统（PACS）。新一代 HIS 系统运行的核心是电子病历（EMR）等。其主要结构特点：以医嘱处理为中心，以电子病历为基础；基本数据来源于临床医护人员和临床设备；能为临床提供高质量的数据；信息点之间能实现信息的实时反馈；采用图形和字符界面；可为医保部门提供较详细的病人医疗数据；可提供医院统计工作报表；能真正实现医学统计和分析；能为临床医生护士提供决策支持，有利于医院知识仓库的建立和循证医学、循证护理及教学科研工作的开展。

二、电子病历（EMR）

 案例

> 如果一个急诊病人来到医院，医生将病人所带的健康卡插入计算机，计算机就会立刻显示病人的有关情况，如姓名、年龄、药敏以及以往病史。医生能够根据病人的临床表现开出需要的检查检验项目。完成检查后，医生能够立刻得到检查结果，并作出诊治处理意见。如果是疑难病例，医生还可以通过计算机网络系统请上级医生或专科医生进行会诊。上级医生或专科医生可以在自己的办公室提出会诊意见，以帮助经治医生作出诊疗方案。电子病历和计算机信息系统的应用，将使医疗的时间大大缩短，质量大大提高。

随着我国医疗卫生信息化的不断深入，医院信息化已经由"医院管理为中心"的医院信息系统（HIS）向以"病人为中心"的临床信息系统（CIS）发展。我国已将电子病历列入卫生信息化核心内容，电子病历的实施已成为未来医院发展的方向。

1. 电子病历的概念　电子病历（electronic medical record，EMR）是指由医疗机构以电子化方式创建、保存和使用的，重点针对门诊、住院患者（或保健对象）临床诊疗和指导干预信息的数据集成系统，是居民个人在医疗机构历次就诊过程中产生和被记录的完整、详细的临床信息资源，是记录医疗诊治对象医疗服务活动记录的信息资源库，电子病历是医院信息化的核心内容。

国家卫生部 2011 年颁布实施的《电子病历系统功能规范（试行）》中指出：电子病历系统是指医疗机构内部支持电子病历信息的采集、存储、访问和在线帮助，并围绕提高医疗质量、保障医疗安全、提高医疗效率而提供信息处理和智能化服务功能的计算机信息系统，既包括应用于门（急）诊、病房的临床信息系统，也包括检查检验、病理、影像、心电、超声等医技科室的信息系统。

 知识拓展

> 电子病历问世后有多种提法：CPR（computer-based patient record）；EPR（electronic patient record）；EMR（electronic medical record）；EHR（electronic health record）。美国电子病历协会 1997 年关于电子病历定义中引用的是 CPR，而英国的医药信息协会则使用的是 EPR。电子病案、电子病历、电子健康记录、CPR、EHR 等各不相同。但经过一段时间的发展，特别是近一两年，电子病历上升到电子健康记录的层次，并逐步成为国际上对电子病历比较一致的称谓。电子病历逐渐取代传统的纸质病历作为临床诊疗信息的主要来源，是医院信息化的产物，而电子健康档案作为整合公共卫生和医疗服务信息的记录媒介是医疗服务信息化的产物。

知识拓展

很多人普遍把电子病历简单地理解为临床医疗文档(入院记录、病程记录、手术记录、会诊记录、出院记录等)的计算机化,类似于 Word 对自由文本的处理,这是不准确的。实际上,电子病历是医院临床信息系统发展完全化的一个结果,是以病人为中心的信息集成与相关服务,不是可以单独追求的一个产品。它不仅应该包括病人全部的临床信息(数字、文字、图形、图像),而且还包括丰富的医学知识和服务。

未来的电子病历系统应包含比较完整的病历数据,包括医学影像、检查检验、ICU(intensive care unit,重症加强护理病房)采集的数据等,同时涵盖了患者若干年的比较完整的病历数据,有一定的历史积累。同时,同一个区域间医院的电子病历系统开始联网,形成跨医院的区域电子病历系统,实现各个医院之间数据的无缝链接和访问。

2. 电子病历的组成及功能

(1) 电子病历的组成:电子病历包含病历概要、门(急)诊病历记录、住院病历记录、健康体检记录、转(诊)院记录、法定医学证明及报告、医疗机构信息等多种病历文书以及各种医嘱、检查检验结果等(图 8-2)。电子病历是一种涵盖文字、数字、图像、声音、医学影像等多种电子介质为载体的临床资料。

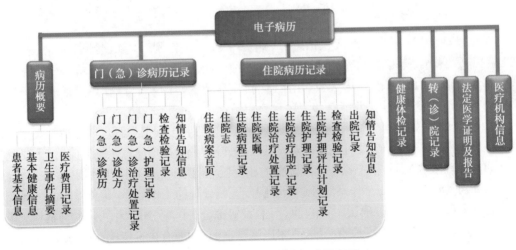

图 8-2 电子病历基本结构组成示意图

(2) 电子病历系统功能:电子病历系统功能包括基础功能和主要功能两部分。

基础功能:电子病历系统具有用户授权与认证、使用审计、数据存储与管理、患者隐私保护和字典数据管理等功能,保障电子病历数据的安全性、可靠性和可用性。

主要功能:电子病历创建功能;患者既往诊疗信息管理功能;住院病历管理功能;医嘱管理功能;检查检验报告管理功能;电子病历展现功能;临床知识库功能;医疗质量管理与控制功能。另外包括有电子病历系统的扩展功能;电子病历系统接口功能;电子病历系统对接功能。

三、护理信息系统(NIS)

1. 护理信息系统的概念 护理信息系统(nursing information system,NIS)是指一个由护理人员和计算机组成,能对护理管理和业务技术信息进行收集、存储和处理的信息结合,它是医院信息的重要内容,是医院信息系统的一个子系统。

医院护理信息系统在整个医院信息系统(HIS)中,常被简称为"护士工作站分系统",或称为"护士工作站"。因此,当提到"护士工作站"时,不仅指各病区护士集中工作、交流商议的活动场所,也指运行在全院信息网络系统的护理信息系统,包括硬件和软件、制度和规范。

2. 护理信息系统功能 根据国家卫生部 2002 年颁布的《医院信息系统功能规范》第五章规定,医院护理信息系统应该包括床位管理、医嘱管理、护理管理和费用管理等基本内容。护理管理系统之下又可再分为护理记录、护理计划、护理评价单、护士排班和护理质量控制等子系统,每一个子系统有其特定的执行功能(图8-3)。

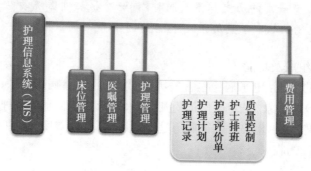

图 8-3 护理信息系统功能组成示意图

床位管理:病区床位管理应包括床号、病历号、姓名、性别、年龄、诊断、病情、护理等级、陪护、饮食情况等信息内容。通过床位管理,护理信息系统能够全面了解每张病床位的具体情况,包括占床情况、用床天数、出院时间、空床位置、床位病情等,还包括病区一次性卫生材料的消耗量的查询,并能打印卫生材料申请单。

医嘱管理:医嘱处理是临床护理信息管理的重要内容。护理信息管理软件功能要完整体现护理操作程序,方便护士及时处理医嘱。以前,医院在使用护理信息系统之前,护士要花费大量时间处理医嘱,而且手工操作处理医嘱的速度慢、错误多。现在医生使用"医生工作站"开出医嘱,护士运用"护士工作站",能够明显提高医嘱处理的工作效率,避免差错。医嘱管理一般包括医嘱录入、审核、确认、打印、执行、查询等部分。医嘱分长期医嘱、临时医嘱,其中又可分用药医嘱、治疗医嘱、检查医嘱、手术医嘱等,每项均要有执行情况详细记录。

护理管理:该部分是护理信息系统的核心,护理业务流程及护理技术服务的众多项目包括在该部分。简单的一个名称如护理记录、护理计划、护理评价单、护士排班、护理质量控制等,就包含极其丰富的内容和执行任务。

费用管理:费用管理包括以下功能:①收费管理:收费项目包括一次性材料、治疗费等,各医院有具体规定,信息系统应具备相应模板功能。②退费管理:可进行停止及作废医嘱退费申请。③公示管理:列出病区病人交费情况一览表。④费用查询:查询并打印住院费用清单(含每日费用清单)。⑤欠费管理:有查询病区欠费病人清单,打印催缴通知单功能。

四、实验室信息系统(LIS)

医院的检验科室是重要的医学技术部门,检验科技术水平是衡量一家医院技术水平高低的重要指标。目前,几乎所有医院的专业部门和实验室都与检验科有重要的业务往来,它所提供的检验报告是临床医生正确诊断的重要依据,是医院临床救治的重要辅助手段,为医院检验科的业务处理和管理开发的信息管理系统是医院信息系统的重要组成部分。

1. 实验室信息系统概念　实验室信息系统(laboratory information system, LIS)是指利用计算机技术及计算机网络,实现临床实验室的信息采集、存储、处理、传输、查询,并提供分析及诊断支持的计算机软件系统。

2. 实验室信息系统功能　实验室信息系统是协助检验科完成日常检验工作的计算机应用程序。其主要任务是协助检验师对检验申请单及标本进行预处理,检验数据的自动采集或直接录入,检验数据处理、检验报告的审核,检验报告的查询、打印等。系统应包括检验仪器、检验项目维护等功能。

检验工作站:是 LIS 最大的应用模块,是检验技师的主要工作平台。负责日常数据处理工作,包括标本采集,标本数据接收,数据处理,报告审核,报告发布,报告查询等日常功能。

医生工作站:主要用于病人信息浏览、历史数据比较、历史数据查询等功能。使医生在检验结果报告出来之后,在第一时间得到患者的病情结果,可对同一个病人的结果进行比较,并显示其变化曲线。

护士工作站:具有标本接收、生成回执、条码打印、标本分发、报告单查询、打印等功能。

审核工作站:主要的功能是漏费管理的稽查,包括仪器日志查询分析、急诊体检特批等特殊号码的发放及使用情况查询与审核、正常收费信息的管理等功能。该功能可以有效控制人情检查和私收费现象。

血库管理:具有血液的出入库管理,包括报废、返回血站等的功能。输血管理包括申请单管理、输血常规管理、配血管理、发血管理等功能。

试剂管理子系统:具有试剂入库、试剂出库、试剂报损、采购订单、库存报警、出入库查询等功能。

主任管理工作站:主要用于员工工作监察、员工档案管理、值班安排、考勤管理、工资管理、工作量统计分析、财务趋势分析等。

五、图像存储与通信系统(PACS)

医学影像诊断在现代医疗活动中占有相当大的比重。借助可视化技术的不断发展,现代医学已越来越离不开医学影像信息,同时,各种数字化医学影像设备的出现也极大地方便了医生的诊断。

1. 图像存储与通信系统概述　现代医院的诊疗工作越来越多地依赖于医学仪器、设备的检查结果,X 线检查、CT、MRI(磁共振成像)、超声波检查、红外线成像、内镜检查和显微图像等影像学检查的应用也越来越普遍。传统医学图像的存储介质是胶片、磁带等,存在存放空间大、查找不方便、丢失概率大、利用率低和异地就诊困难等缺陷,无法适应现代化医院对大量、大范围图像管理和利用,采用图像数字化的方法来解决这些问题已经得到公认。

PACS(picture archiving and communication system, PACS)是应用数字成像技术、计算机和网络技术,对医学图像进行获取、存储、传输、检索、显示、打印而设计的综合信息系统。PACS 具有影像质量高、存储及传输和复制无失真、传输迅速、影像资料可共享等特点。其目的是为了有效地管理和利用医学图像资源。

PACS 系统的使用不但为医院达到无胶片化环境提供解决方案,而且为今后进一步实现远程医疗、远程教学、远程学术交流和计算机辅助的医学影像诊断提供了支撑环境。

PACS 也是医院迈向数字化信息时代的重要标志之一，是医疗信息资源达到充分共享的关键，对医院信息化建设起着重要作用。

 知识拓展

> PACS 主要用途是用数字影像数据库（Image Archival and Management）来取代传统的胶片库将图像归档；用医生诊断工作站（Review Station）取代传统胶片与胶片灯；用数字影像共享（Image Distribution）取代传统的胶片邮寄；用医学数字图像通信（DICOM）标准，将全院各种医疗影像设备联成一网（Image Communications）；影像处理和计算机辅助诊断（Image Processing and Computer Aided Diagnoses）；通过 Internet 或电话 Modem 进行远程诊断与专家会诊（Tele-radiology）。

2. PACS 功能　PACS 的主要功能包括医学图像的采集、存储、检索、重现和后处理。

图像采集是医学图像进入系统的入口，系统中数字化图像的质量主要由采集部分决定，如果采集过程中产生图像的失真或丢失，后续的系统将无法弥补。

图像存储指将采集的数字化图像有序地组织起来，存储到持久介质上。数字化的图像占用的物理空间远远小于胶片图像的大小，而且可以方便地传输到任何有计算机的地方。

图像检索指通过某些特定的信息（如病人姓名、医院 ID 等）能够检索到病人某次检查所产生的医学图像。

图像重现指将图像像素以及与图像相关的信息，进行转换后在特定的显示设备上再现，供临床诊断使用。图像重现一般有计算机屏幕显示、激光照相机输出胶片和打印机打印三种方式。

PACS 对图像具有一定的处理能力，增强图像的显示力，使医生能更准确方便地做出诊断。PACS 可以对单幅平面图像进行后处理，包括几何变换、图像测量、调整图像显示效果、图像重建等。

 知识拓展

> 几何变换类型有缩放、旋转、镜像、定位及裁剪等。通过几何变换可以改善由于图像采集过程中病人摆位、采集条件等原因带来的对诊断的影响，帮助医生更好地观察图像。

 本章小结

> 通过本章学习，我们了解了数据、信息、医学信息及医学信息学的基本概念和定义，同时也对医学决策和卫生信息标准进行了简单介绍。这些定义和概念对从事医疗卫生工作人员来说是基础性的知识，必须要理解和掌握。
>
> 本章对医院信息系统（HIS）、电子病历（EMR）、护理信息系统（NIS）、实验（检验）信息系统（LIS）、图像存储与通信系统（PACS）进行了医学信息方面基础知识的阐释。通过学习，可以了解当前医院信息化的现状与发展状况，熟悉医院信息系统的功能和作用，了解与掌握与专业相关的知识技能，培养医院网络信息化环境中的协同工作能力。

（施宏伟）

目标测试

一、选择题

1. 关于信息的特点,下列哪一项是正确的
    A. 信息是物质　　　　　　　　　　B. 信息有质量
    C. 信息具有能量　　　　　　　　　D. 信息可以共享

2. 关于信息的正确概念是
    A. 信息是数据的素材　　　　　　　B. 信息是数据的载体
    C. 信息是对人有用的数据　　　　　D. 信息是一种特殊的物质

3. 数据、知识、信息三者的关系是
    A. 知识包含数据和信息　　　　　　B. 数据包含知识和信息
    C. 信息包含数据和知识　　　　　　D. 知识包含数据,数据包含信息

4. 医院信息系统从系统功能上可划分为_____三个层次
    A. 业务管理系统、卫生经济系统、领导决策系统
    B. 门诊管理系统、住院管理系统、急诊管理系统
    C. 业务信息系统、管理信息系统、分析决策信息系统
    D. 医生信息系统、护士信息系统、病人信息系统

5. _____是 HMIS 发展到 CIS 的重要标志
    A. 电子病历　　　　　　　　　　　B. 医生工作站
    C. 一体化的医院信息系统投入使用　D. 远程医疗信息系统的建设

6. 电子病历的发展从包含的信息内容上来划分可分为三个阶段,第二阶段是
    A. 电子病历阶段　　　　　　　　　B. 电子病案阶段
    C. 个人健康记录阶段　　　　　　　D. 计算机化病人记录阶段

7. 护理信息系统的英文简称是
    A. EMR　　　　　　　　　　　　　B. PACS
    C. RIS　　　　　　　　　　　　　D. NIS

8. 护理信息系统的核心部分是
    A. 床位管理　　　　　　　　　　　B. 医嘱管理
    C. 护理管理　　　　　　　　　　　D. 费用管理

9. LIS 中最大的负责日常数据处理工作的功能模块是
    A. 医生工作站　　　　　　　　　　B. 护士工作站
    C. 审核工作站　　　　　　　　　　D. 检验工作站

10. 医院信息化需要以_____为核心进行临床信息系统的统一规划,使之覆盖患者整个诊疗过程中的所有医疗业务和相关管理业务
    A. 电子病历　　　　　　　　　　　B. 电子健康档案
    C. 医疗业务　　　　　　　　　　　D. 业务管理

二、填空题

1. 信息在存储传输过程中保持不改变、不破坏和不丢失的特性是信息的_____。

2. 一个完整的医院信息系统包括_____和_____。

311

3. 信息系统安全的三要素：_____、_____、_____。

4. 为防止患者信息被未授权者使用，可建立电子病历的_____。

5. 医院护理信息系统在整个医院信息系统(HIS)中，常被称为_____。

6. 医院护理信息系统包括_____、_____、_____和_____等基本内容。

7. 检验信息系统中，LIS 需从 HIS 中获取_____、申请信息和_____，而 LIS 要向 HIS 提交_____，检验收费确认。

8. 医嘱可分为_____、临时医嘱；又可分用药医嘱、_____、_____、_____等。

参 考 文 献

1. 吴宏瑜. 计算机应用基础. 北京：人民卫生出版社, 2015.

2. 袁同山, 阳小华. 医学计算机应用. 第5版. 北京：人民卫生出版社, 2013.

3. 前沿文化. Word 办公应用技巧大全. 北京：机械工业出版社, 2016.

4. 韦红, 张海燕. 计算机应用基础. 北京：科学出版社, 2015.

5. 黄青群. 大学 Windows7+office2010 计算机应用基础. 北京：中国原子能出版社, 2013.

6. 张宇. 计算机应用基础(Windows7+Office2010). 北京：高等教育出版社, 2013.

7. 周南岳. 计算机应用基础. 第3版. 北京：高等教育出版社, 2014.

8. 金新政. 卫生信息系统. 第2版. 北京：人民卫生出版社, 2014.

13

参 考 文 献

1. 吴宏瑜. 计算机应用基础. 北京：人民卫生出版社，2015.

2. 袁同山，阳小华. 医学计算机应用. 第5版. 北京：人民卫生出版社，2013.

3. 前沿文化. Word办公应用技巧大全. 北京：机械工业出版社，2016.

4. 韦红，张海燕. 计算机应用基础. 北京：科学出版社，2015.

5. 黄青群. 大学Windows7+office2010计算机应用基础. 北京：中国原子能出版社，2013.

6. 张宇. 计算机应用基础（Windows7+Office2010）. 北京：高等教育出版社，2013.

7. 周南岳. 计算机应用基础. 第3版. 北京：高等教育出版社，2014.

8. 金新政. 卫生信息系统. 第2版. 北京：人民卫生出版社，2014.